微分積分学講義 I

河添 健 著

数学書房

まえがき

　本書は理工系の学生に対する標準的な微積分学の入門書です．とくに講義を意識し，春秋の 2 学期 24 回の講義形式で構成されています．しかし各章によって内容に濃淡があります．1 章を 2 回で講義したり演習・中間試験・試験などで 26〜30 回に調整されるとよいかと思います．"標準的な"と曖昧な言葉を使いましたが，昨今の傾向から言えばむしろ"反抗的な"と言った方が適切かもしれません．社会的な問題となっている理科離れや学力低下の影響で理工系の数学のカリキュラムも大きく様変わりしています．そんな中であえて"標準的な"教科書を執筆した理由には"標準"を再確認して欲しいとの意味が込められています．以下に本書の特徴をまとめます．

- 証明を付ける．実数の連続公理から始めて，いわゆる $\varepsilon-\delta$ 論法も避けずに使い，すべての定理に証明を付けました．論証することの技術を習得してください．ただし第 14 章で使う多項式環の性質，第 20 章の面積確定の定義，第 22 章で使う線形代数に関する知識は参考文献に委ねました．
- 1 変数の微積分．本書では多変数関数は扱いません．偏微分と重積分は続編でまとめます．1 変数の微積分から微分方程式とその解法を習得し，そして数理モデルで完結させています．何で微積分を勉強するの？という自然な質問にきちんと答えるためです．第 24 章の内容は 1 冊の本でも足りないくらいの内容です．ゼミなどで発展させてください．
- 演習問題の解説．各章の最後に演習問題を 10 題ほど作りました．解答は巻末にあります．解答は単なる数値の答えのみとせず，できる限り解説を付けました．演習問題も例題と思って必ずチャレンジしてください．

2009 年 8 月

河添　健

記号について

- 集合の記号：$a \in A, A \subset B, A \cup B, A \cap B$ はそれぞれ，a は A の要素，A は B の部分集合，A と B の和集合，A と B の共通部分を表します．ϕ は空集合です．
- 数の記号：$\mathbf{Z} \subset \mathbf{N} \subset \mathbf{Q} \subset \mathbf{R} \subset \mathbf{C}$ は左から整数の全体，自然数の全体，有理数の全体，実数の全体，複素数の全体です．複素数 $z = x + iy$ の実部 x と虚部 y は $x = \Re z$ と $y = \Im z$ と表します．
- 不等号の表記：$\leq, \geq$ を使いました．高校の教科書では下が $=$ ですが，1本でも意味は同じです．
- 区間の表記：括弧で端点を区別します．例えば $(a, b]$ は $a < x \leq b$ なる x 全体の集合を意味します．また端点がなく無限にひろがる区間，例えば $x \leq b, a < x$ はそれぞれ，$(-\infty, b], (a, \infty)$ と表します．
- ギリシャ文字の読み方は次の通りです．

A	α	alpha	アルファ	N	ν	nu	ニュー
B	β	beta	ベータ	Ξ	ξ	xi	クシー
Γ	γ	gamma	ガンマ	O	o	omicron	オミクロン
Δ	δ	delta	デルタ	Π	π	pi	パイ
E	ε	epsilon	イプシロン	P	ρ	rho	ロー
Z	ζ	zeta	ゼータ	Σ	σ, ς	sigma	シグマ
H	η	eta	エータ	T	τ	tau	タウ
Θ	θ	theta	シータ	Υ	υ	upsilon	エプシロン
I	ι	iota	イオタ	Φ	ϕ, φ	phi	ファイ
K	κ	kappa	カッパ	X	χ	chi	カイ
Λ	λ	lambda	ラムダ	Ψ	ψ	psi	プサイ
M	μ	mu	ミュー	Ω	ω	omega	オメガ

- 本文の図の多くは「Mathematica 6」で描いています．スペースの都合で x 軸，y 軸のスケーリングが異なっていますので注意してください．

目 次

第 1 章　数列の収束
- 1.1　数列の収束 1
- 1.2　数列の基本演算 3
- 1.3　極限値の計算 I 5
- 1.4　極限値の計算 II 6
- 1.5　演習問題 10

第 2 章　実数の連続公理
- 2.1　上限と下限 11
- 2.2　有界な単調列 14
- 2.3　Archimedes の原理 16
- 2.4　有界列 17
- 2.5　Cauchy 列 19
- 2.6　実数とは 22
- 2.7　演習問題 25

第 3 章　関数の極限
- 3.1　関数の極限値 26
- 3.2　極限の基本演算 28
- 3.3　極限値の計算 I 30
- 3.4　極限値の計算 II 33
- 3.5　演習問題 34

第 4 章　連続関数
- 4.1　連続と不連続 35
- 4.2　連続関数の基本演算 38
- 4.3　一様連続 39
- 4.4　中間値の定理 41

4.5	有界性と最大・最小の定理	43
4.6	演習問題	45

第 5 章 初等関数

5.1	関数と逆関数	46
5.2	代数関数	50
5.3	三角関数と逆三角関数	51
5.4	指数関数と対数関数	54
5.5	べき関数	57
5.6	双曲線関数	58
5.7	演習問題	59

第 6 章 微分

6.1	微分係数と導関数	61
6.2	接線と法線	64
6.3	Landau 記号	65
6.4	無限小	67
6.5	線形近似	69
6.6	演習問題	69

第 7 章 微分法の基本

7.1	基本公式	71
7.2	合成関数の微分	73
7.3	逆関数の微分	74
7.4	媒介変数での微分	76
7.5	初等関数の微分公式	77
7.6	演習問題	78

第 8 章 平均値の定理

8.1	極大と極小	79
8.2	平均値の定理	80
8.3	不定形の極限	83
8.4	演習問題	86

第 9 章 高階微分と Taylor の定理

9.1	高階微分	88

9.2	Leibniz の公式		90
9.3	Taylor の定理		92
9.4	演習問題		94

第10章　Maclaurin 級数

10.1	Maclaurin の定理		95
10.2	Maclaurin 級数		97
10.3	収束の速さ		102
10.4	演習問題		104

第11章　関数の変動

11.1	関数の増減		105
11.2	極大・極小の判定		107
11.3	関数の凹凸		108
11.4	停留点と変曲点		111
11.5	演習問題		112

第12章　関数の概形

12.1	増減表		113
12.2	定義域		115
12.3	漸近線		116
12.4	演習問題		118

第13章　不定積分

13.1	基本公式		120
13.2	置換積分		122
13.3	部分積分		123
13.4	漸化式		125
13.5	演習問題		127

第14章　有理関数の積分

14.1	多項式環		128
14.2	部分分数展開		130
14.3	基本形の不定積分		132
14.4	いろいろな例		132
14.5	演習問題		136

第 15 章　無理関数・三角関数の積分
- 15.1　無理関数 137
- 15.2　三角関数 140
- 15.3　指数関数 141
- 15.4　初等関数の積分 142
- 15.5　演習問題 143

第 16 章　定積分
- 16.1　Riemann 和と定積分 144
- 16.2　連続関数の定積分 146
- 16.3　定積分の基本性質 148
- 16.4　積分の平均値の定理 150
- 16.5　演習問題 151

第 17 章　微積分の基本定理
- 17.1　基本定理 153
- 17.2　極限の計算 155
- 17.3　定積分の微分 157
- 17.4　定積分と不等式 158
- 17.5　演習問題 160

第 18 章　定積分の計算
- 18.1　基本公式 I 162
- 18.2　基本公式 II 164
- 18.3　よく現れる定積分 165
- 18.4　演習問題 169

第 19 章　広義積分
- 19.1　端点で定義されない場合 171
- 19.2　無限区間の場合 173
- 19.3　不連続関数の場合 174
- 19.4　主値積分 176
- 19.5　Γ 関数と B 関数 177
- 19.6　演習問題 180

第 20 章　定積分の応用

- 20.1　Riemann 和を用いる面積 183
- 20.2　体積 185
- 20.3　曲線の長さ 188
- 20.4　演習問題 191

第 21 章　1 階の微分方程式

- 21.1　変数分離形 196
- 21.2　同次形 197
- 21.3　1 階線形 199
- 21.4　Bernoulli 形 200
- 21.5　演習問題 202

第 22 章　線形微分方程式

- 22.1　解空間 203
- 22.2　Wronskian 204
- 22.3　解空間の基底 206
- 22.4　演習問題 209

第 23 章　2 階定数係数線形微分方程式

- 23.1　同次型 210
- 23.2　非同次型 213
- 23.3　演習問題 217

第 24 章　微分方程式と現象

- 24.1　指数増大・指数減少 218
- 24.2　成長曲線 219
- 24.3　ばねの運動と共振 220
- 24.4　戦争モデル 223
- 24.5　生態系のモデル 224
- 24.6　演習問題 225

演習問題の解答 227

参考文献 286

索引 287

第 1 章

数列の収束

　実数の列 $a_1, a_2, \cdots, a_n, \cdots$ を数列といいます．ここではその列がある実数 α に近づくこと，すなわち数列 $\{a_n\}$ が α に収束することについて考えましょう．

1.1　数列の収束

　数列 $a_1, a_2, \cdots, a_n, \cdots$ が α に近づくことは，n が大きくなると a_n が α に近くなること，すなわち α と a_n の距離が小さくなることです．

$$|a_n - \alpha| \to 0, \quad n \to \infty \tag{1.1}$$

このことを

$$\lim_{n \to \infty} a_n = \alpha$$

と書き，数列 $\{a_n\}$ は α に収束するといいます．α を極限値あるいは単に極限といいます．きちんとした定義に思えますが，"n が大きくなる"とか"α に近くなる"といったちょっと曖昧な言葉が入っています．言葉によらずに厳密に定義すると次のようになります．

$$\forall \varepsilon > 0, \exists N \in \mathbf{N}, \forall n \geq N \implies |a_n - \alpha| < \varepsilon \tag{1.2}$$

これは「任意の正数 ε に対して，ある自然数 N が存在して，N 以上の任意の n に対して $|a_n - \alpha| < \varepsilon$ となる」と読みます．何を言っているのでしょうか？

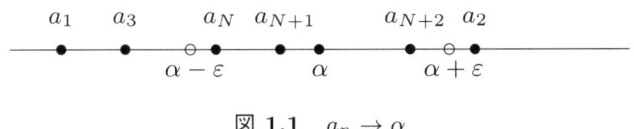

図 1.1 $a_n \to \alpha$

任意の正数 ε に対して区間 $(\alpha - \varepsilon, \alpha + \varepsilon)$ を考えると, 数列の先のほう, すなわち a_n, $n \geq N$ がその区間に入ることを意味します. 数列の先のほうが α の周りに集まっていることです.

∀ と ∃: ここで登場した ∀ は全称記号といい, any あるいは all の A をひっくり返したものです. ∃ は特称記号といい, exist の E をひっくり返しています. あわせて限定記号といいます. ∀ は「任意の」,「勝手な」と読み, ∃ は「ある」と読みます. 複数個の ∀ が並んだとき, あるいは複数個の ∃ が並んだときその順序は関係ありません. しかし ∀ と ∃ が混在したときはその順序は変えられません. 例えば「∀ 人は ∃ 人を愛する」と「∃ 人は ∀ 人を愛する」は意味が違います.

数列 $\{a_n\}$ が収束しないとき数列は発散するといいます. その中で a_n が限りなく大きくなるときは

$$\lim_{n \to \infty} a_n = +\infty$$

と書き正の無限大に発散するといいます. 前と同様に厳密に定義すると

$$\forall M > 0, \ \exists N \in \mathbf{N}, \ \forall n \geq N \implies a_n \geq M \tag{1.3}$$

となります. 負の無限大に発散する場合も考えてみてください.

例 1.1 $1, \frac{1}{2}, \frac{1}{3}, \frac{1}{4}, \cdots$ は 0 に収束する数列です. $1, -1, 1, -1, 1, \cdots$ は収束しません. 発散数列です. $1, 2, 3, \cdots$ や $1, 2, 2, 3, 3, 3, 4, 4, 4, 4, \cdots$ は発散数列で $\lim_{n \to \infty} a_n = +\infty$ です. しかし $1, 2, 1, 2, 3, 1, 2, 3, 4, \cdots$ や $1, -2, 3, -4, 5, \cdots$ は発散数列ですが $\lim_{n \to \infty} a_n = +\infty$ ではありません.

注意 1.1 (1.2) において $\varepsilon > 0$ を $0 < \varepsilon \leq C$ $(C > 0)$ と制限してもかまいません. 実際 $0 < \varepsilon \leq C$ なる ε に対して (1.2) が成り立つとしましょう. このとき $\varepsilon' > C$ に対しても $|a_n - \alpha| < \varepsilon \leq C < \varepsilon'$ より (1.2) が成り立ちます. また (1.2) を

$$\forall \varepsilon > 0, \exists N \in \mathbf{N}, \forall n \geq N \implies |a_n - \alpha| < C\varepsilon \tag{1.4}$$

と変えてもかまいません. $\forall \varepsilon' > 0$ に対して, (1.4) の ε として $\varepsilon = \dfrac{\varepsilon'}{C}$ とします. すると $\exists N \in \mathbf{N}, \forall n \geq N \implies |a_n - \alpha| < C\varepsilon = \varepsilon'$ となり $\varepsilon' > 0$ に対して (1.2) が成り立ちます. (1.3) の M についても同様です.

ε と M：どちらも任意の正数なのに ε と M となぜ区別するのでしょうか？ 慣習で小さい数には $\varepsilon, \delta, \cdots$ などギリシャ小文字を使い, 大きな数には $M, L, \cdots$ などアルファベットの大文字を使います.

1.2 数列の基本演算

定理 1.2 $\displaystyle\lim_{n \to \infty} a_n = \alpha$, $\displaystyle\lim_{n \to \infty} b_n = \beta$ のとき

(1) $\displaystyle\lim_{n \to \infty}(a_n \pm b_n) = \alpha \pm \beta$

(2) $\displaystyle\lim_{n \to \infty} ca_n = c\alpha$

(3) $\displaystyle\lim_{n \to \infty}(a_n b_n) = \alpha\beta$

(4) $\displaystyle\lim_{n \to \infty} \dfrac{a_n}{b_n} = \dfrac{\alpha}{\beta}$ $(b_n \neq 0, \beta \neq 0)$

証明 $\displaystyle\lim_{n \to \infty} a_n = \alpha$, $\displaystyle\lim_{n \to \infty} b_n = \beta$ ですから

$$\begin{aligned} \forall \varepsilon > 0, \exists N \in \mathbf{N}, \forall n \geq N &\implies |a_n - \alpha| < \varepsilon, \\ \forall \varepsilon > 0, \exists M \in \mathbf{N}, \forall n \geq M &\implies |b_n - \beta| < \varepsilon \end{aligned} \tag{1.5}$$

が成り立っています. (3) を示しましょう. 注意 1.1 より $0 < \varepsilon \leq 1$ としてもかまいません. また $L = \max\{N, M\}$ とすれば $\forall n \geq L$ に対して上の 2 つの

不等式が同時に成り立ちます.

$$|a_n b_n - \alpha\beta| = |a_n b_n - \alpha b_n + \alpha b_n - \alpha\beta|$$
$$\leq |a_n - \alpha||b_n| + |\alpha||b_n - \beta|$$
$$\leq \varepsilon(|\beta| + \varepsilon) + |\alpha|\varepsilon \leq (|\alpha| + |\beta| + 1)\varepsilon$$

となります. 以上のことから

$$0 < \forall \varepsilon \leq 1,\ \exists L \in \mathbf{N},\ \forall n \geq L \implies |a_n b_n - \alpha\beta| < (|\alpha| + |\beta| + 1)\varepsilon$$

です. 注意 1.1 より $\lim_{n\to\infty} a_n b_n = \alpha\beta$ が示されました.

次に $b_n \neq 0, \beta \neq 0$ のとき, $\lim_{n\to\infty} \dfrac{1}{b_n} = \dfrac{1}{\beta}$ を示します. $0 < \varepsilon < \dfrac{|\beta|}{2}$ とします. すると $|\beta| - |b_n| \leq |\beta - b_n| < \varepsilon < \dfrac{|\beta|}{2}$ より $|b_n| > \dfrac{|\beta|}{2}$ です. よって

$$\left|\frac{1}{b_n} - \frac{1}{\beta}\right| = \left|\frac{b_n - \beta}{b_n \beta}\right| < \frac{\varepsilon}{|\beta|^2/2}$$

です. このことから $\lim_{n\to\infty} \dfrac{1}{b_n} = \dfrac{1}{\beta}$ が示されました. この結果と (3) を用いれば

$$\lim_{n\to\infty} \frac{a_n}{b_n} = \lim_{n\to\infty} a_n \cdot \frac{1}{b_n} = \frac{\alpha}{\beta}$$

となり (4) が得られます. (1), (2) は各自で示してみてください. □

定理 1.3 $\lim_{n\to\infty} a_n = \alpha,\ \lim_{n\to\infty} b_n = \beta$ のとき

(1) $\forall n,\ a_n \leq b_n \implies \alpha \leq \beta$

(2) $\forall n,\ a_n \leq c_n \leq b_n,\ \alpha = \beta \implies \lim_{n\to\infty} c_n = \alpha$

証明 仮定より (1.5) が成り立っています.

(1) $a_n \leq b_n$ より $\alpha - \varepsilon < a_n \leq b_n < \beta + \varepsilon$ となります. よって $\alpha - \beta < 2\varepsilon$ が成り立ちます. $\alpha > \beta$ とすると $\alpha - \beta > 0$ です. $\alpha - \beta < 2\varepsilon$ の $\varepsilon > 0$ は任意ですから, いくらでも小さくとることができます. このことは $\alpha - \beta > 0$ に矛盾します. よって $\alpha \leq \beta$ です.

(2) $\alpha = \beta$ より $\alpha - \varepsilon < a_n \leq c_n \leq b_n < \alpha + \varepsilon$, すなわち $|c_n - \alpha| < \varepsilon$ となります. よって $\lim_{n \to \infty} c_n = \alpha$ です. □

1.3 極限値の計算 I

数列が収束するときその極限値を求めてみましょう. 最初は (1.2) を用いずに, 既知の極限計算を使って計算する方法を習得しましょう. 基本となる既知の極限値は

(a) $\displaystyle\lim_{n \to \infty} n^\alpha = \begin{cases} +\infty & \alpha > 0 \\ 1 & \alpha = 0 \\ 0 & \alpha < 0, \end{cases}$

(b) $\displaystyle\lim_{n \to \infty} r^n = \begin{cases} 0 & 0 \leq r < 1 \\ 1 & r = 1 \\ +\infty & r > 1 \end{cases}$

です. この (a), (b) をきちんと証明するのは実は大変なことなのです. 2.3 Archimedes の原理のところで説明します (例 2.5, 例 2.6). ここではこれらを認めて使います.

例 1.4 次の極限を求めなさい.

(1) $\displaystyle\lim_{n \to \infty} \frac{2n + 3}{n + 5}$
(2) $\displaystyle\lim_{n \to \infty} \frac{3n^3 + 2n^2 - 6}{n^3 + 5n^2 - 3n - 1}$

(3) $\displaystyle\lim_{n \to \infty} 3^n$
(4) $\displaystyle\lim_{n \to \infty} \frac{1 + 2 + \cdots + n}{(n^2 + 2n - 2)}$

(5) $\displaystyle\lim_{n \to \infty} (\sqrt{n+1} - \sqrt{n})$
(6) $\displaystyle\lim_{n \to \infty} \frac{n}{\sqrt{n+1} - 1}$

答えは (1) 2, (2) 3, (3) $+\infty$, (4) $\dfrac{1}{2}$, (5) 0, (6) $+\infty$ です. (1) は分子と分母を n で割り (a) を使います. (2) は分子と分母を n^3 で割り (a) を使います. (3) は (b) の $r = 3$ のときです. (4) は分子に等差数列の和の公式を使い, その後に分子と分母を n^2 で割り (a) を使います. (5) は

$$\sqrt{n+1}-\sqrt{n}=(\sqrt{n+1}-\sqrt{n})\frac{\sqrt{n+1}+\sqrt{n}}{\sqrt{n+1}+\sqrt{n}}=\frac{1}{\sqrt{n+1}+\sqrt{n}}$$

と変形します. (6) も分子と分母に $\sqrt{n+1}+1$ を掛けます.

例 1.5 $\lim_{n\to\infty}\sqrt[n]{a}=1\ (a>0)$ を示しなさい.

はじめに不等式

$$x^n-1\geq n(x-1),\ n>1, x>0$$

を示します. $x^n-1=(x-1)(x^{n-1}+x^{n-2}+\cdots+1)$ に注意します. $x\geq 1$ であれば $x-1\geq 0,\ x^{n-1}+x^{n-2}+\cdots+1\geq n$ です. $0<x<1$ のときは $x-1<0,\ x^{n-1}+x^{n-2}+\cdots+1<n$ です. よっていずれの場合も求める不等式が得られました.

$a>1$ のとき不等式の x を $\sqrt[n]{a}$ に置き換えると $a-1\geq n(\sqrt[n]{a}-1)$, よって

$$1<\sqrt[n]{a}<1+\frac{1}{n}(a-1)$$

となります. ここで $n\to\infty$ とすれば定理 1.3 (2) と (a) より求める結果を得ます. $0<a<1$ のときは $b=\dfrac{1}{a}>1$ とすれば前半の結果から $\lim_{n\to\infty}\sqrt[n]{a}=\lim_{n\to\infty}\dfrac{1}{\sqrt[n]{b}}=1$ となります. $a=1$ のときは明らかです.

例 1.6 $\lim_{n\to\infty}\sqrt[n]{n}=1$ を示しなさい.

前の例で求めた不等式で $x=(\sqrt[n]{n})^{1/2}$ とします. すると

$$1<(\sqrt[n]{n})^{1/2}<1+\frac{1}{n}(\sqrt{n}-1)$$

となります. ここで $n\to\infty$ とすれば $\sqrt[n]{n}=(\sqrt[n]{n})^{1/2}(\sqrt[n]{n})^{1/2}$ より求める極限が得られます.

1.4 極限値の計算 II

ここでは (1.2) を使って極限値を求める問題を解いてみましょう. 極限値の

計算は前節で学びましたが,計算で極限値がすぐに分かる場合でも (1.2) がきちんと書けるかどうか, (1.2) の $\exists N$ を決めることができるかどうか,そこが問題となります.また (1.2) を用いると一般の収束数列に関する性質を導くことができます.

例 1.7 $\displaystyle\lim_{n\to\infty}\frac{1}{n^2}=0$ を示しなさい.

極限値が 0 となることは前節の計算です. (1.2) を示すことは

$$\forall \varepsilon > 0,\ \exists N \in \mathbf{N},\ \forall n \geq N \implies \left|\frac{1}{n^2} - 0\right| < \varepsilon$$

となる N があるか？という問題です. $\forall n \geq N,\ n^2 > \dfrac{1}{\varepsilon}$ であればよいので

$$N > \frac{1}{\sqrt{\varepsilon}}$$

であれば十分です.この右辺は自然数とは限らないので

$$N = \left[\frac{1}{\sqrt{\varepsilon}}\right] + 1$$

とすれば安心です.よって

$$\forall \varepsilon > 0,\ \forall n \geq N = \left[\frac{1}{\sqrt{\varepsilon}}\right] + 1 \implies \left|\frac{1}{n^2} - 0\right| < \varepsilon$$

となり $\displaystyle\lim_{n\to\infty}\frac{1}{n^2}=0$ が得られました.

注意 1.2 $[x]$ は Gauss 記号とよばれ, x を超えない最大の整数を表します. $[3.2]=3,\ [2]=2,\ [-3]=-3,\ [-5.2]=-6,\cdots$ です.

例 1.8 $\displaystyle\lim_{n\to\infty}\frac{n+3}{n+1}=1$ を示しなさい.

極限値が 1 となることは前節の計算です. (1.2) を示すことは

$$\forall \varepsilon > 0,\ \exists N \in \mathbf{N},\ \forall n \geq N \implies \left|\frac{n+3}{n+1} - 1\right| < \varepsilon$$

となる N があるか？という問題です．$\dfrac{n+3}{n+1} - 1 = \dfrac{2}{n+1}$ ですから $\forall n \geq N$, $n+1 > \dfrac{2}{\varepsilon}$ となる N を探します．

$$N > \frac{2}{\varepsilon} - 1$$

であれば十分です．前と同様に $N = \left[\dfrac{2}{\varepsilon} - 1\right] + 1$ とすれば求める結果を得ます．

数列 $\{a_n\}$ において

$$\exists M > 0, \ \forall n \in \mathbf{N} \implies a_n \leq M \tag{1.6}$$

となるとき，数列は上に有界であるといいます．逆向きの不等号が成り立つときは下に有界です．上にも下にも有界な数列は単に有界といいます．

例 1.9 収束数列は有界であることを示しなさい．

$\lim\limits_{n\to\infty} a_n = \alpha$ とします．このとき (1.2) が成り立っているので $n \geq N$ であれば $|a_n| \leq \max\{|\alpha + \varepsilon|, |\alpha - \varepsilon|\}$ です．したがって $\forall n \in \mathbf{N}$ に対しては

$$|a_n| \leq \max\{|\alpha + \varepsilon|, |\alpha - \varepsilon|, |a_1|, |a_2|, \cdots, |a_{N-1}|\}$$

となります．よって数列は有界です．

例 1.10 $\lim\limits_{n\to\infty} a_n = \alpha \implies \lim\limits_{n\to\infty} |a_n| = |\alpha|$ を示しなさい．

(1.2) が成り立っています．このとき $||a_n| - |\alpha|| \leq |a_n - \alpha| < \varepsilon$ ですから $\lim\limits_{n\to\infty} |a_n| = |\alpha|$ です．逆は成り立ちません．$a_n = (-1)^n$ がその例です．

例 1.11 $\lim\limits_{n\to\infty} a_n = \alpha \implies \lim\limits_{n\to\infty} \dfrac{a_1 + a_2 + \cdots + a_n}{n} = \alpha$ を示しなさい．

(1.2) が成り立っています．$n \geq N$ に対して $|a_n - \alpha| < \varepsilon$ ですから

$$\left|\frac{a_1 + a_2 + \cdots + a_n}{n} - \alpha\right|$$
$$= \left|\frac{(a_1 - \alpha) + (a_2 - \alpha) + \cdots + (a_n - \alpha)}{n}\right|$$

$$\leq \left|\frac{(a_1-\alpha)+\cdots+(a_{N-1}-\alpha)}{n}\right| + \left|\frac{(a_N-\alpha)+\cdots+(a_n-\alpha)}{n}\right|$$
$$\leq \frac{|a_1-\alpha|+|a_2-\alpha|+\cdots+|a_{N-1}-\alpha|}{n} + \frac{(n-N+1)\varepsilon}{n}$$

となります. 第 2 項は ε で抑えられます. 第 1 項は n がさらに大きくなるとき 0 に収束します. したがって十分大きな $N' > N$ に対して $\forall n \geq N'$ のとき第 1 項も ε で抑えられます. よって $n \geq N'$ に対して

$$\left|\frac{a_1+a_2+\cdots+a_n}{n} - \alpha\right| < 2\varepsilon$$

となり注意 1.1 より求める結果が得られます.

例 1.12 $a_1 = 1, a_{n+1} = \dfrac{a_n+2}{a_n+1}$ で定義される数列の極限を求めなさい.

$\displaystyle\lim_{n\to\infty} a_n = \alpha$ とすると $\alpha = \dfrac{\alpha+2}{\alpha+1}$ より $\alpha^2 = 2$ です. $a_n \geq 0$ であるので $\alpha = \sqrt{2}$ となります. ただし, この計算は極限 α の存在を仮定した上での計算です. したがって極限が存在することをきちんと示す必要があります.

$$\sqrt{2} - a_{n+1} = \frac{(1-\sqrt{2})(\sqrt{2}-a_n)}{a_n+1}$$

に注意すると

$$|\sqrt{2} - a_{n+1}| \leq (\sqrt{2}-1)|\sqrt{2}-a_n|$$

が得られます. この漸化不等式を繰り返せば

$$|\sqrt{2} - a_{n+1}| \leq (\sqrt{2}-1)^n |\sqrt{2}-a_1|$$

となります. ここで $n \to \infty$ とすると $0 < \sqrt{2}-1 < 1$ ですから 1.3 節 (b) より $|\sqrt{2}-a_{n+1}| \to 0$ となります. よって $\displaystyle\lim_{n\to\infty} a_n = \sqrt{2}$ です.

この例の証明を参照すれば次の定理が得られます.

定理 1.13

$\exists N \in \mathbf{N}, \ 0 < \exists r < 1, \ \forall n \geq N, \ |a_{n+1}-\alpha| \leq r|a_n-\alpha| \implies \displaystyle\lim_{n\to\infty} a_n = \alpha.$

1.5 演習問題

問 1.1 $\lim_{n\to\infty} \dfrac{n+2}{n+1} = 1$ を $\forall \varepsilon, \exists N$ を用いて (1.2) のように示しなさい．

問 1.2 $\lim_{n\to\infty} n^2 = +\infty$ を $\forall M, \exists N$ を用いて (1.3) のように示しなさい．

問 1.3 次の極限を計算しなさい．

(1) $\lim_{n\to\infty} \dfrac{2n^2 - 3n^3}{4+n^2}$ (2) $\lim_{n\to\infty} \dfrac{1^2 + 2^2 + \cdots + n^2}{n^3}$

(3) $\lim_{n\to\infty} (\sqrt{2})^n$ (4) $\lim_{n\to\infty} \dfrac{\sin n}{n}$

(5) $\lim_{n\to\infty} (\sqrt{n^2+n+1} - \sqrt{n^2-n+1})$ (6) $\lim_{n\to\infty} \dfrac{1}{\sqrt{n+1}-1}$

問 1.4 $a_n > 0,\ \lim_{n\to\infty} a_n = \alpha \Longrightarrow \lim_{n\to\infty} \sqrt[n]{a_1 a_2 \cdots a_n} = \alpha$ を示しなさい．

問 1.5 $a_n > 0,\ \lim_{n\to\infty} \dfrac{a_{n+1}}{a_n} = \alpha \Longrightarrow \lim_{n\to\infty} \sqrt[n]{a_n} = \alpha$ を示しなさい．

問 1.6 $\lim_{n\to\infty} \left| \dfrac{a_{n+1}}{a_n} \right| < 1 \Longrightarrow \lim_{n\to\infty} a_n = 0$ を示しなさい．

問 1.7 前問の問 1.5, 問 1.6 の結果を用いて次の極限を示しなさい．

(1) $\lim_{n\to\infty} \sqrt[n]{a} = 1,\ a > 0$ (2) $\lim_{n\to\infty} \sqrt[n]{n} = 1$

(3) $\lim_{n\to\infty} \dfrac{a^n}{n!} = 0$ (4) $\lim_{n\to\infty} na^n = 0,\ |a| < 1$

問 1.8 $a_1 = 1,\ a_{n+1} = \dfrac{2}{3} a_n + 1$ で定義される数列の極限を求めなさい．

問 1.9 $a_1 = 1,\ a_{n+1} = \sqrt{2a_n + 3}$ で定義される数列の極限を求めなさい．

問 1.10 $a_1 = a_2 = 1,\ a_{n+2} = a_n + a_{n+1}$ (Fibonacci 数列) のとき

$$\lim_{n\to\infty} \dfrac{a_{n+1}}{a_n} = \dfrac{1+\sqrt{5}}{2} \quad (\text{黄金比})$$

を示しなさい．

第 2 章

実数の連続公理

実数列が収束するための条件をいろいろと調べます．その大前提は実数全体には隙間がないことです．このことは「実数の連続公理」とよばれます．

2.1　上限と下限

実数全体を $\mathbf{R}$ で表します．$A \subset \mathbf{R}$ を $\mathbf{R}$ の部分集合とします．このとき

$$\exists M, \forall a \in A, \ a \leq M$$

であれば，A は上に有界であるといい，M を A の上界といいます．当然 M が A の上界であれば $M' > M$ なる M' も A の上界です．A の上界の中で最小のものを A の上限といい，$\sup A$ で表します．厳密に定義すると

$$\alpha = \sup A \iff \begin{cases} (\text{i}) & \forall a \in A, \ a \leq \alpha \\ (\text{ii}) & \forall \varepsilon > 0, \ \exists a \in A, \ \alpha - \varepsilon < a \end{cases} \tag{2.1}$$

となります．(i) は α が A の上界であること，(ii) は α が最小の上界であることを表しています．なぜならば $\alpha - \varepsilon < a$ は $\alpha - \varepsilon$ がもはや上界でないことを意味するからです．

不等号の向きを変えて

$$\exists m, \forall a \in A, \ a \geq m$$

のとき, A は下に有界であるといい, m を A の下界といいます. A の下界の中で最大のものを A の下限といい, $\inf A$ で表します.

$$\alpha = \inf A \iff \begin{cases} (\text{i}) & \forall a \in A,\ a \geq \alpha \\ (\text{ii}) & \forall \varepsilon > 0,\ \exists a \in A,\ \alpha + \varepsilon > a \end{cases} \quad (2.2)$$

となります. また上界がないときは $\sup A = +\infty$, 下界がない時ときは $\inf A = -\infty$ と書きます. さらに $\alpha = \sup A$ が A の要素であるとき $\alpha = \max A$ と書きます. そうでないときは $\max A$ は存在しません. $\min A$ についても同様です.

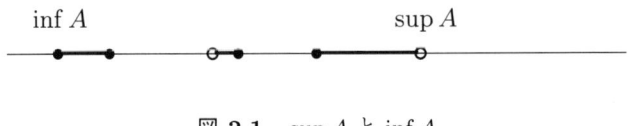

図 **2.1** $\sup A$ と $\inf A$

例 2.1 $A = \left\{ \dfrac{n-1}{n} \;\middle|\; n = 1, 2, \cdots \right\}$ のとき $\sup A, \inf A$ を求めなさい. 数直線上に A の各要素をプロットすると

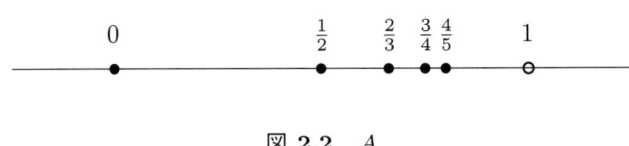

図 **2.2** A

となります. n が大きくなると $\dfrac{n-1}{n}$ は 1 に左から近づきます. しかし 1 にはなりません. $n = \infty$ としたいのですが ∞ は数ではありません. したがって A を右側から押さえる最小の数は 1 です. $\sup A = 1$ で $\max A$ はありません. A を左側から押さえる最大の数は 0 です. $\inf A = 0$ です. 0 は A の要素ですから $\min A = 0$ です.

次の各 A についても $\inf, \sup, \min, \max$ を確認してください.

A	$\inf A$	$\sup A$	$\min A$	$\max A$
$\{x \mid -2 \leq x < 3\}$	-2	3	-2	$\times$
$\{x \mid 1 < x < 2\} \cup \{x \mid 3 < x \leq 5\}$	1	5	$\times$	5
$\{x \mid x < -3\}$	$-\infty$	-3	$\times$	$\times$
$\{2n \mid n \in \mathbf{N}\}$	2	$+\infty$	2	$\times$
$\{(-1)^n \mid n \in \mathbf{N}\}$	-1	1	-1	1
$\left\{\dfrac{1}{n} \mid n \in \mathbf{N}\right\}$	0	1	$\times$	1
$\left\{\dfrac{(-1)^n}{n} \mid n \in \mathbf{N}\right\}$	-1	$1/2$	-1	$1/2$
$\{x \mid x^2 \leq 2,\ x \in \mathbf{Q}\}$	$-\sqrt{2}$	$\sqrt{2}$	$\times$	$\times$

実数全体 $\mathbf{R}$ に隙間のないことを次の形で表現します. これは公理ですので証明なしに認めます.

実数の連続公理 $A \subset \mathbf{R}$ が空でなく, 上に有界な集合であれば上限をもつ.

A に対して $-A = \{-a \mid a \in A\}$ を考えることにより「空でなく, 下に有界な集合であれば下限をもつ」といっても同じです.

注意 2.1 この実数の連続公理と同値な命題がいくつか知られています (2.6 節参照). 例えば同値な Dedekind の切断を公理とすると, 上の命題は定理になり Weierstrass の定理とよばれます.

2.2 有界な単調列

数列が
$$\exists M, \forall n \in \mathbf{N}, \ a_n \leq M$$
を満たすとき上に有界であるといいます．下に有界も不等号の向きを変えて定義します．上にも下にも有界な数列は，有界な数列とよばれます．また数列が
$$\forall n \in \mathbf{N}, \ a_n \leq a_{n+1}$$
を満たすとき単調増加列といいます．$a_n < a_{n+1}$ のときは狭義の単調増加列といいます．逆向きの不等号 $a_n \geq a_{n+1}$ が成立するときは単調減少列，$a_n > a_{n+1}$ のときは狭義の単調減少列です．

定理 2.2 (Méray の定理)　上に有界な単調増加列は収束し，その極限値は $\sup\{a_n \mid n \in \mathbf{N}\}$ である．

証明　仮定から $\exists M > 0, \ a_1 \leq a_2 \leq \cdots \leq a_n \leq \cdots \leq M$ です．よって集合 $A = \{a_n \mid n \in \mathbf{N}\}$ は空でなく，上に有界な集合です．このとき実数の連続公理から $\alpha = \sup A$ が存在します．(2.1) と数列の単調性に注意すれば，$\forall \varepsilon > 0, \ \exists N, \alpha - \varepsilon < a_N \leq a_{N+1} \leq \cdots \leq \alpha$ となります．すなわち $\forall n \geq N, |a_n - \alpha| < \varepsilon$ です．したがって $\lim\limits_{n \to \infty} a_n = \alpha$ となります．　□

例 2.3　$\lim\limits_{n \to \infty} \left(1 + \dfrac{1}{n}\right)^n$ が存在することを示しなさい．

最初に 2 項展開を復習しましょう．

2 項展開：$(a+b)^n = \sum\limits_{r=0}^{n} {}_nC_r a^{n-r} b^r$.

ここで ${}_nC_r$ は 2 項係数とよばれ
$$_nC_r = \frac{n!}{r!(n-r)!}$$
と定義されます．このとき
$$_nC_r = {}_nC_{n-r}, \quad {}_nC_{r-1} + {}_nC_r = {}_{n+1}C_r \tag{2.3}$$

が成り立ちます．直接確かめてください．またこの関係式から 2 項係数が Pascal の三角形から得られることも分かります．

ここで $a_n = \left(1 + \dfrac{1}{n}\right)^n$ を 2 項展開します．

$$\begin{aligned}a_n = \left(1 + \frac{1}{n}\right)^n &= 1 + n\frac{1}{n} + \frac{n(n-1)}{2}\frac{1}{n^2} + \frac{n(n-1)(n-2)}{3!}\frac{1}{n^3} + \cdots + \frac{1}{n^n}\\&= 1 + 1 + \frac{1}{2}\left(1 - \frac{1}{n}\right) + \frac{1}{3!}\left(1 - \frac{1}{n}\right)\left(1 - \frac{2}{n}\right) + \cdots \\&\quad + \frac{1}{n!}\left(1 - \frac{1}{n}\right)\left(1 - \frac{2}{n}\right)\cdots\left(1 - \frac{n-1}{n}\right)\end{aligned}$$

となります．このとき n が増えると各項が増えかつ項数も増えます．よって数列 $\{a_n\}$ は単調増加です．また

$$\left(1 + \frac{1}{n}\right)^n < 1 + 1 + \frac{1}{2!} + \frac{1}{3!} + \cdots < 1 + 1 + \frac{1}{2} + \frac{1}{2^2} + \cdots = 3$$

より数列は上に有界です．したがって定理 2.2 によりこの収束は収束します．実際に極限値は Napier 数 $e = 2.71828\cdots$ です (例 10.10)．

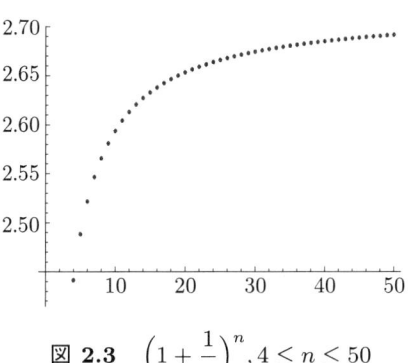

図 **2.3** $\left(1 + \dfrac{1}{n}\right)^n, 4 \leq n \leq 50$

2.3 Archimedes の原理

次の定理は Archimedes の原理とよばれるものです．当たり前に感じるのが普通ですが，ここでは定理 2.2 を使って証明しましょう．

定理 2.4 (Archimedes の原理)　　$\forall a, \forall b > 0, \exists n \in \mathbf{N}, \ na > b$

証明　　背理法を用います．

　背理法：結論を否定して矛盾を導く論法を背理法と呼びます．矛盾が導かれたので結論の否定がおかしい．よって結論が肯定されます．

結論を否定すると $\exists a > 0, \exists b > 0, \forall n \in \mathbf{N}, \ na \leq b$ となります (否定命題の作り方は注意 3.2 を参照)．つまり数列 $\{na\}$ は上に有界です．さらに $(n+1)a - na = a > 0$ より単調増加列になります．よって定理 2.2 より $\{na \mid n \in \mathbf{N}\}$ の上限 α に収束します．(2.1) (i) より $\forall n \in \mathbf{N}, \ na \leq \alpha$ であり，(2.1) (ii) の ε を a にとれば，$\exists m, \ \alpha - a < ma$ です．つまり $\alpha < (1+m)a$ です．$1 + m \in \mathbf{N}$ ですからこれは最初の不等式に矛盾します．したがって $\forall a, \forall b > 0, \exists n \in \mathbf{N}, \ na > b$ です．　　□

この定理は
$$\lim_{n \to \infty} na = +\infty$$
を主張しています．とくに $a = 1$ とすれば
$$\lim_{n \to \infty} n = +\infty \tag{2.4}$$
となります．当たり前の事実のようですが，Archimedes の原理を用いて示されます．$\mathbf{R}$ では Archimedes の原理が成り立ちますが (定理 2.4)，成り立たない集合もあります (注意 2.5)．

　例 2.5　　前章 1.3 節 (a) の n^α の極限を考えます．(2.4) を (1.3) の形で表せば，$\forall M > 0$ に対して $N = [M] + 1$ にとれば $\forall n \geq N \implies n \geq M$ となることです．$\alpha > 1$ のときは $n^\alpha \geq n \geq M$ より $\displaystyle\lim_{n \to \infty} n^\alpha = +\infty$ です．$0 < \alpha <$

1 のときは $0 < \dfrac{q}{p} < \alpha$ なる有理数を選びます．このとき $\forall n \geq M^p$ に対して $n^\alpha \geq n^{q/p} \geq M^q \geq M$ です．したがって (1.3) で $N = [M^p] + 1$ にとれば $\displaystyle\lim_{n\to\infty} n^\alpha = +\infty$ であることが分かります．また逆数をとれば

$$\lim_{n\to\infty} \frac{1}{n^\alpha} = 0, \ \alpha > 0$$

となります．よって 1.3 節 (a) が示されました．

例 2.6 前章 1.3 節 (b) の r^n の極限を考えます．$r > 1$ のとき $r = 1 + h$, $h > 0$ と書けます．2 項展開より $r^n = (1+h)^n = 1 + nh + \cdots + h^n > nh$ となることに注意すれば, (2.4) より

$$\lim_{n\to\infty} r^n = +\infty$$

です．また逆数をとれば $\displaystyle\lim_{n\to\infty} r^n = 0$, $0 < r < 1$ となります．よって **1.3** (b) が示されました．

2.4 有界列

$1, 2, 3, \cdots$ から数を選び, 小さい順に並べます．その数を

$$n_1, \ n_2, \ n_3, \ \cdots$$

と書くことにします．数列 $a_1, a_2, a_3, \cdots$ に対して $a_{n_1}, a_{n_2}, a_{n_3}, \cdots$ をその部分列といいます．

定理 2.7 $\displaystyle\lim_{n\to\infty} a_n = \alpha \implies \lim_{k\to\infty} a_{n_k} = \alpha$

証明 仮定より (1.2) が成り立っています．すなわち $\forall \varepsilon > 0$, $\exists N \in \mathbf{N}$, $\forall n \geq N \implies |a_n - \alpha| < \varepsilon$ です．ところで $\forall k, n_k \geq k$ ですから，とくに $n_N \geq N$ です．よって $\forall k \geq N$, $n_k \geq n_N \geq N$ となり $|a_{n_k} - \alpha| < \varepsilon$ となります．したがって $\displaystyle\lim_{k\to\infty} a_{n_k} = \alpha$ です． □

例 2.8 $\displaystyle\lim_{n\to\infty}\left(1+\frac{1}{n^3+2n+1}\right)^{n^3+2n+1}=e$ を示しなさい．
$\{n^3+2n+1\}$ は $\{n\}$ の部分列です．したがって例 2.3 より明らかです．

定理 2.9 (Bolzano-Weierstrass の定理)　有界な数列は収束する部分列をもつ．

証明　有界の仮定から $\exists I_1=[m_1,l_1],\ \forall n\in\mathbf{N},\ a_n\in I_1$ です．この区間を半分に分けて $I_1=I_{11}\cup I_{12}$ としましょう．このとき 2 つの小区間 I_{1j} のどちらかには数列の点が無限個存在します．その区間を $I_2=[m_2,l_2]$ としましょう．同じように I_2 を半分に分ければどちらかの小区間には数列の点が無限個存在します．このようにして区間の列 $I_k=[m_k,l_k]$ を作ります．各区間には数列の点が無限個存在しているので少なくとも 1 つを選べます．$a_{n_k}\in I_k$ としましょう．さらに n_k は n_{k-1} より大きく選びます．このとき
$$m_1\leq m_2\leq\cdots\leq m_k\leq a_{n_k}\leq l_k\leq\cdots\leq l_2\leq l_1$$
となります．数列 $\{m_k\}$ は上に有界な単調増加列，数列 $\{l_k\}$ は下に有界な単調減少列ですから定理 2.2 より，それぞれ収束します．極限値をそれぞれ α,β とすれば，$\forall k,\ \beta-\alpha\leq l_k-m_k=\left(\dfrac{1}{2}\right)^{k-1}(m_1-l_1)$ となります．よって $k\to\infty$ として $\alpha=\beta$ です．定理 1.3 (2) より $\displaystyle\lim_{k\to\infty}a_{n_k}=\alpha$ となり収束する部分列が得られました．このとき $\alpha\in I_1$ です．　　□

証明では区間を半分に分けて行きましたが，半分である必要はありません．上の証明を参照して次の定理を示してみてください．$\bigcap_{n=1}^{\infty}I_n$ は $\forall n,\ a\in I_n$ となる a の全体です．

定理 2.10 (区間縮小法)　有限閉区間の列 $\{I_n\}$ が $I_{n+1}\subset I_n$ を満たすとする．このとき $\bigcap_{n=1}^{\infty}I_n\neq\phi$ である．とくに I_n の長さ $|I_n|$ が $\displaystyle\lim_{n\to\infty}|I_n|=0$ を満たせば，$\exists\alpha,\ \bigcap_{n=1}^{\infty}I_n=\{\alpha\}$ である．

2.5 Cauchy 列

数列 $\{a_n\}$ が次の条件を満たすとき Cauchy 列といいます.

$$\forall \varepsilon > 0, \ \exists N \in \mathbf{N}, \ \forall n, m \geq N \implies |a_n - a_m| < \varepsilon \tag{2.5}$$

(1.2) と似ていますが, 極限値 α が現われていません. (2.5) は数列が先の方に行けば, お互いに近づき合っていることを表しています.

注意 2.2 注意 1.1 と同様に (2.5) において $\varepsilon > 0$ を $0 < \varepsilon \leq C$ ($C > 0$) と制限したり, $|a_n - a_m| < \varepsilon$ を $|a_n - a_m| < C\varepsilon$ と変えてもかまいません.

定理 2.11 (Cauchy の収束条件) $\displaystyle\lim_{n\to\infty} a_n = \alpha \iff \{a_n\}$ は Cauchy 列

証明 $\Rightarrow$) $\displaystyle\lim_{n\to\infty} a_n = \alpha$ とすると (1.2) が成立します. このとき $\forall n, m \geq N$ に対して

$$|a_n - a_m| = |a_n - \alpha + \alpha - a_m| \leq |a_n - \alpha| + |a_m - \alpha| < 2\varepsilon$$

です. 注意 2.2 より $\{a_n\}$ は Cauchy 列です.

$\Leftarrow$) $\{a_n\}$ を Cauchy 列とすると (2.5) が成り立ちます. とくに $\varepsilon = 1$, $m = N$ とすると $\exists N, \forall n \geq N, |a_n - a_N| < 1$ です. よって $\forall n, |a_n| \leq \max\{|a_N + 1|, |a_N - 1|, |a_1|, |a_2|, \cdots, |a_{N-1}|\}$ となり $\{a_n\}$ は有界な数列です. 定理 2.9 より収束する部分列がとれて $\displaystyle\lim_{k\to\infty} a_{n_k} = \alpha$ となります.

$$\forall \varepsilon > 0, \ \exists K \in \mathbf{N}, \ \forall k \geq K \implies |a_{n_k} - \alpha| < \varepsilon$$

です. ここで $N' = \max\{N, K\}$ とすれば, (2.5) と上式より $\forall k \geq N'$ に対して

$$|a_k - \alpha| = |a_k - a_{n_k} + a_{n_k} - \alpha| \leq |a_k - a_{n_k}| + |a_{n_k} - \alpha| < 2\varepsilon$$

となります. よって注意 1.1 より $\displaystyle\lim_{n\to\infty} a_n = \alpha$ です. □

例 2.12 $a_n = 1 + \dfrac{1}{2} + \dfrac{1}{3} + \cdots + \dfrac{1}{n}$ とすると $\{a_n\}$ は Cauchy 列ではない. $\forall N \in \mathbf{N}$ に対して $\forall n \geq 2m \geq m \geq N, |a_n - a_m| \geq \dfrac{1}{2}$ です. 実際

$$a_n - a_m = \frac{1}{m+1} + \frac{1}{m+2} + \cdots + \frac{1}{m+m} + \cdots + \frac{1}{n}$$
$$\geq \frac{1}{2m} + \frac{1}{2m} + \cdots + \frac{1}{2m} + 0 + \cdots + 0 = \frac{1}{2}$$

です. したがって $\{a_n\}$ は Cauchy 列ではありません. 収束もしません.

注意 2.3 有理数の全体 $\mathbf{Q}$ では定理 2.11 は成り立ちません. 収束する数列は Cauchy 列ですが, 逆は成り立ちません. 例えば

$$1.4,\ 1.41,\ 1.414,\ 1.4142,\ \cdots$$

という有理数の数列は Cauchy 列です. しかし $\sqrt{2} \notin \mathbf{Q}$ なので, この数列は $\mathbf{Q}$ では収束しません. 定理 2.11 の $\Leftarrow$) の証明も実数の連続公理を使っています.

例 2.13 縮小写像と不動点

I を閉区間とします. f は I 上で定義されその値域 $f(I)$ は I に含まれるとします (第 5 章). さらに $f: I \to I$ が

$$\forall x, y \in I,\ |f(x) - f(y)| \leq \gamma |x - y| \quad (0 \leq \gamma < 1)$$

を満たすとします. ここで $\forall x_1 \in I$ から出発し

$$x_{n+1} = f(x_n)$$

なる漸化式によって数列 $\{x_n\}$ を定めます. このとき以下で示すように $\{x_n\}$ は収束します. さらにその極限を $\lim_{n \to \infty} x_n = \alpha$ とすると

$$f(\alpha) = \alpha$$

となります. f を縮小写像, γ を縮小率, α を f の不動点といいます. この α は一意に決まります. 実際, $\{x_n\}$ の収束と不動点 α の一意性は次のように示されます. $|x_{n+1} - x_n| = |f(x_n) - f(x_{n-1})| \leq \gamma |x_n - x_{n-1}|$ ですから

$$|x_3 - x_2| \leq \gamma |x_2 - x_1|$$
$$|x_4 - x_3| \leq \gamma |x_3 - x_2| \leq \gamma^2 |x_2 - x_1|$$
$$\vdots \qquad \vdots$$
$$|x_n - x_{n-1}| \leq \gamma^{n-2} |x_2 - x_1|$$

となります. よって $n > m$ のとき

$$|x_n - x_m| \leq |x_n - x_{n+1}| + |x_{n+1} - x_{n+2}| + \cdots + |x_{m-1} - x_m|$$
$$\leq (\gamma^{n-1} + \cdots + \gamma^{m-2})|x_2 - x_1|$$
$$\leq \frac{\gamma^{m-2}}{1-r} \cdot |x_2 - x_1|$$

となります. $0 \leq \gamma < 1$ ですから 1.3 節 (b) より n が大きくなると右辺は 0 へ近づきます. このことは数列 $\{x_n\}$ が Cauchy 列であることを意味します. したがって定理 2.11 より数列は $\lim_{n \to \infty} x_n = \alpha$ と収束します. このとき

$$|\alpha - f(\alpha)| = |\alpha - x_{n+1} + f(x_n) - f(\alpha)| \leq |\alpha - x_{n+1}| + \gamma|x_n - \alpha|$$

です. $n \to \infty$ とすれば右辺は 0 に収束するので $\alpha = f(\alpha)$ となります. また $\beta = f(\beta)$ となる点があると $|\alpha - \beta| = |f(\alpha) - f(\beta)| \leq \gamma|\alpha - \beta|$ となります. $0 \leq \gamma < 1$ より $\alpha = \beta$ であることが分かります.

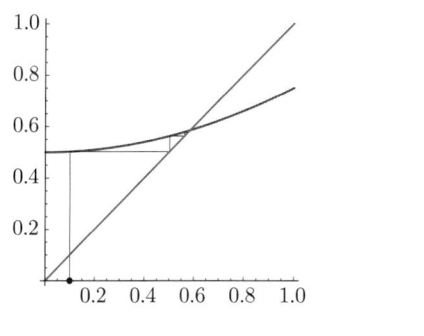

図 2.4　$I = [0, 1]$

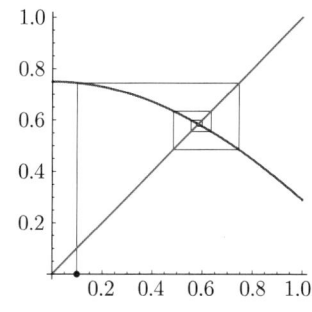

図 2.5　$I = [0, 1]$

図では $I = [0, 1]$ で定義され値域が I に含まれる関数 $y = f(x)$ と $y = x$ が描かれています. x 軸上の x_1 から出発します. $x = x_1$ と $y = f(x)$ の交点は $(x_1, f(x_1)) = (x_1, x_2)$ です. したがって交点から x 軸に平行に線を引き, $y = x$ との交点を求めれば, (x_2, x_2) です. この x 座標が x_2 です. 以下, この操作を繰り返していくと, $y = f(x)$ と $y = x$ の交点 (α, α) に近づきます. この α が不動点になります.

2.6 実数とは

前節では実数の連続公理から出発していろいろな定理を証明しました．以下にまとめると

- (W) 空でない有界な集合は上限をもつ．
- (M) 有界な単調列は収束する．
- (A) Archimedes の原理
- (BW) 有界な数列は収束部分列をもつ．
- (I) 区間縮小法
- (C) Cauchy 列は収束する．

実はこれらの命題の同値性が知られています．

$$(\text{W}) \iff (\text{M}) \iff (\text{BW}) \iff (\text{I}) + (\text{A}) \iff (\text{C}) + (\text{A})$$

そしてさらに Dedekind による「切断」に関する定理も同値です．詳しい説明と証明は参考文献で調べてください．

Dedekind の切断: 実数を共通部分のない 2 つの集合 A, B に分け，$\forall a \in A, \forall b \in B, a < b$ となるとき，(A, B) を実数の切断といいます．この実数の切断に関して次の定理が得られます．

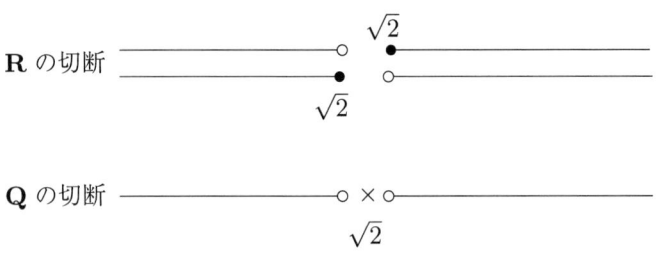

図 2.6 $\sqrt{2}$ での切断

定理 2.14 (Dedekind)　(A, B) が実数の切断であるとき, A に最大要素があり, B に最小要素がないか, あるいは A に最大要素がなく, B に最小要素があるかのいずれかである.

実数とは何か？有理数 (分数) の全体 $\mathbf{Q}$ を知っているとして実数をどのように定義したらよいでしょうか？$\mathbf{Q}$ のよい性質は四則演算ができ大小の順序があることです. このような集合を順序体といいます.

順序体：順序のある体が順序体です. 体と順序を定義しましょう. 集合 S に演算が定義され, 結合法則, 単位元の存在, 逆元の存在が満たされるとき群といいます.

(1) $\forall a, \forall b, \forall c \in S, a(bc) = (ab)c$,

(2) $\exists e \in S, \forall a \in S, ae = ea = a$,

(3) $\forall a \in S, \exists a^{-1}, aa^{-1} = a^{-1}a = e$

です. とくに可換な場合, すなわち $\forall a, \forall b \in S, ab = ba$ のとき, S は Abel 群とよばれます. S に 2 つの演算 (加法と乗法) が定まり, S が加法に関して Abel 群, その単位元を除いた集合 $S^{\times}$ が乗法に関して Abel 群になるとき体といいます. つぎに順序です. 集合 S に次のような 2 項の関係が存在するとき順序集合といいます.

(1) $a \preceq a$,

(2) $a \preceq b, b \preceq a \Rightarrow a = b$,

(3) $a \preceq b, b \preceq c \Rightarrow a \preceq c$

実際に $\mathbf{Q}$ と $\mathbf{R}$ がそれぞれ順序体であることを確かめてください.

$\mathbf{Q}$ は順序体としてよい性質を持つのですが, まずいことに隙間があります.

$$1.4, \ 1.41, \ 1.414, \ 1.4142, \ \cdots$$

という有理数の数列は $\sqrt{2}$ に近づきますが, $\sqrt{2} \notin \mathbf{Q}$ です. そこで $\mathbf{Q}$ の隙間を埋めたものを実数とするのです.

「**Q** を含む順序体で (W) を満たすものを実数とする」

ここで (W) を他の同値命題に置き換えてもかまいません．それが公理となり残りの同値命題がその公理から導かれる定理となります．このようにして実数を定義するのですが，たくさんあっては話になりません．実はこのように実数を定義すると一意であることが知られています．

注意 2.4 **Q** を含む順序体は **R** 以外にもたくさんあります．例えば 1 変数の実係数有理式の全体

$$\mathbf{R}(t) = \left\{ 有理式\ \frac{f(t)}{g(t)} \ \middle|\ f, g\ は実係数多項式 \right\}$$

も **Q** を含む順序体です．ただし四則演算は通常の演算とし，順序を次のように定めます．$g \equiv 1$, $f(t) = a_n t^n + a_{n-1} t^{n-1} + \cdots a_1 t + a_0$, $a_n \neq 0$ のとき，$a_n > 0$ であれば $\frac{f}{g} = f \geq 0$ とします．一般の g に対しては $\frac{f}{g} \geq 0$ を $fg \geq 0$ で定めます．そして 2 つの有理式 p, q に対しては，$p \geq q$ を $p - q \geq 0$ で定めます．このようにすると $\mathbf{R}(t)$ は $\mathbf{Q} \subset \mathbf{R}(t)$ なる順序体になります．

注意 2.5 上述の $\mathbf{R}(t)$ では Archimedes の原理は成り立ちません．実際，$1 > 0, t > 0$ に対して $\forall n \in \mathbf{N}$, $n \cdot 1 < t$ です．したがって $\mathbf{R}(t)$ は $\mathbf{Q} \subset \mathbf{R}(t)$ なる順序体ですが，連続公理を満たしません．

2.7　演習問題

問 2.1　次の集合の inf, sup, min, max を求めなさい．

(1) $\left\{\dfrac{1}{n} + \dfrac{1}{m} \,\middle|\, n, m \in \mathbf{N}\right\}$　　(2) $\left\{(-1)^n\left(1 - \dfrac{1}{n}\right) \,\middle|\, n \in \mathbf{N}\right\}$

(3) $\left\{\dfrac{\cos(n\pi)}{n} \,\middle|\, n \in \mathbf{N}\right\}$　　(4) $\{x|\ x^2 < 2\}$

問 2.2　$a_n > 0$, $\{a_n\}$ が単調増加列ならば，$\left\{\dfrac{a_1 + a_2 + \cdots + a_n}{n}\right\}$ も単調増加列であることを示しなさい．

問 2.3　$a_1 > b_1 > 0$, $a_{n+1} = \dfrac{a_n + b_n}{2}$, $b_{n+1} = \sqrt{a_n b_n}$ は共に同じ値に収束することを示しなさい．

問 2.4　$a > 0$, $a_1 > \sqrt{a}$, $a_{n+1} = \dfrac{1}{2}\left(a_n + \dfrac{a}{a_n}\right)$ が収束することを示し，その極限を求めなさい．

問 2.5　$\left\{\dfrac{1}{n}\right\}$ が Cauchy 列であることを示しなさい．

問 2.6　$\left\{(-1)^n + \dfrac{1}{n}\right\}$ が Cauchy 列でないことを示しなさい．

問 2.7　次の極限値を計算しなさい．

(1) $\displaystyle\lim_{n\to\infty}\left(1 + \dfrac{1}{n^2 + n}\right)^{2n^2 + 1}$　　(2) $\displaystyle\lim_{n\to\infty}\left(1 - \dfrac{1}{n}\right)^n$

問 2.8　$\displaystyle\lim_{n\to\infty}\dfrac{n!}{n^n} = 0$ を示しなさい．

問 2.9　$\displaystyle\lim_{n\to\infty}\dfrac{\sqrt[n]{n!}}{n} = \dfrac{1}{e}$ を示しなさい．

問 2.10　$f(x) = -\dfrac{1}{2}(x^2 - 1)$, $x \in [0, 1]$ のとき，f の不動点を求めなさい．

第 3 章
関数の極限

$y = f(x)$ を I で定義された関数とします (詳しくは第 5 章). この章では $y = f(x)$ の変数 x が x_0 が近づいたとき, $f(x)$ の値がどのようになるかを調べましょう. ここで注意しなくてはならないのは, x_0 は f の定義域に含まれる必要はないということです. しかし x_0 に近づく x は f の定義域に含まれていないと $f(x)$ の値が定まりません. この章では f の定義域 I と x_0 は次のような場合を考えています.

$$I_1 = (a, b),\ a < x_0 < b, \qquad I_2 = (a, x_0) \cup (x_0, b), \qquad I_3 = (x_0, b),$$

$$I_4 = (a, x_0), \qquad\qquad I_5 = (a, \infty), \qquad\qquad I_6 = (-\infty, a).$$

I_5, I_6 では x が $\pm\infty$ に近づく場合の極限を考えます.

3.1 関数の極限値

$f(x)$ の定義域を I とします. $x \in I$ が x_0 に近づいたときに $f(x)$ が一定の値 α に近づくとき, すなわち

$$x \in I,\ x \neq x_0, |x - x_0| \to 0 \implies |f(x) - \alpha| \to 0$$

となるとき

$$\lim_{x \to x_0} f(x) = \alpha$$

と書き, $x \to x_0$ のときの $f(x)$ は極限値 α に収束するといいます. $\lim_{x \to x_0}$ を $\lim_{x \to x_0,\ x \in I,\ x \neq x_0}$ と丁寧に書く場合もあります. このことを厳密に定義すると次のようになります.

$$\forall \varepsilon > 0,\ \exists \delta > 0,\ \forall x \in I,\ 0 < |x - x_0| < \delta \implies |f(x) - \alpha| < \varepsilon \quad (3.1)$$

また x が x_0 に近づいたときに, $f(x)$ が正で限りなく大きくなるとき, すなわち

$$x \in I,\ x \neq x_0, |x - x_0| \to 0 \implies f(x) \to +\infty$$

となるとき極限値は $+\infty$ であるといい

$$\lim_{x \to x_0} f(x) = +\infty$$

と書きます. 厳密な定義は

$$\forall M > 0,\ \exists \delta > 0,\ \forall x \in I,\ 0 < |x - x_0| < \delta \implies f(x) > M \quad (3.2)$$

となります. $\lim_{x \to x_0} f(x) = -\infty$ も同様に定義してください.

$f(x)$ の定義域が $I_3 = (x_0, b)$ の場合, $x \in I_3,\ x \neq x_0, |x - x_0| \to 0$ は x が $x > x_0$ を満たしながら x_0 に近づくことを意味します. このことを

$$\lim_{x \to x_0 + 0} f(x) = \alpha$$

と書き右極限値といいます. $I_4 = (a, x_0)$ の場合の左極限値 $\lim_{x \to x_0 - 0} f(x) = \alpha$ も同様に定義されます. $x_0 = 0$ のときは $\lim_{x \to 0 \pm 0}$ とは書かずに単に $\lim_{x \to \pm 0}$ と書くのが普通です. このような右極限値と左極限値は $f(x)$ の定義域が I_1, I_2 の場合にも同様に定義されます.

例 3.1 $\lim_{x \to +0} \dfrac{|x|}{x} = 1,\ \lim_{x \to -0} \dfrac{|x|}{x} = -1$ を示しなさい.

ここで $\dfrac{|x|}{x}$ は $x = 0$ で定義されていないことに注意してください. 定義域は $I = \mathbf{R} - \{0\}$ です. 分子の $|x|$ は $x \geq 0$ で $x, x \leq 0$ で $-x$ です. このことからグラフは次ページのようになり求める結果は明らかです.

図 3.1　$\dfrac{|x|}{x}$ のグラフ

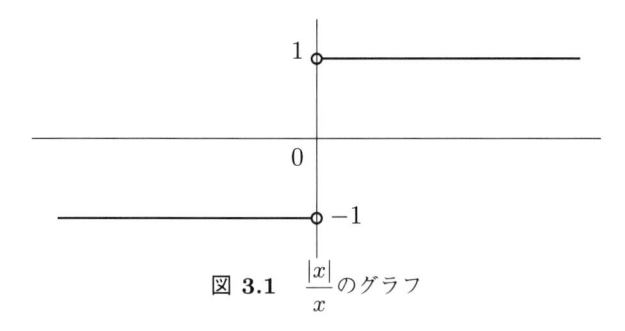

$f(x)$ の定義域が $I_5 = (a, \infty)$ の場合を考えます．$x > 0$ が限りなく大きくなるとき，$f(x)$ が一定の値 α に近づくとき，すなわち

$$x \to +\infty \implies f(x) \to \alpha$$

となるとき

$$\lim_{x \to +\infty} f(x) = \alpha$$

と書きます．厳密な定義は

$$\forall \varepsilon > 0,\ \exists M > 0,\ \forall x \in I,\ x > M \implies |f(x) - \alpha| < \varepsilon \tag{3.3}$$

となります．$I_6 = (-\infty, b)$ の場合の $\lim_{x \to -\infty} f(x) = \alpha$ も同様に定義してください．他にも $\lim_{x \to x_0 \pm 0} f(x) = \pm\infty, \mp\infty$ や $\lim_{x \to \pm\infty} f(x) = \pm\infty, \mp\infty$ なども考えられます．同様に定義を与えてみてください．

注意 3.1　この節で現れた厳密な定義には $\forall \varepsilon > 0$ が出てきました．注意 1.1 と同様に，$0 < \varepsilon < C\ (C > 0)$ と制限したり，右端の ε を $C\varepsilon$ で置き換えてもかまいません．

3.2　極限の基本演算

最初に，関数の極限値を，前章で学んだ数列の極限値としてとらえることができることを示します．

定理 3.2 次の 2 つは同値である.

(1) $\lim_{x \to x_0} f(x) = \alpha$

(2) $\forall \{x_n\} \subset I, \lim_{n \to \infty} x_n = x_0 \implies \lim_{n \to \infty} f(x_n) = \alpha$

ここで $x_0 = \pm\infty$ あるいは $\alpha = \pm\infty$ でもよい.

証明 (1) $\Rightarrow$ (2): (1) を仮定すると (3.1) より

$$\forall \varepsilon > 0, \exists \delta > 0, \forall x \in I, 0 < |x - x_0| < \delta \implies |f(x) - \alpha| < \varepsilon$$

です. ところで $\lim_{n \to \infty} x_n = x_0$ とすると (1.2) が成り立ち, その式で $\varepsilon = \delta$ とすれば

$$\exists N \in \mathbf{N}, \forall n \geq N \implies |x_n - x_0| < \delta$$

となります. よって $|f(x_n) - \alpha| < \varepsilon$ です. $\lim_{n \to \infty} f(x_n) = \alpha$ が得られました.

(2) $\Rightarrow$ (1): 背理法を用います. $\lim_{x \to x_0} f(x) = \alpha$ でないとすると

$$\exists \varepsilon > 0, \forall \delta > 0, \exists x \in I, 0 < |x - x_0| < \delta, |f(x) - \alpha| \geq \varepsilon$$

となります. この否定命題の作り方については注意 3.2 を参照してください. とくに $\delta = \dfrac{1}{n}, n \in \mathbf{N}$ とすれば, $0 < |x_n - x_0| < \dfrac{1}{n}, |f(x_n) - \alpha| \geq \varepsilon$ となる数列 $\{x_n\}$ を作ることができます. $n \to \infty$ とすればこの数列は x_0 に収束します. しかし $f(x_n)$ は α に収束しません. よって (2) の仮定に矛盾します. したがって $\lim_{x \to x_0} f(x) = \alpha$ です. $x_0 = \pm\infty$ あるいは $\alpha = \pm\infty$ の場合も同様に証明できます. □

注意 3.2 限定記号 $\forall, \exists$ が入った命題の否定命題をつくるときは, $\forall$ と $\exists$ を逆にします. また $P \implies Q$ の否定は $P \land \sim Q$ すなわち「P かつ Q でない」です. ここで $\sim$ は否定 ($\sim$ でない), $\land$ は and(かつ) を表します. 例えば

$$\sim (\forall x, \exists y, P(x, y) \implies Q(x, y)) \equiv \exists x, \forall y, P(x, y) \land \sim Q(x, y)$$

となります. $\equiv$ は同値を意味し, x, y が入った命題を変数の形で表しています.

定理 3.2 により関数の極限は数列の極限で得られます．よって定理 1.2, 定理 1.3 より次の定理が導かれます．

定理 3.3 $\lim_{x \to x_0} f(x) = \alpha$, $\lim_{x \to x_0} g(x) = \beta$ のとき

(1) $\lim_{x \to x_0} (f(x) \pm g(x)) = \alpha \pm \beta$

(2) $\lim_{x \to x_0} cf(x) = c\alpha$

(3) $\lim_{x \to x_0} f(x)g(x) = \alpha\beta$

(4) $\lim_{x \to x_0} \dfrac{f(x)}{g(x)} = \dfrac{\alpha}{\beta}$ ($\beta \neq 0$)

定理 3.4 f, g, h の定義域を I, $\lim_{x \to x_0} f(x) = \alpha$, $\lim_{x \to x_0} g(x) = \beta$ とする．

(1) $\forall x \in I, \ f(x) \leq g(x) \Longrightarrow \alpha \leq \beta$

(2) $\forall x \in I, \ f(x) \leq h(x) \leq g(x), \ \alpha = \beta \Longrightarrow \lim_{x \to x_0} h(x) = \alpha$

3.3 極限値の計算 I

ここではいくつか重要な関数の極限値を求めます．ただし三角関数, 指数関数, 対数関数の性質 (5.3 節, 5.4 節) は既知とします．

例 3.5 $\lim_{x \to 0} \dfrac{\sin x}{x} = 1$

$0 < x < \dfrac{\pi}{2}$ とします．図のように半径 1 の円を考え，中心角が x の扇形を考えます．扇形の面積と $\triangle \mathrm{AOD}$ と $\triangle \mathrm{COD}$ の面積を比較すると

$$\frac{1}{2}\sin x < \pi \times \frac{x}{2\pi} < \frac{1}{2}\tan x$$

となります．したがって

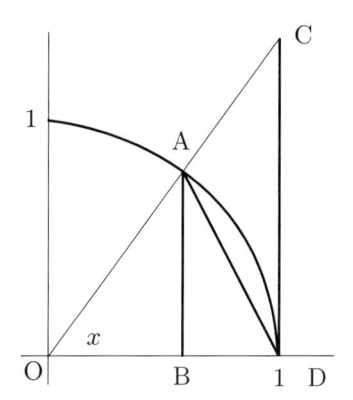

図 3.2 扇形と三角形の面積

$$\frac{1}{\cos x} < \frac{\sin x}{x} < 1$$

です．ここで $x \to 0$ とすれば定理 3.4 (2) より求める結果を得ます．

注意 3.3 この説明には盲点があります．半径 1 の円の面積が π であることを既知としています．この事実は Archimedes も知っていましたが，きちんと求めるには定積分を用いて面積を計算します (例 20.2)．このとき三角関数の積分を使います．ところが三角関数の微積分は $\lim_{x \to 0} \frac{\sin x}{x} = 1$ から得られます (例 6.4)．これでは議論がどうどう巡りです．したがって半径 1 の円の面積が π であることを用いずに証明するのが望ましいのです．ここでは曲線の長さの公式 (20.3 節) を用いて再証明してみましょう．

半径 1 の円の上半分は $y = \sqrt{1-x^2}$ で表されます．角度を θ とすると円弧の長さは

$$\theta = \int_{\cos\theta}^{1} \sqrt{1+(y')^2}\,dx = \int_{\cos\theta}^{1} \frac{1}{\sqrt{1-x^2}}\,dx$$

となります．$\cos\theta \leq x \leq 1$ ですから定積分の計算 (第 18 章, 第 19 章) と積分の性質 (定理 16.5) を用いて

$$\int_{\cos\theta}^{1} \frac{1}{\sqrt{1-x^2}} dx \geq \int_{\cos\theta}^{1} \frac{x}{\sqrt{1-x^2}} dx$$
$$= \left[-\sqrt{1-x^2}\right]_{\cos\theta}^{1} = \sin\theta$$

です．また $1-x^2 = (1+x)(1-x) \geq (1+\cos\theta)(1-x)$ に注意して

$$\int_{\cos\theta}^{1} \frac{1}{\sqrt{1-x^2}} dx \leq \frac{1}{\sqrt{1+\cos\theta}} \int_{\cos\theta}^{1} \frac{1}{\sqrt{1-x}} dx$$
$$= \frac{1}{\sqrt{1+\cos\theta}} \left[-2\sqrt{1-x}\right]_{\cos\theta}^{1}$$
$$= \frac{2\sqrt{1-\cos\theta}}{\sqrt{1+\cos\theta}} = \frac{2\sin\theta}{1+\cos\theta} \leq \tan\theta$$

となります．以上により $\sin\theta \leq \theta \leq \tan\theta$ が得られました．したがって前と同様に $\lim_{\theta \to 0} \frac{\sin\theta}{\theta} = 1$ が示されます．

例 3.6 $\lim_{x \to \infty} \left(1 + \frac{1}{x}\right)^x = e$ を示しなさい．

定理 3.2 を用いて数列の極限計算に置き換えて考えます．$\{x_n\}$ を $x_n \to \infty$ となる数列とします．x_n に対して $m_n = [x_n]$ とします．すると $m_n \leq x_n < m_n + 1$ となります．また $m_n \to \infty$ $(n \to \infty)$ です．指数関数 a^x $(a > 1)$ が単調増加 (定理 5.6) であることに注意して

$$\left(1 + \frac{1}{m_n+1}\right)^{m_n} \leq \left(1 + \frac{1}{x_n}\right)^{m_n} \leq \left(1 + \frac{1}{x_n}\right)^{x_n}$$
$$\leq \left(1 + \frac{1}{x_n}\right)^{m_n+1} \leq \left(1 + \frac{1}{m_n}\right)^{m_n+1}$$

ここで両端を

$$\left(1 + \frac{1}{m_n+1}\right)^{m_n} = \left(1 + \frac{1}{m_n+1}\right)^{m_n+1} \left(1 + \frac{1}{m_n+1}\right)^{-1}$$
$$\left(1 + \frac{1}{m_n}\right)^{m_n+1} = \left(1 + \frac{1}{m_n}\right)^{m_n} \left(1 + \frac{1}{m_n}\right)$$

と変形します．$\left\{\left(1 + \frac{1}{m_n+1}\right)^{m_n+1}\right\}$ と $\left\{\left(1 + \frac{1}{m_n}\right)^{m_n}\right\}$ は e に収束する数列 (例 2.3) の部分列ですから，定理 2.5 より e に収束します．したがって定理

1.3 (2) から $\lim_{n\to\infty}\left(1+\dfrac{1}{x_n}\right)^{x_n}=e$ となります.

例 3.7 $\lim_{x\to 0}\dfrac{\log(1+x)}{x}=1$ を示しなさい.

前の例で $x=\dfrac{1}{h}$ とすれば $\lim_{h\to 0}(1+h)^{1/h}=e$ となります. ここで両辺の対数をとり求める式が得られます. ただし $\lim_{h\to 0}$ と log の順序を交換できるのは対数関数の連続性 (定理 5.8) を用いています.

例 3.8 $\lim_{x\to 0}\dfrac{e^x-1}{x}=1$ を示しなさい.

$e^x-1=h$ とすると, $x=\log(1+h)$ です. $x\to 0$ のとき $h\to 0$ となるので前の例の逆数より明らかです.

3.4 極限値の計算 II

前節の結果や数列の極限値の計算を参考に, つぎの極限値を求めてください.

(1) $\lim_{x\to\infty}\dfrac{2x+3}{x+5}$
(2) $\lim_{x\to\infty}\dfrac{3x^3+2x^2-6}{x^3+5x^2-3x-1}$
(3) $\lim_{x\to 0}\dfrac{\sin ax}{\sin bx}\ (b\neq 0)$
(4) $\lim_{x\to\infty}\left(1+\dfrac{1}{ax}\right)^x\ (a\neq 0)$
(5) $\lim_{x\to 0}\dfrac{\log(1+x+x^2)}{2x}$
(6) $\lim_{x\to 0}\dfrac{x}{\sqrt{x+1}-1}$

答えは (1) 2, (2) 3, (3) $\dfrac{a}{b}$, (4) $e^{\frac{1}{a}}$, (5) $\dfrac{1}{2}$, (6) 2 です. (1), (2) は数列の場合と同様です. 分子と分母を x, x^3 でそれぞれ割ります. (3) は $\dfrac{\sin ax}{\sin bx}=\dfrac{\sin ax}{ax}\dfrac{bx}{\sin bx}\dfrac{a}{b}$ と変形します. (4) はべきを $x=ax\cdot\dfrac{1}{a}$ とします. (5) は $\dfrac{\log(1+x+x^2)}{2x}=\dfrac{\log(1+x+x^2)}{x+x^2}\dfrac{x+x^2}{2x}$ と変形します. (6) は数列のときと同様に分子と分母に $\sqrt{x+1}-1$ を掛けます.

3.5 演習問題

問 3.1 $\lim_{x \to 1} x^2 + 2 = 3$ を $\forall \varepsilon, \exists \delta$ を用いて (3.1) のように示しなさい.

問 3.2 $\lim_{x \to 0} \sqrt{|x|} = 0$ を $\forall \varepsilon, \exists \delta$ を用いて (3.1) のように示しなさい.

問 3.3 (3.1) の否定命題を書きなさい.

問 3.4 定理 3.2 (2) の否定命題を書きなさい.

問 3.5 前問を用いて $\lim_{x \to 0} \sin\left(\dfrac{1}{x}\right)$ が存在しないことを示しなさい.

問 3.6 次の極限を計算しなさい.

(1) $\displaystyle\lim_{x \to 3} \dfrac{x^2 - 6x + 9}{x - 3}$
(2) $\displaystyle\lim_{x \to +\infty} \dfrac{2x^2 - 3}{-x^2 + 1}$
(3) $\displaystyle\lim_{x \to +\infty} (\sqrt{x+1} - \sqrt{x})$
(4) $\displaystyle\lim_{x \to +\infty} \sqrt{x}(\sqrt{x+1} - \sqrt{x})$

問 3.7 次の極限を計算しなさい.

(1) $\displaystyle\lim_{x \to 0} \dfrac{\sin x}{\sin 3x}$
(2) $\displaystyle\lim_{x \to 0} \dfrac{x \sin x}{1 - \cos x}$
(3) $\displaystyle\lim_{x \to 0} \dfrac{\sin(x+a) - \sin a}{x}$
(4) $\displaystyle\lim_{x \to 0} \dfrac{\tan bx}{\tan ax}$ $(a \neq 0)$

問 3.8 次の極限を計算しなさい.

(1) $\displaystyle\lim_{x \to 0} \dfrac{\log(1 + x + x^2)}{\sin x}$
(2) $\displaystyle\lim_{x \to -\infty} \left(1 + \dfrac{1}{x}\right)^x$
(3) $\displaystyle\lim_{x \to 0} (1 + ax)^{b/x}$ $(a \neq 0, b \neq 0)$
(4) $\displaystyle\lim_{x \to a} \dfrac{\log x - \log a}{x - a}$ $(a > 0)$

問 3.9 $\displaystyle\lim_{x \to \infty} \dfrac{x^\alpha}{e^x} = 0$ $(\alpha > 0)$ を示しなさい.

問 3.10 次の極限を計算しなさい. ただし $\alpha > 0$.

(1) $\displaystyle\lim_{x \to +\infty} \dfrac{x^\alpha}{\log x}$
(2) $\displaystyle\lim_{x \to +0} x^\alpha \log x$
(3) $\displaystyle\lim_{x \to +0} x^\alpha e^{1/x}$

第 4 章

連続関数

$y = f(x)$ の連続性について考えます. つまり $f(x)$ のグラフが紐のようにつながっているかいないかを表現します. この章では f の定義域 I を連結な区間 —— $(a,b), [a,b), (a,b], [a,b]$ などとします.

4.1 連続と不連続

$f(x)$ が $x_0 \in I$ で連続とは

$$\lim_{x \to x_0} f(x) = f(x_0) \tag{4.1}$$

となることです. すなわち $x \to x_0$ のとき, 関数の極限値が存在し, その値が $f(x_0)$ となることです. x_0 が I の端点のとき, 例えば $I = [a,b]$ の a あるいは b での連続は

$$\lim_{x \to a+0} f(x) = f(a), \quad \lim_{x \to b-0} f(x) = f(b)$$

とします. 関数の極限の定義 (3.1) より $x = x_0$ での連続の厳密な定義は次のようになります.

$$\forall \varepsilon > 0, \ \exists \delta > 0, \ \forall x \in I, \ |x - x_0| < \delta \implies |f(x) - f(x_0)| < \varepsilon \tag{4.2}$$

注意 4.1 関数の極限の定義 (3.1) では $0 < |x - x_0| < \delta$ とし, $x \neq x_0$ としました. 連続の定義 (4.2) でも同様にしてかまいません. しかし $x = x_0$ では $|f(x_0) - f(x_0)| = 0 < \varepsilon$ となるので, $x \neq x_0$ と制限する必要はありません.

$f(x)$ が I の各点で連続なとき, $f(x)$ は I で連続といいます. $f(x)$ が x_0 で連続でないときは x_0 で不連続といいます. (4.1) の極限値が $f(x_0)$ にならないことです. 厳密な定義は (4.2) を否定して (注意 3.2) 次のようになります.

$$\exists \varepsilon > 0, \ \forall \delta > 0, \ \exists x \in I, \ |x - x_0| < \delta, \ |f(x) - f(x_0)| \geq \varepsilon \tag{4.3}$$

実際の例で確かめてみましょう.

例 4.1 $f(x) = x^2$, $I = [-2, 1]$ の連続性を調べなさい.

I のどの点 x_0 をとっても $\lim_{x \to x_0} x^2 = x_0^2$ ですから, $f(x)$ は I で連続です.

例 4.2 $f(x) = \begin{cases} x & -2 \leq x < 1 \\ 0 & 1 \leq x < 2 \end{cases}$ の連続性を調べなさい.

定義域は $I = [-2, 2)$ です. $I \ni x_0 \neq 1$ であれば連続です. $\lim_{x \to 1-0} f(x) = 1$, $\lim_{x \to 1+0} f(x) = 0$ ですから $\lim_{x \to 1} f(x)$ は存在しません. したがって $x = 1$ では不連続です.

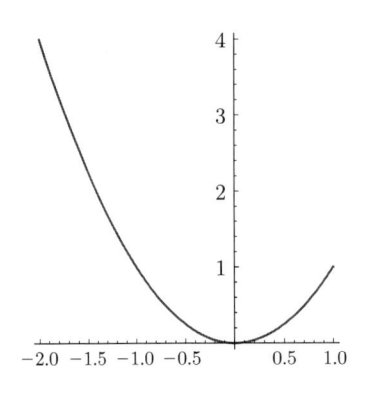

図 **4.1** 例 4.1

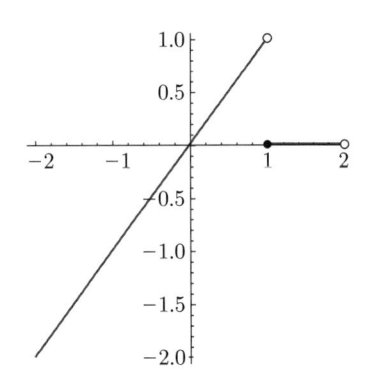

図 **4.2** 例 4.2

例 4.3 $f(x) = \begin{cases} x \sin\left(\dfrac{1}{x}\right) & -1 \leq x \leq 1, \ x \neq 0 \\ 0 & x = 0 \end{cases}$

$x_0 \neq 0$ であれば $\lim_{x \to x_0} f(x) = x_0 \sin\left(\dfrac{1}{x_0}\right)$ となり連続です. $x_0 = 0$ のとき

は $|f(x) - 0| = \left|x \sin\left(\dfrac{1}{x}\right)\right| \leq |x|$ から $\lim_{x \to 0} f(x) = 0 = f(0)$ となり連続です．よって $f(x)$ は I で連続です．

例 4.4 $f(x) = \begin{cases} \sin\left(\dfrac{1}{x}\right) & -1 \leq x \leq 1, x \neq 0 \\ 0 & x = 0 \end{cases}$

$x_0 \neq 0$ であれば $\lim_{x \to x_0} f(x) = \sin\left(\dfrac{1}{x_0}\right)$ となり連続です．$x_0 = 0$ のときを考えます．0 に収束する数列として $\dfrac{1}{2n\pi}$ ($n \in \mathbf{N}$) をとれば $\lim_{x_n \to 0} f(x_n) = 0$ です．また $\dfrac{1}{2n\pi + \pi/2}$ ($n \in \mathbf{N}$) をとれば $\lim_{x_n \to 0} f(x_n) = 1$ です．したがって定理 3.2 より $\lim_{x \to 0} f(x)$ は存在しません．よって $x = 0$ で不連続です．

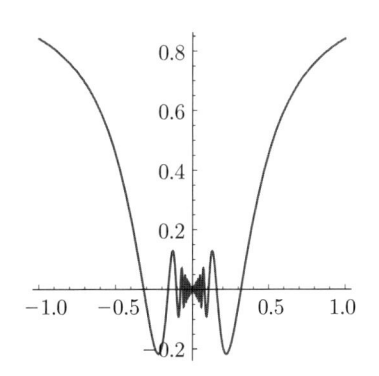

図 **4.3** 例 4.3

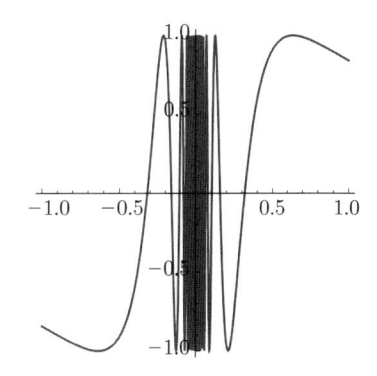

図 **4.4** 例 4.4

例 4.5 $f(x) = \begin{cases} 0 & x \text{ が無理数} \\ \dfrac{1}{q} & x = \dfrac{p}{q} \text{ なる有理数 (既約で } q > 0) \end{cases}$

x_0 が有理数であれば不連続，無理数であれば連続となります．実際，有理数 $x_0 = \dfrac{p}{q}$ のどんな近くにも無理数 x があります．例えば $x_0 + 10^{-k}\sqrt{2}$ を考えます．このとき $|f(x_0) - f(x)| = \dfrac{1}{q}$ です．よってどんなに小さく $\delta > 0$ を

とって $|x-x_0|<\delta$ としても, $|f(x_0)-f(x)|<\varepsilon$ とはできません. したがって x_0 で連続ではありません. 次に, x_0 を無理数とします. $\forall \varepsilon>0$ に対して $n\varepsilon>1$ なる $n\in \mathbf{N}$ を選びます. このとき $S=\left\{x=\dfrac{p}{q}\ \Big|\ |x-x_0|<1,\ 0\le q\le n,\ p\in \mathbf{Z}\right\}$ は有限集合です. この集合の要素の中でもっとも x_0 に近いものを x' とし, $\delta>0$ を $\delta<|x_0-x'|$ にとります. すると $\forall x,\ |x-x_0|<\delta$ に対して x が無理数であれば $|f(x_0)-f(x)|=|0-0|=0<\varepsilon$ です. x が有理数 $\dfrac{p}{q}$ であれば $|x-x_0|<\delta$ より $x\notin S$ となり, $q>n>\dfrac{1}{\varepsilon}$ です. したがって $|f(x_0)-f(x)|=\dfrac{1}{q}<\dfrac{1}{n}<\varepsilon$ となります. よって x_0 で連続です.

4.2 連続関数の基本演算

関数の極限値に関する定理 3.2, 定理 3.3 から次の 2 つの結果が得られます.

定理 4.6 次の 2 つは同値である.
(1) $f(x)$ が x_0 で連続である
(2) $\forall \{x_n\}\subset I,\ \lim\limits_{n\to\infty}x_n=x_0 \Longrightarrow \lim\limits_{n\to\infty}f(x_n)=f(x_0)$

定理 4.7 $f(x), g(x)$ が x_0 で連続であれば, $f(x)+g(x)$, $cf(x)$, $f(x)g(x)$, $\dfrac{f(x)}{g(x)}$ も x_0 で連続である. ただし商をとるときは $g(x)\ne 0$ とする.

$f(x)$ が I で定義され, $g(x)$ の定義域が $f(x)$ の値域 $f(I)=\{f(x)\mid x\in I\}$ を含むとき, f と g の合成関数を次の式で定義します.

$$g\circ f(x)=g(f(x)),\ x\in I$$

定理 4.8 $f(x)$ は I で定義され, $g(x)$ の定義域は $f(I)$ を含むとする. $f(x)$ が x_0 で連続, $g(x)$ が $f(x_0)$ で連続であれば合成関数 $g\circ f$ は x_0 で連続である.

証明 定理 4.6 より数列で考えます. $\forall\{x_n\}\subset I,\ \lim\limits_{n\to\infty}x_n=x_0$ とすると $f(x)$ の連続性から $\lim\limits_{n\to\infty}f(x_n)=f(x_0)$ です. すなわち $\{f(x_n)\}$ は $f(x_0)$ へ

収束する数列です．よって $g(x)$ の連続性から $\lim_{n\to\infty} g(f(x_n)) = g(f(x_0))$ となります．よって $g \circ f$ は x_0 で連続です． □

4.3 一様連続

$f(x)$ が I で連続なこと，すなわち I の各点 x_0 で連続なことを厳密に定義すると

$$\forall \varepsilon > 0,\ \forall x_0 \in I,\ \exists \delta > 0,\ \forall x \in I,\ |x - x_0| < \delta \Longrightarrow |f(x) - f(x_0)| < \varepsilon \tag{4.4}$$

となります．これに対して $f(x)$ が I で一様連続であることを

$$\forall \varepsilon > 0,\ \exists \delta > 0,\ \forall x_0 \in I,\ \forall x \in I,\ |x - x_0| < \delta \Longrightarrow |f(x) - f(x_0)| < \varepsilon \tag{4.5}$$

で定義します．

注意 4.2 2つの定義の δ と x_0 の場所の違いに注意してください．(4.4) の δ は ε, x_0 を決めてから選びます．したがって δ は $\delta = \delta(\varepsilon, x_0)$ と ε, x_0 に従属します．一様連続の定義 (4.5) の δ は ε を決めてから選びます．したがって $\delta = \delta(\varepsilon)$ と ε のみに従属します．δ は x_0 によらない，すなわち I の場所によらずに一様にとれます．

一様連続の定義を定理 4.6 と同様に点列で述べることもできます．上述の定義は次のようになります．

$$\forall \varepsilon > 0,\ \exists \delta > 0,\ \forall x_n, x'_n \in I,\ |x_n - x'_n| < \delta \Longrightarrow |f(x_n) - f(x'_n)| < \varepsilon \tag{4.6}$$

定理 4.9 (1) $f(x)$ が I で一様連続であれば $f(x)$ は I で連続である．
(2) $f(x)$ が閉区間 $I = [a, b]$ で連続であれば $f(x)$ は I で一様連続である．

証明 (1) は連続と一様連続の定義および注意 4.2 から明らかです．(2) を背理法を用いて示します．$f(x)$ は I で一様連続でないとすると注意 3.2 から

$$\exists \varepsilon > 0, \ \forall \delta > 0, \ \exists x, x' \in I, \ |x - x'| < \delta, \ |f(x) - f(x')| \geq \varepsilon$$

となります.とくに $\delta = \dfrac{1}{n}$ ($n \in \mathbf{N}$) として x, x' に対応する x_n, x'_n を選びます.$|x_n - x'_n| < \dfrac{1}{n}$, $|f(x_n) - f(x'_n)| \geq \varepsilon$ です.I は有界ですから定理 2.9 より $\{x_n\}$ から収束する部分列 $\{x_{n_k}\}$ を選ぶことができます.$\{x'_{n_k}\}$ も有界ですから収束する部分列 $\{x'_{n_{k_l}}\}$ を選ぶことができます.このとき $\{x_{n_{k_l}}\}$ も収束しています.部分列の添字を取りなおせば,結局 x_n, x'_n から収束する部分列 x_{n_i}, x'_{n_i} を選ぶことができました.$|x_n - x'_n| < \dfrac{1}{n}$ ですから x_{n_i}, x'_{n_i} は同じ極限値 x_0 に収束します.このとき $f(x)$ は連続ですから $\lim\limits_{i \to \infty} f(x_{n_i}) = f(x_0)$, $\lim\limits_{i \to \infty} f(x'_{n_i}) = f(x_0)$ となります.これは $|f(x_{n_i}) - f(x'_{n_i})| \geq \varepsilon$ に矛盾します.したがって $f(x)$ は I で一様連続です.　　□

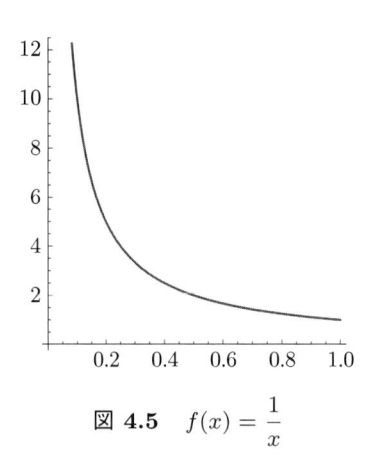

図 4.5　$f(x) = \dfrac{1}{x}$

例 4.10　$f(x) = \dfrac{1}{x}$, $I = (0, 1]$ の一様連続性を調べなさい.

$f(x)$ は I で連続ですが,一様連続ではありません.実際 $\varepsilon = 1$ に対して

$$\forall \delta > 0, \ \exists x, x' \in I, \ 0 < |x - x'| < \delta, \ |f(x) - f(x')| \geq 1$$

を示します.$\delta \geq 1$ であれば $x = 1$, $x' = \dfrac{1}{2}$ にとれば $|x - x'| = \dfrac{1}{2} < 1 \leq \delta$,

$|f(x) - f(x')| = |1 - 2| = 1$ です．$0 < \delta < 1$ であれば $x = \delta$, $x' = \dfrac{\delta}{2}$ にとります．このとき $|x - x'| = \dfrac{\delta}{2} < \delta$, $|f(x) - f(x')| = \dfrac{1}{\delta} > 1$ です．この例から定理 4.9 (2) の I を閉区間とする仮定は落とせないことが分かります．

4.4 中間値の定理

x_0 を含む開区間 $I_\varepsilon(x_0) = (x_0 - \varepsilon, x_0 + \varepsilon)$ を x_0 の ε-近傍あるいは単に近傍といいます．" x_0 のそば"，" x_0 のまわり" を表します．

定理 4.11 $f(x)$ は x_0 で連続で $f(x_0) > 0$ とする．このとき $\exists \delta > 0, \forall x \in I, |x - x_0| < \delta \implies f(x) > 0$ となる．とくに x_0 が区間の端点でなければ x_0 のある近傍で $f(x) > 0$ である．

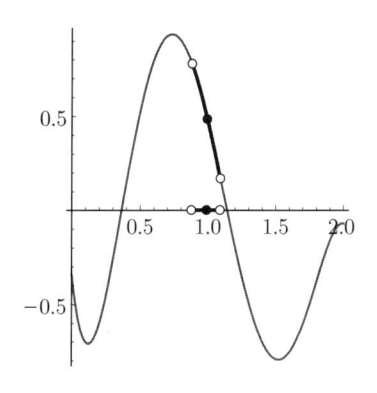

図 4.6　$f(x_0) > 0$ の近傍

証明　x_0 での連続性から (4.2) が成り立っています．とくに ε として $\varepsilon = \dfrac{f(x_0)}{2} > 0$ にとれば

$$\exists \delta > 0, \ \forall x \in I, \ |x - x_0| < \delta \implies |f(x) - f(x_0)| < \dfrac{f(x_0)}{2} \qquad (4.7)$$

となります．このとき $\dfrac{f(x_0)}{2} < f(x) < \dfrac{3f(x_0)}{2}$ です．よって $f(x_0) > 0$ より，$x \in I, |x - x_0| < \delta$ で $f(x) > 0$ となります．　□

定理 4.12 (中間値の定理)　$f(x)$ は閉区間 $I = [a,b]$ で連続とし，$f(a) < f(b)$ とする．このとき

$$\forall \lambda,\ f(a) < \lambda < f(b),\ \exists \xi,\ a < \xi < b,\ f(\xi) = \lambda$$

となる．また $f(a) > f(b)$ のときも同様である．

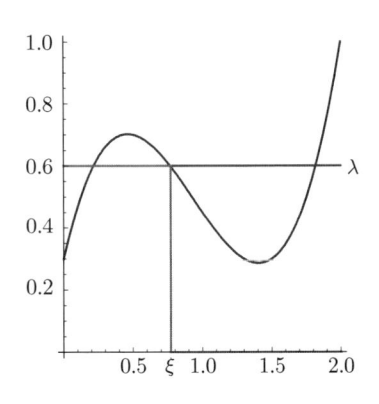

図 **4.7**　中間値の定理

証明　I の部分集合 E を $E = \{x \in I \mid f(x) < \lambda\}$ で定めます．$a \in E$ ですから E は空でなく，上へ有界な集合です．したがって実数の連続公理から $\xi = \sup E$ が存在します．このとき $a < \xi < b$ は明らかです．この ξ が求める点，すなわち $f(\xi) = \lambda$ となることを示します．$f(\xi) > \lambda$ であれば $f(x)$ の連続性から ξ のある近傍で $f(x) > \lambda$ です (定理 4.11)．するとこの ξ の近傍は E に含まれません．ξ が E の上限であることに矛盾します．$f(\xi) < \lambda$ であればやはり ξ の近傍で $f(x) < \lambda$ です．すると $\xi < \exists c,\ f(c) < \lambda$ となります．$c \in E$ となり ξ が E の上限であることに矛盾します．よって $f(\xi) = \lambda$ です．　□

注意 4.3　中間値の定理の「中間」は $f(a) < \lambda < f(b)$ なる λ のことです．$f(a)$ と $f(b)$ の半分とは限りません．図 4.7 のように λ を選んだとき，上の証明はどこの ξ を見つけているでしょうか？証明を確かめてください．

例 4.13 方程式 $\sin x + \cos x - 2x = 0$ は区間 $0 \leq x \leq \dfrac{\pi}{2}$ で実数解をもつ. $f(x) = \sin x + \cos x - 2x$ とおきます. $f(x)$ は $I = \left[0, \dfrac{\pi}{2}\right]$ で連続で, $f(0) = 1 > 0$, $f\left(\dfrac{\pi}{2}\right) = 1 - \pi < 0$ です. したがって $1 - \pi < 0 < 1$ に対して $\exists \xi \in I$, $f(\xi) = 0$ です. このとき ξ は $f(x) = 0$ の実数解です.

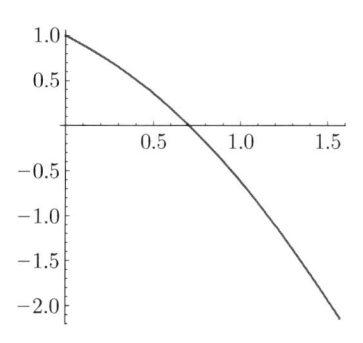

図 **4.8** $\sin x + \cos x - 2x = 0$ の実解

4.5 有界性と最大・最小の定理

$f(x)$ が I で上に有界であるとは

$$\exists M > 0,\ \forall x \in I,\ f(x) \leq M$$

となることです. 下に有界も同様に定義します. 上下に有界であるとき単に $f(x)$ は I で有界といいます.

定理 4.14 (最大・最小の定理) $f(x)$ は閉区間 $I = [a, b]$ で連続とする. このとき $f(x)$ は I で有界であり, かつ最大値・最小値をとる.

証明 背理法により f の有界性を示します. 上に有界でないとすると

$$\forall M > 0,\ \exists x \in I,\ f(x) \geq M$$

です. とくに $M = n \in \mathbf{N}$ として $x_n \in I$, $f(x_n) > n$ をとります. このとき $\lim_{n \to \infty} f(x_n) = +\infty$ です. ところで $\{x_n\} \subset I$ より定理 2.9 から $\{x_n\}$ は I

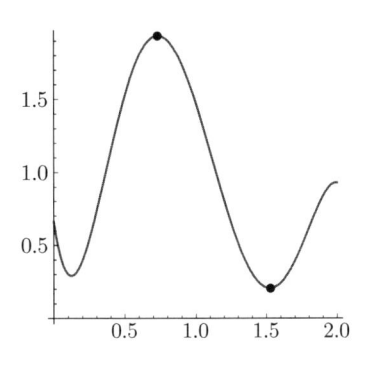

図 4.9　最大値と最小値

のある点 α に収束する部分列 $\{x_{n_i}\}$ をもちます. このとき f の連続性より $f(x_{n_i}) \to f(\alpha) < \infty$ ですが, これは先の事実に矛盾します. よって f は上に有界です. 同様に下にも有界となり f は有界です.

次に最大値の存在を示します. $E = \{f(x)|\ x \in I\}$ とします. f の有界性から E は空でない上に有界な集合です. したがって実数の連続公理により $M = \sup E$ が存在します. このとき $\exists x_0 \in I, f(x_0) = M$ となることを背理法で示します. そのような x_0 が存在しないとし, $g(x) = \dfrac{1}{M - f(x)}$ と定義します. $\forall x \in I$ で g の分母は 0 にならないので g は I 上の連続関数です. したがって前半の結果から g は有界です. ところで M は E の上限でしたから, $\forall \varepsilon > 0$, $\exists f(x), M - \varepsilon < f(x) \leq M$ です. すなわち $|M - f(x)| < \varepsilon$ です. このことは g の分母がいくらでも小さくなること, すなわち g の値がいくらでも大きくなることを意味します. よって g の有界性に矛盾します. したがって $\exists x_0 \in I$, $f(x_0) = M$ となり, M は f の最大値です. 最小値の存在も同様です.　□

例 4.15　$f(x) = \dfrac{1}{x}$, $I = (0, 1]$ の有界性と最大・最小の存在を調べなさい.

$f(x)$ は I で連続ですが上に有界ではなく最大値は存在しません. また $f(x) = x^2$, $I = [0, \infty)$ の場合も $f(x)$ は I で連続ですが上に有界ではなく最大値はありません. 定理 4.14 の I を有界な閉区間とする仮定は落とせません.

4.6　演習問題

問 4.1　$f(x) = x^2 + 3$ が $x = 1$ で連続であることを $\forall \varepsilon, \exists \delta$ を用いて (4.2) のように示しなさい.

問 4.2　$f(x) = x^2 + 3$ が $[0, 1]$ で連続であることを $\forall \varepsilon, \exists \delta$ を用いて (4.4) のように示しなさい.

問 4.3　$f(x) = x^2 + 3$ が $[0, 1]$ で一様連続であることを $\forall \varepsilon, \exists \delta$ を用いて (4.5) のように示しなさい.

問 4.4　$f(x) = \sin\left(\dfrac{1}{x}\right)$ は $(0, 1)$ で連続だが一様連続でないことを示しなさい.

問 4.5　次の関数は $x = 0$ で連続か判定しなさい.

(1) $x[x]$　($[\,\cdot\,]$ は Gauss 記号)　　(2) $\displaystyle\lim_{n\to\infty} \dfrac{1}{1 + n\sin^2 \pi x}$　　(3) $1 + |x|$

(4) $f(x) = \begin{cases} x\cos\left(\dfrac{1}{x}\right) & x \neq 0 \\ 1 & x = 0 \end{cases}$　　(5) $f(x) = \begin{cases} e^{1/x} & x \neq 0 \\ 0 & x = 0 \end{cases}$　　(6) $\dfrac{1}{1+x}$

問 4.6　$f(x)$ が $\mathbf{R}$ で定義され $\forall x, y \in \mathbf{R}$, $f(x+y) = f(x) + f(y)$ とします. このとき f が連続であれば $f(x) = ax$, $a = f(1)$ を示しなさい.

問 4.7　$f(x)$ が連続なとき $|f(x)|$ も連続なことを示しなさい.

問 4.8　$f(x), g(x)$ が連続なとき, $\max\{f(x), g(x)\}$, $\min\{f(x), g(x)\}$ も連続なことを示しなさい.

問 4.9　方程式 $\dfrac{2}{3} x \sin x = 1$ は $[0, \pi]$ に少なくとも 2 個の実数解を持つことを示しなさい.

問 4.10　奇数次の代数方程式は少なくとも 1 個の実数解を持つことを示しなさい.

第 5 章

初等関数

　関数の微分と積分を学ぶのがこの本の目的です．しかし実際に手計算ができるのは初等関数と呼ばれる関数のクラスです．多項式, 三角関数, 指数関数, 対数関数などは初等関数です．この章ではこれらの関数の定義を復習し, 新たに逆三角関数と双曲線関数を定義します．また何気なく使っている無理数のべき (2^π など) を厳密に定義します．

5.1 関数と逆関数

　$I \subset \mathbf{R}$ を実数 $\mathbf{R}$ の部分集合とします．I の各要素 x に実数 y を 1 つ定める対応 f があるとき, この f を I で定義された (実数値) 関数といいます．

$$y = f(x) \qquad (x \in I)$$

あるいは

$$f : I \to \mathbf{R}$$

などと表します．x に対して y が 1 つ決まるので, x を独立変数, y を従属変数といいます．また I を f の定義域, $\mathbf{R}$ の部分集合

$$f(I) = \{f(x)| \ x \in I\}$$

を f の値域といいます．平面 $\mathbf{R}^2$ の部分集合

$$\{(x, f(x))|\ x \in I\}$$

が f のグラフです. f が $\forall a, b \in I$ に対して

$$f(a) = f(b) \iff a = b$$

を満たすとき ($\impliedby$ は自明です), f は単射あるいは 1 対 1 対応といいます. 対偶をとれば

$$f(a) \neq f(b) \iff a \neq b$$

といっても同じです.

> **対偶**：命題 $P \Rightarrow Q$ に対して, $Q \Rightarrow P$ を逆, $\sim Q \Rightarrow \sim P$ を対偶といいます. $\sim$ は否定記号です. 真な命題の逆は真とは限りませんが, 対偶は必ず真です.

f が 1 対 1 対応のとき値域 $f(I)$ の各要素 y に対して $y = f(x)$ となる $x \in I$ をただ 1 つ選ぶことができます. すなわち $f(I)$ から I への対応が定義できます. これを f の逆関数といい

$$x = f^{-1}(y) \qquad (y \in f(I))$$

あるいは

$$f^{-1}: f(I) \to I$$

などと表します.

注意 5.1 関数を表すときは独立変数を x に, 従属変数を y にとる慣習があります. よって上で定義された逆関数を $y = f^{-1}(x)$ と書き直します. 以後, 逆関数というときはこの書き直した形とします. このとき

$$y = f^{-1}(x) \iff x = f(y)$$

ですから, 最初の $y = f(x)$ とは (x, y) が入れ替わっています. つまり逆関数を作ることは (x, y) の入れ替えを意味します. したがって $y = f(x)$ のグラフと $y = f^{-1}(x)$ のグラフは $y = x$ を軸に線対称になっています. (図 5.1)

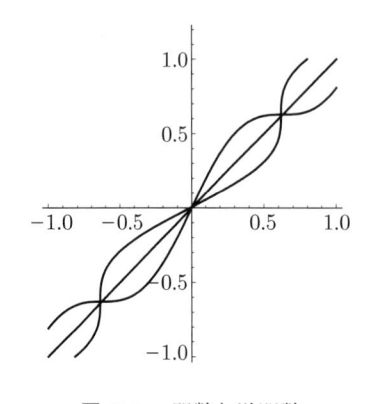

図 **5.1**　関数と逆関数 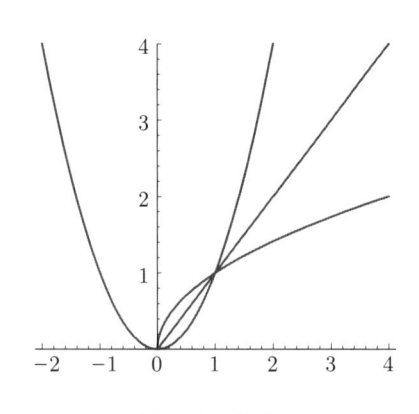　　　　　　図 **5.2**　例 5.1

例 5.1　$y = x^2$, $x \in [-2, 2]$ とすると値域は $[0, 4]$ です．この関数は 1 対 1 対応ではありません．たとえば $f(-1) = f(1)$ です．しかし定義域を制限して，$y = x^2$, $x \in [0, 2]$ とすれば 1 対 1 対応です．値域は $[0, 4]$ です．このとき $x = \sqrt{y}$, $y \in [0, 4]$ です．ここで (x, y) を入れ替えて $y = \sqrt{x}$, $x \in [0, 4]$ と書き直すと $y = x^2$, $x \in [0, 2]$ の逆関数が得られます．グラフは図 5.2 のようになります．

　I 内の 2 点 x_1, x_2 に対して，$x_1 < x_2$ ならばつねに $f(x_1) \leq f(x_2)$ となるとき，f は I で単調増加であるといいます．とくに $f(x_1) < f(x_2)$ であれば，狭義の単調増加といいます．単調減少・狭義の単調減少も不等号の向きを変えて定義します．

定理 5.2　$f(x)$ が $I = [a, b]$ で連続のとき次の 2 つは同値である．
(1)　$f(x)$ は I で 1 対 1 対応である．
(2)　$f(x)$ は I で狭義単調関数である．
さらに，これらが成り立つとき
(3)　$f^{-1}(x)$ は $f(I)$ で狭義単調関数となる．
(4)　$f^{-1}(x)$ は $f(I)$ で連続となる．

証明　(1) $\Rightarrow$ (2)：I の 2 点を $x_1 < x_2$ とすれば f が 1 対 1 対応より $f(x_1) \neq f(x_2)$ です．したがって $f(x_1) < f(x_2)$ あるいは $f(x_1) > f(x_2)$ で

す. 今, $f(x_1) < f(x_2)$ としましょう. このとき $x_2 < x_3, x_3 \in I$ に対して $f(x_1) < f(x_2) \geq f(x_3)$ となることはありません. 実際 $x_2 \neq x_3$ より $f(x_2) \neq f(x_3)$ であり, $f(x_1) < f(x_2) > f(x_3)$ とすると

$$\exists \gamma, \ f(x_1) < \gamma < f(x_2) > \gamma > f(x_3)$$

です. すると中間値の定理 (定理 4.12) を $[x_1, x_2]$ および $[x_2, x_3]$ で適用して

$$\exists c_1 \in [x_1, x_2], \exists c_2 \in [x_2, x_3], \ f(c_1) = f(c_2) = \gamma$$

となります. これは f が 1 対 1 対応の仮定に矛盾します. よって $f(x_1) < f(x_2) < f(x_3)$ となり, $f(x)$ は狭義の単調関数です.

(1) $\Rightarrow$ (2): $x \neq y$ であれば $x < y$ あるいは $y < x$ です. いずれの場合も f の狭義単調性から $f(x) \neq f(y)$ です.

(3) f は I で 1 対 1 対応で狭義単調関数です. 以下では狭義単調増加の場合を考えます. このとき $f(I) = [f(a), f(b)] = [\alpha, \beta]$ と書きます. $[\alpha, \beta]$ の 2 点 $y_1 < y_2$ に対して $f^{-1}(y_1) \geq f^{-1}(y_2)$ としてみます. すると f が狭義単調増加で 1 対 1 対応であることから $f(f^{-1}(y_1)) \geq f(f^{-1}(y_2))$, よって $y_1 \geq y_2$ となります. これは $y_2 < y_1$ に矛盾します. したがって $f^{-1}(y_1) < f^{-1}(y_2)$ でなくてはなりません. f^{-1} は狭義単調増加関数です.

(4) 前と同様に f は I で 1 対 1 対応で狭義単調増加, $f(I) = [f(a), f(b)] = [\alpha, \beta]$ とします. $\forall \gamma \in (\alpha, \beta)$ での f^{-1} の連続性を示します. $\gamma = \alpha, \beta$ のときも同様です. f は狭義単調増加で 1 対 1 対応ですから $\exists c \in (a, b), \ f(c) = \gamma$ です. このとき $0 < \forall \varepsilon < \min\{c-a, b-c\} = C$ に対して $(c-\varepsilon, c+\varepsilon) \subset (a, b)$ となります. f の狭義単調増加性から

$$f(c-\varepsilon) = \lambda < f(c) = \gamma < f(c+\varepsilon) = \mu$$

です. ここで $\delta = \min\{\gamma - \lambda, \mu - \gamma\}$ とすれば, $\delta \leq \gamma - \lambda, \mu - \gamma$ ですから

$$\forall y, \ |y - \gamma| < \delta \implies \lambda \leq \gamma - \delta < y < \gamma + \delta \leq \mu$$

となります. f^{-1} の狭義単調増加性から

$$c - \varepsilon < f^{-1}(y) < c + \varepsilon$$

を得ます. $c = f^{-1}(\gamma)$ ですから $|f^{-1}(y) - f^{-1}(\gamma)| < \varepsilon$ となります. 以上のことから $0 < \forall \varepsilon < C,\ \exists \delta > 0,\ \forall y,\ |y - \gamma| < \delta \Longrightarrow |f^{-1}(y) - f^{-1}(\gamma)| < \varepsilon$ が得られました. よって $f^{-1}(x)$ は $x = \gamma$ で連続です. □

5.2 代数関数

初等関数の基本は多項式 (整式) です. 多項式は

$$P(x) = a_0 x^n + a_1 x^{n-1} + \cdots + a_{n-1} x + a_n$$

と書けます. 定義域は $\mathbf{R}$ 全体です. 多項式は加減と乗法の演算で閉じています. ここで閉じているとは演算した結果が再び多項式になることです. $P(x), Q(x)$ を多項式としたとき

$$\frac{P(x)}{Q(x)}$$

を有理関数 (分数式) といいます. 有理関数は加減乗除の演算で閉じています. 有理関数の開法 (n 乗根をとること)

$$\sqrt[n]{\frac{P(x)}{Q(x)}}$$

を無理関数といいます. そしてこれらをさらに一般化したのが代数関数です. $P_0(x), P_1(x), \cdots, P_n(x)$ を多項式としたとき, これらを係数とする代数方程式

$$P_0(x) y^n + P_1(x) y^{n-1} + \cdots + P_{n-1}(x) y + P_n(x) = 0$$

の解として得られる関数が代数関数です. 多項式・有理関数・無理関数は代数関数です. 実際, 多項式 $P(x)$ は $y - P(x) = 0$ の解, 有理関数 $\frac{P(x)}{Q(x)}$ は $Q(x) y - P(x) = 0$ の解, $\sqrt[n]{\frac{P(x)}{Q(x)}}$ は $Q(x) y^n - P(x) = 0$ の解です. ところで 5 次以上の代数方程式は一般には有限回の四則演算と開法では解けません (Abel の定理). したがって有理関数や無理関数で表わされない代数関数が存在します. また代数関数でない関数も存在し超越関数と呼ばれます. 例えば $x^{\sqrt{2}}$ などは超越関数です.

5.3 三角関数と逆三角関数

原点 O を中心とする半径 r の円を考え，円周上を点 P が動きます．x 軸と OP のなす角を反時計まわりに θ(ラジアン) とします．1 回転は 2π です．ここで θ は一般角とし $\theta \in \mathbf{R}$ とします．このとき OP を角 θ の動径といいます．P の (x,y) 座標を P(x,y) としたとき

$$\sin\theta = \frac{y}{r}, \qquad \cos\theta = \frac{x}{r}, \qquad \tan\theta = \frac{y}{x}$$

と定義します．ただし $\tan\theta$ は $\theta \neq \pm\frac{\pi}{2} + 2n\pi, n \in \mathbf{Z}$ に対して定義されます．このとき $\sin(\theta + 2n\pi) = \sin\theta, \cos(\theta + 2n\pi) = \cos\theta, \tan(\theta + n\pi) = \tan\theta$ ですから $\sin\theta, \cos\theta$ は周期 2π，$\tan\theta$ は周期 π の関数です．これらを三角関数と呼びます．

三角関数の逆関数 (5.1 節) を求めてみましょう．三角関数は周期関数ですから，定義域 $\mathbf{R}$ 上で 1 対 1 対応ではありません．したがってこのままでは逆関数を定義することはできません．そこで以下のように定義域を制限します．独立変数 θ を x と書き換え，従属変数を y としています．

	定義域	値域
$y = \sin x$	$\left[-\frac{\pi}{2}, \frac{\pi}{2}\right]$	$[-1, 1]$
$y = \cos x$	$[0, \pi]$	$[-1, 1]$
$y = \tan x$	$\left(-\frac{\pi}{2}, \frac{\pi}{2}\right)$	$(-\infty, +\infty)$

このように定義域を制限すると 1 対 1 対応になります．それぞれの逆関数を以下のように定めます．次ページのグラフで確認してください．

	定義域	値域
$y = \arcsin x$	$[-1, 1]$	$\left[-\dfrac{\pi}{2}, \dfrac{\pi}{2}\right]$
$y = \arccos x$	$[-1, 1]$	$[0, \pi]$
$y = \arctan x$	$(-\infty, +\infty)$	$\left(-\dfrac{\pi}{2}, \dfrac{\pi}{2}\right)$

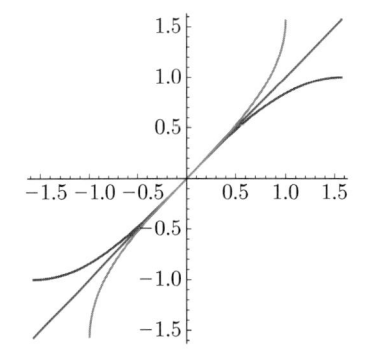

図 5.3　$\sin x$ と $\arcsin x$

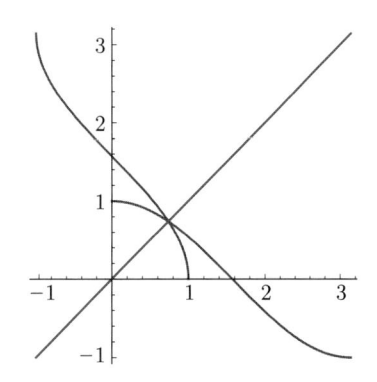

図 5.4　$\cos x$ と $\arccos x$

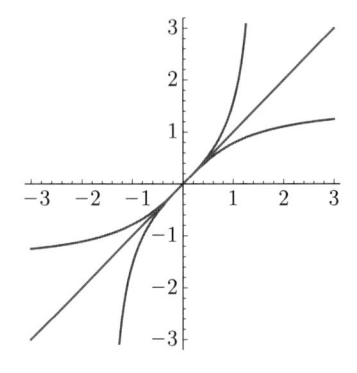

図 5.5　$\tan x$ と $\arctan x$

注意 5.2 arc はアークと読みます．$\arcsin x$ はアーク・サイン x です．$\arcsin x$ を $\sin^{-1} x$ とも書きます．$\cos^{-1} x, \tan^{-1} x$ も同様です．しかし $\sin x^{-1}, (\sin x)^{-1}$ と混同しやすいのでここでは $\arcsin x$ を用います．また $y = \sin x$ の定義域を制限せずに，逆の対応を $y = \arcsin x$ と書く場合もあります．この場合は x に対して無限個の y の値が対応します．このような "関数" を (厳密には関数ではありませんが) 多価関数といいます．

例 5.3 次の逆三角関数の値を求めなさい．

(1) $\arcsin\left(-\dfrac{1}{2}\right) = -\dfrac{\pi}{6}$ (2) $\arccos(-1) = \pi$ (3) $\arctan(\sqrt{3}) = \dfrac{\pi}{3}$

三角関数の関係式に直して解きます．このとき三角関数の定義域が制限されていることに注意してください．

(1) $y = \arcsin\left(-\dfrac{1}{2}\right)$ は $\sin y = -\dfrac{1}{2},\ y \in \left[-\dfrac{\pi}{2}, \dfrac{\pi}{2}\right]$ ですから $y = -\dfrac{\pi}{6}$ です．

(2) $y = \arccos(-1)$ は $\cos y = -1,\ y \in [0, \pi]$ ですから $y = \pi$ です．

(3) $y = \arctan(\sqrt{3})$ は $\tan y = \sqrt{3}, y \in \left(-\dfrac{\pi}{2}, \dfrac{\pi}{2}\right)$ ですから $y = \dfrac{\pi}{3}$ です．

例 5.4 $\arcsin \dfrac{4}{5} + \arcsin \dfrac{5}{13} + \arcsin \dfrac{16}{65} = \dfrac{\pi}{2}$ を示しなさい．

$\alpha = \arcsin \dfrac{4}{5},\quad \beta = \arcsin \dfrac{5}{13},\quad \gamma = \arcsin \dfrac{16}{65}$ とすると

$$\sin \alpha = \dfrac{4}{5},\quad \sin \beta = \dfrac{5}{13},\quad \sin \gamma = \dfrac{16}{65},\quad \alpha, \beta, \gamma \in \left[0, \dfrac{\pi}{2}\right]$$

です．よって

$$\cos \alpha = \dfrac{3}{5},\ \cos \beta = \dfrac{12}{13},\ \cos \gamma = \dfrac{63}{65},$$

となります．このとき $\alpha + \beta + \gamma \in \left[0, \dfrac{3\pi}{2}\right]$ であり

$$\sin(\alpha + \beta + \gamma) = \sin\alpha \cos\beta \cos\gamma + \cos\alpha \sin\beta \cos\gamma$$
$$+ \cos\alpha \cos\beta \sin\gamma - \sin\alpha \sin\beta \sin\gamma$$

$$= \frac{4}{5}\frac{12}{13}\frac{63}{65} + \frac{3}{5}\frac{5}{13}\frac{63}{65} + \frac{3}{5}\frac{12}{13}\frac{16}{65} - \frac{4}{5}\frac{5}{13}\frac{16}{65}$$
$$= \frac{63^2 + 16^2}{65^2} = 1$$

となります. したがて $\alpha + \beta + \gamma = \dfrac{\pi}{2}$ です.

定理 5.5 三角関数および逆三角関数は連続である.

証明 定理 5.2 より三角関数が連続であることを示せば十分です. $y = \sin x$ の場合を示します. 三角関数の和を積に直す公式を用いて

$$|\sin x - \sin x_0| = 2\left|\cos\left(\frac{x+x_0}{2}\right)\sin\left(\frac{x-x_0}{2}\right)\right|$$

$$\leq \frac{\sin\left(\dfrac{x-x_0}{2}\right)}{\dfrac{x-x_0}{2}}(x - x_0) \to 0 \quad (x \to x_0)$$

です (例 3.5). よって $\displaystyle\lim_{x \to x_0} \sin x = \sin x_0$ となり $x = x_0$ で連続です. □

5.4 指数関数と対数関数

$a > 0, a \neq 1$ としたとき $y = a^x$ を a を底にする指数関数といいます. 定義域は $\mathbf{R}$ で値域は $(0, \infty)$ です. また $\mathbf{R}$ 上で 1 対 1 対応です. $y = a^x$ の逆関数が a を底とする対数関数 $y = \log_a x$ です. 定義域は $(0, \infty)$ で値域は $\mathbf{R}$ です. とくに $a = e$ のときは $y = \log x$ と書きます. また $y = \log_a |x|$ と書いた場合, 定義域は $\mathbf{R}$ 全体です. グラフで確認してください.

ところで $y = a^x$ と簡単に使いましたが厳密にはどのように定義するのでしょうか. 私たちはグラフで何となく a^x を認識していますが, 具体的な計算ができるのは四則演算と開法です.

$$a^0 = 1, \qquad a^n = a \times a \times \cdots \times a \quad (n \in \mathbf{N})$$

は容易に定義できます. $a^{-n} = \dfrac{1}{a^n}$ です. x が有理数 $x = \dfrac{p}{q}$ のときは

$$a^{p/q} = \sqrt[q]{a^p}, \ a^{-p/q} = \frac{1}{\sqrt[q]{a^p}}$$

図 **5.6** e^x と $\log x$ $(a = e)$

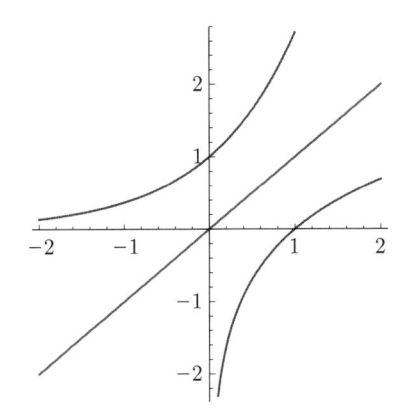

と開法を用いて定義します．しかし $a^{\sqrt{2}}$ となると四則演算と開法では計算できません．すなわち $y = a^x$ は $\mathbf{Q}$ 上では狭義の単調関数として定義できましたが，無理数 x に対して a^x をどのように定義するのかをきちんと決めておかなければなりません．

$a > 1$ とし x が無理数のときに a^x を定義します．$0 < a < 1$ のときも同様に定義できます．x を小数表示したときの第 n 位までをとってできる有理数を r_n とします．このとき数列 $\{r_n\}$ は x に収束する増加有理数列です．ここで各 r_n は有理数ですから a^{r_n} は定義されます．$x < r$ なる有理数 r をとれば，a^x の $\mathbf{Q}$ 上での単調増加性から $a^{r_n} \leq a^r$ です．よって $\{a^{r_n}\}$ は上に有界な単調増加列となり定理 2.2 により収束します．そこで

$$a^x = \lim_{n \to \infty} a^{r_n} \tag{5.1}$$

と定義します．このとき a^x は x に収束する増加有理数列 $\{r_n\}$ の選び方に依らずに定まります．実際 $\{s_n\}$ を x に収束する別の増加有理数列とします．このとき各 s_n に対して

$$r_m \leq s_n < r_{m+1}$$

となる r_m を選ぶことができます．$n \to \infty$ のとき $m \to \infty$ となります．このとき a^x の $\mathbf{Q}$ 上での単調増加性から

$$a^{r_m} \leq a^{s_n} < a^{r_{m+1}}$$

です．よって $\lim_{m \to \infty} a^{r_m} = \lim_{n \to \infty} a^{s_n}$ となり a^x は増加有理数列 $\{r_n\}$ の選び方に依らずに定まります．$x \in \mathbf{Q}$ のときも例えば $r_n = x - 10^{-n}$ とすれば極限値 (5.1) で a^x を定義できます．

定理 5.6 (1) $a > 1$ のとき，a^x は $\mathbf{R}$ 上の狭義単調増加な関数であり，$\lim_{x \to -\infty} a^x = 0$, $\lim_{x \to +\infty} a^x = +\infty$ である．
(2) $0 < a < 1$ のとき，a^x は $\mathbf{R}$ 上の狭義単調減少な関数であり，$\lim_{x \to -\infty} a^x = +\infty$, $\lim_{x \to +\infty} a^x = 0$ である．

証明 (1) $x < y$ とすると $\exists p, q \in \mathbf{Q}, x < p < q < y$ とできます．x, y に対して上で選んだ増加有理数列を $\{r_n\}, \{s_n\}$ とします．ここで n を十分に大きくとれば

$$r_n \leq x < p < q < s_n \leq y$$

となります．よって $a > 1$ に注意して a^x の $\mathbf{Q}$ 上での狭義単調増加性を用いると

$$a^{r_n} \leq a^p < a^q \leq a^{s_n}$$

を得ます．ここで $n \to \infty$ とすれば $a^x < a^y$ となります．よって a^x は狭義単調増加関数です．次に $\lim_{x \to +\infty} a^x = +\infty$ を示します．$x > 0$ に対して $n < x \leq n+1$ なる $n \in \mathbf{N}$ をとります．このとき $a^n < a^x < a^{n+1}$ となります．$x \to \infty$ のとき $n \to \infty$ ですから 1.3 節 (b) より求める結果を得ます．また $\lim_{x \to -\infty} a^x = \lim_{x \to +\infty} \frac{1}{a^x} = \frac{1}{\lim_{x \to +\infty} a^x} = 0$ です．(2) も (1) と同様です． □

注意 5.3 以上のように a^x を定義すると，a^x は指数法則

$$a^x a^y = a^{x+y}, \quad a^x b^x = (ab)^x \tag{5.2}$$

を満たすことが分かります．

定理 5.7 a^x $(a>0)$ は $\mathbf{R}$ で連続である.

証明 最初に
$$\lim_{x \to 0} a^x = 1$$
を示します. $x \to 0$ ですから x が十分に小さいとき, $\exists n \in \mathbf{N}$, $\dfrac{1}{n+1} < |x| \leq \dfrac{1}{n}$ です. よって a^x の単調増加性から $a^{1/(n+1)} < a^x \leq a^{1/n}$ です. $x \to 0$ とすると $n \to \infty$ となることに注意します. すると問 1.7 (1) と定理 1.3 (2) を用いて求める極限が得られます. よって (5.2) に注意すると $\lim_{x \to x_0}(a^x - a^{x_0}) = a^{x_0} \cdot \lim_{x \to x_0}(a^{x-x_0} - 1) = 0$ となります. これは a^x が $x = x_0$ で連続なことを意味します. □

定理 5.6, 定理 5.7 により a^x は狭義な単調連続関数でその値域は $(0, \infty)$ です. したがって定理 5.2 より次の結果を得ます.

定理 5.8 (1) $a > 1$ のとき, $\log_a x$ は $(0, \infty)$ 上の狭義単調増加な連続関数であり, $\lim_{x \to +0} \log_a x = -\infty$, $\lim_{x \to +\infty} \log_a x = +\infty$ である.
(2) $0 < a < 1$ のとき, $\log_a x$ は $(0, \infty)$ 上の狭義単調減少な連続関数であり, $\lim_{x \to +0} \log_a x = +\infty$, $\lim_{x \to +\infty} \log_a x = -\infty$ である.

5.5 べき関数

$y = x^\alpha$ をべき関数といいます. 定義域は $\alpha \geq 0$ のとき $[0, \infty)$ とし, $\alpha < 0$ のときは $(0, \infty)$ とします. $\alpha < 0$, $\alpha = 0$, $0 < \alpha < 1$, $\alpha = 1$, $\alpha > 1$ の場合の形状を次ページのグラフで確認してください.

この場合も α が無理数のとき, その厳密な定義を与えておく必要があります. 前と同様に α に収束する増加有理数列を用いて定義します. α が有理数のとき x^α は代数関数に, α が無理数のとき超越関数になります.

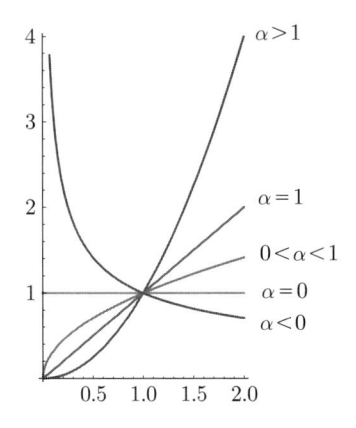

図 5.7　べき関数 $y = x^\alpha$

5.6　双曲線関数

指数関数を用いて

$$\sinh x = \frac{e^x - e^{-x}}{2}, \quad \cosh x = \frac{e^x + e^{-x}}{2}, \quad \tanh x = \frac{\sinh x}{\cosh x}$$

と定義します. h は hyperbolic(ハイパボリック) と読みます. 双曲線関数は三角関数と似た関係式を満たします. 次の関係式を直接確かめてください.

(1)　$\sinh^2 x - \cosh^2 x = 1$

(2)　$1 - \tanh^2 x = \dfrac{1}{\cosh^2 x}$

(3)　$\sinh(x \pm y) = \sinh x \cosh y \pm \cosh x \sinh y$

(4)　$\cosh(x \pm y) = \cosh x \cosh y \pm \sinh x \sinh y$

(5)　$\tanh(x \pm y) = \dfrac{\tanh x \pm \tanh y}{1 \pm \tanh x \tanh y}$

(6)　$\displaystyle\lim_{x \to 0} \frac{\sinh x}{x} = 1$

x, y の入れ替えを行えば逆双曲線関数が定義できます. ただし $\cosh x$ は $x \geq 0$ で考えます. それぞれ arcsinh x, arccosh x, arctanh x と書きます. (問 5.9)

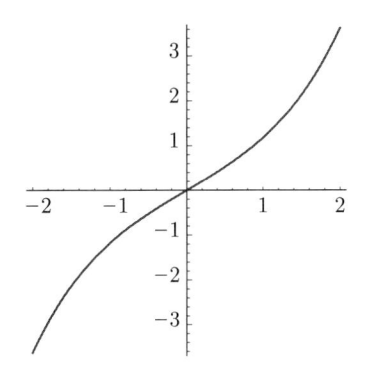

図 **5.8** $\sinh x$

図 **5.9** $\cosh x$

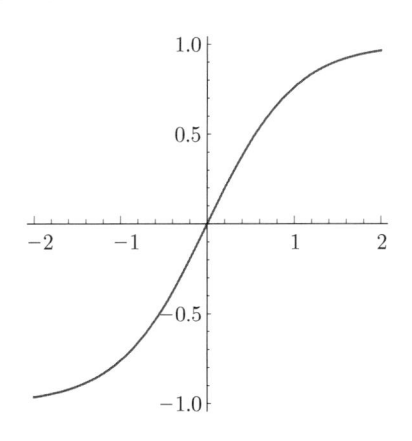

図 **5.10** $\tanh x$

5.7 演習問題

問 5.1 次の $f: I \to \mathbf{R}$ の逆関数を求めなさい.

(1) $f(x) = 2x - 5$, $I = \mathbf{R}$

(2) $f(x) = x^2 + bx + c$, $I = \left[-\dfrac{b}{2}, \infty\right)$

(3) $f(x) = x^3$, $I = (0, \infty)$

(4) $f(x) = \dfrac{e^x + e^{-x}}{2}$, $I = (-\infty, 0]$

問 5.2 次の値を求めなさい．

(1) $\arcsin(-1)$　　　(2) $\arccos\left(-\dfrac{1}{\sqrt{2}}\right)$　　　(3) $\arctan 0$

(4) $\arcsin\left(\dfrac{\sqrt{3}}{2}\right)$　　　(5) $\arccos 1$　　　(6) $\arctan\sqrt{3}$

問 5.3 次の値を求めなさい．

(1) $\cos\left(\arcsin\dfrac{4}{5} + \arcsin\dfrac{5}{13}\right)$　　(2) $\sin\left(2\arcsin\dfrac{1}{3} - \arccos\dfrac{1}{3}\right)$

問 5.4 次のグラフを描きなさい．

(1) $f(x) = \arcsin(\sin x)$, $I = \mathbf{R}$　(2) $f(x) = \sin(\arcsin x)$, $I = [-1, 1]$

問 5.5 次の等式を示しなさい．

(1) $\arcsin x + \arccos x = \dfrac{\pi}{2}$

(2) $\arctan\dfrac{1}{4} + \arctan\dfrac{3}{5} = \dfrac{\pi}{4}$

(3) $\arcsin\left(\sin\dfrac{4\pi}{5}\right) + \arccos\left(\cos\dfrac{4\pi}{7}\right) = \dfrac{27}{35}\pi$

問 5.6 $y = 2^x$, $y = 2^{-x}$ のグラフを描き，それぞれの逆関数を求めなさい．

問 5.7 $y = \log_3 x$, $y = \log_{1/3} x$ のグラフを描き，それぞれの逆関数を求めなさい．

問 5.8 つぎの等式を示しなさい．

(1) $a^x = e^{x\log a}$ $(a > 0)$　　(2) $x^\alpha = e^{\alpha\log x}$ $(x > 0)$

問 5.9 双曲線関数 $\sinh x, \cosh x, \tanh x$ の逆関数を求めなさい．ただし $\cosh x$ の定義域は $x \geq 0$ とする．

問 5.10 x^α, $\alpha \in \mathbf{Q}$ は代数関数であることを示しなさい．

第 6 章

微分

　関数がつながっているかどうかを表す概念が第 4 章の連続性でした．ここではさらに関数が滑らかかどうかを表す概念である微分可能性について調べます．

6.1　微分係数と導関数

　関数 $f(x)$ が開区間 $I = (a,b)$ で定義されています．$f(x)$ が $x_0 \in I$ で微分可能であるとは極限値

$$\lim_{x \to x_0} \frac{f(x) - f(x_0)}{x - x_0} = \lim_{h \to 0} \frac{f(x_0 + h) - f(x_0)}{h} = \alpha \tag{6.1}$$

が存在することです．このとき α を $f(x)$ の $x = x_0$ における微分係数といい $f'(x_0)$ と表します．次の 6.2 節で $f'(x_0)$ は $y = f(x)$ のグラフの $(x_0, f(x_0))$ における接線の傾きを表わすことが分かります．$x = x_0$ で微分可能でなくても

$$\lim_{x \to x_0+0} \frac{f(x) - f(x_0)}{x - x_0} = \lim_{h \to +0} \frac{f(x_0 + h) - f(x_0)}{h}$$

が存在するとき，その極限値を右側微分係数といい $f'_+(x_0)$ で表します．$\lim_{x \to x_0+0}$ を $\lim_{x \to x_0-0}$ に変えて左側微分係数 $f'_-(x_0)$ を定義します．

　例 6.1　$y = x^2$ のとき $x = 1$ での微分係数を求めなさい．

$$\lim_{h \to 0} \frac{(1+h)^2 - 1^2}{h} = \lim_{h \to 0}(2 + h) = 2$$

したがって $f'(1) = 2$ です.

例 6.2 $f(x) = e^{|x|}$ のとき $x = 0$ での左右の微分係数を求めなさい.

例 3.6 に注意して

$$\lim_{h \to +0} \frac{e^{|0+h|} - e^{|0|}}{h} = \lim_{h \to +0} \frac{e^h - 1}{h} = 1$$

$$\lim_{h \to -0} \frac{e^{|0+h|} - e^{|0|}}{h} = \lim_{h \to -0} \frac{e^{-h} - 1}{h} = -\lim_{h \to -0} \frac{e^{-h} - 1}{-h} = -1$$

したがって $f'_+(0) = 1, f'_-(0) = -1$ です. $f'(0)$ は存在しないので $x = 0$ で微分可能ではありません.

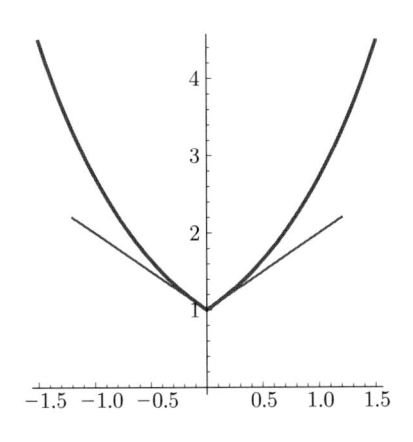

図 **6.1** $e^{|x|}$ と片側微分係数

$f(x)$ が I の各点で微分可能なとき, $f(x)$ は I で微分可能といいます. このとき $\forall x \in I$ で微分係数 $f'(x)$ が定まるので, $f'(x)$ は I 上の関数になります. この関数を $f(x)$ の導関数といいます. $y = f(x)$ のときその導関数は

$$f'(x),\ y',\ \frac{dy}{dx},\ \frac{df}{dx},\ \frac{d}{dx}f(x),\ Df(x)$$

などと表されます.

例 6.3 $y = x^n$ $(n \in \mathbf{N})$ のとき $y' = nx^{n-1}$.

2 項展開 (2.2 節) に注意すれば

$$\lim_{h \to 0} \frac{(x+h)^n - x^n}{h} = \lim_{h \to 0} \frac{nx^{n-1}h + \dfrac{n(n-1)}{2}x^{n-2}h^2 + \cdots + h^n}{h}$$

$$= \lim_{h \to 0} \left(nx^{n-1} + \frac{n(n-1)}{2}x^{n-2}h + \cdots + h^{n-1} \right)$$

$$= nx^{n-1}$$

例 6.4 $y = \sin x$ のとき $y' = \cos x$.

三角関数の和を積に直す公式 $\sin x \pm \sin y = 2 \sin \left(\dfrac{x \pm y}{2} \right) \cos \left(\dfrac{x \mp y}{2} \right)$ および例 3.5 より

$$\lim_{h \to 0} \frac{\sin(x+h) - \sin x}{h} = \lim_{h \to 0} \frac{2 \cos \left(x + \dfrac{h}{2} \right) \sin \left(\dfrac{h}{2} \right)}{h}$$

$$= \lim_{h \to 0} \cos \left(x + \frac{h}{2} \right) \frac{\sin \left(\dfrac{h}{2} \right)}{\dfrac{h}{2}} = \cos x$$

例 6.5 $y = \cos x$ のとき $y' = -\sin x$.

三角関数の和を積に直す公式 $\cos x - \cos y = -2 \sin \left(\dfrac{x+y}{2} \right) \sin \left(\dfrac{x-y}{2} \right)$ および例 3.5 より

$$\lim_{h \to 0} \frac{\cos(x+h) - \cos x}{h} = -\lim_{h \to 0} \frac{2 \sin \left(x + \dfrac{h}{2} \right) \sin \left(\dfrac{h}{2} \right)}{h}$$

$$= -\lim_{h \to 0} \sin \left(x + \frac{h}{2} \right) \frac{\sin \left(\dfrac{h}{2} \right)}{\dfrac{h}{2}} = -\sin x$$

例 6.6 $y = e^x$ のとき $y' = e^x$.

例 3.8 に注意して

$$\lim_{h \to 0} \frac{e^{(x+h)} - e^x}{h} = e^x \lim_{h \to 0} \frac{e^h - 1}{h} = e^x$$

例 6.7 $y = \log |x|$ $(x \neq 0)$ のとき $y' = \dfrac{1}{x}$.

$x > 0$ のとき例 3.7 に注意して

$$\lim_{h \to 0} \frac{\log(x+h) - \log x}{h} = \frac{1}{x} \lim_{h \to 0} \frac{\log\left(1 + \dfrac{h}{x}\right)}{\dfrac{h}{x}} = \frac{1}{x}$$

となります．$x < 0$ のときも h が十分に小さければ $x + h < 0$ となり同様の結果を得ます．

定理 6.8 $f(x)$ が $x = x_0$ で微分可能であれば $x = x_0$ で連続である．

証明 (6.1) を使います．

$$\lim_{x \to x_0} (f(x) - f(x_0)) = \lim_{x \to x_0} \frac{f(x) - f(x_0)}{x - x_0} \cdot (x - x_0)$$
$$= f'(x_0) \cdot 0 = 0$$

よって $\lim_{x \to x_0} f(x) = f(x_0)$ となり $x = x_0$ で連続です． □

注意 6.1 この定理の逆は成立しません．例えば例 6.2 の $e^{|x|}$ は $x = 0$ で連続ですが微分可能ではありません．

6.2 接線と法線

微分係数 $f'(x_0)$ の幾何学的な意味を調べてみましょう．図 6.2 より (6.1) の左辺の分数式は点 $\mathrm{A}(x_0, f(x_0))$ と点 $\mathrm{P}(x_0 + h, f(x_0 + h))$ を結ぶ線分の傾きです．したがって $h \to 0$ としたときの極限値 $f'(x_0)$ は A での接線の傾きです．このことから $f(x)$ が $x = x_0$ で微分可能なとき，$(x_0, f(x_0))$ における接線の方程式は

$$y - f(x_0) = f'(x_0)(x - x_0)$$

です．$(x_0, f(x_0))$ で接線に直交する直線を法線といいます．法線の方程式は

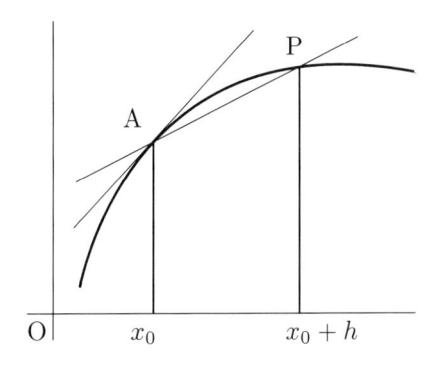

図 **6.2** 接線の傾き

$$y - f(x_0) = \frac{-1}{f'(x_0)}(x - x_0)$$

となります．

例 6.9 $y = \sin x$ の $\left(\dfrac{\pi}{6}, \dfrac{1}{2}\right)$ における接線と法線を求めなさい．

$f'(x) = \cos x$ ですから $f'\left(\dfrac{\pi}{6}\right) = \dfrac{\sqrt{3}}{2}$ です．したがって接線は

$$y - \frac{1}{2} = \frac{\sqrt{3}}{2}\left(x - \frac{\pi}{6}\right),$$

法線は

$$y - \frac{1}{2} = -\frac{2}{\sqrt{3}}\left(x - \frac{\pi}{6}\right)$$

となります．次ページの図 6.3 を見てください．

6.3 Landau 記号

$f(x)$ は $x = x_0$ で微分可能とします．このとき $(x_0, f(x_0))$ における接線はそのグラフの $(x_0, f(x_0))$ のまわり——近傍での形状を近似しています．ここでは近似の程度を表すのに有効な Landau 記号を導入します．O と o があり

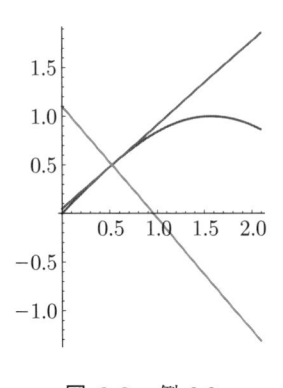

図 **6.3** 例 6.9

ます.

2つの関数 $f(x)$ と $g(x)$ が与えられています. $x = x_0$ の近傍で

$$\exists C > 0, \ |f(x)| \le C|g(x)| \tag{6.2}$$

となるとき

$$f(x) = O(g(x)) \quad (x \to x_0)$$

と書きます. とくに

$$\lim_{x \to x_0} \frac{f(x)}{g(x)} = \alpha < \infty \tag{6.3}$$

であれば (6.2) が成り立つので $f(x) = O(g(x))$ $(x \to x_0)$ です. また

$$\lim_{x \to x_0} \frac{f(x)}{g(x)} = 0 \tag{6.4}$$

となるとき

$$f(x) = o(g(x)) \ (x \to x_0)$$

と書きます. $x_0 = \pm\infty$ の場合も同様に考えます.

注意 6.2 O の定義が o のように (6.3) の極限で定義されれば分かり易いのですが, O は不等式 (6.2) で定義されます. (6.3) はあくまで十分条件です.

例えば $\lim_{x \to 0} \sin\left(\frac{1}{x}\right)$ は存在しませんが，$\left|\sin\left(\frac{1}{x}\right)\right| \leq 1$ ですから，$\sin\left(\frac{1}{x}\right) = O(1)\ (x \to 0)$ です．

例 6.10 次の式を (6.2), (6.4) にしたがって確かめてみてください．

(1) $\sin x = O(x)\ (x \to 0)$ 　　(2) $\cos x = O(1)\ (x \to 0)$

(3) $\log x = O\left(\frac{1}{x}\right)\ (x \to 0)$ 　　(4) $\sqrt{x+1} - \sqrt{x} = o(1)\ (x \to +\infty)$

(5) $x^2 = o(x)\ (x \to 0)$ 　　(6) $\log(1+x) = x + o(x)\ (x \to 0)$

(7) $\cos x = o(1)\ \left(x \to \frac{\pi}{2}\right)$ 　　(8) $x \sin x = o(x)\ (x \to 0)$

6.4　無限小

$f(x)$ が $x = x_0$ の近傍で小さな値を取るとします．とくに

$$f(x) = o(1)\ (x \to x_0)$$

すなわち $\lim_{x \to x_0} f(x) = 0$ のとき，$f(x)$ は $x \to x_0$ のとき無限小であるといいます．以下では $f(x)$ と $g(x)$ が $x \to x_0$ のとき無限小であるとしましょう．このとき

$$f(x) = o(g(x))\ (x \to x_0)$$

であれば $f(x)$ は $g(x)$ より高位の無限小といいます．すなわち $x \to x_0$ のとき $f(x)$ の方が $g(x)$ より速く 0 に近づくことです．また

$$f(x) = O(g(x))\ (x \to x_0),\ \ g(x) = O(f(x))\ (x \to x_0)$$

が同時に成り立つとき $f(x)$ と $g(x)$ は同位の無限小といいます．とくに

$$\lim_{x \to x_0} \frac{f(x)}{g(x)} = \alpha < \infty,\ \ \alpha \neq 0$$

であれば $f(x)$ と $g(x)$ は同位の無限小です．$f(x)$ が $(x - x_0)^\alpha\ (\alpha > 0)$ と同位の無限小のとき，α 位の無限小といいます．

例 6.11 $x \to 0$ のとき

(1) $x^2 + x^3$ は 2 位の無限小
(2) $\sqrt{x} - x$ は $\frac{1}{2}$ 位の無限小
(3) $\sin x$ は 1 位の無限小
(4) $\cos x - 1$ は 2 位の無限小
(5) $\tan x - \sin x$ は 3 位の無限小
(6) $\sqrt{1+x} - 1$ は 1 位の無限小

実際, 次の極限値の計算から明らかです.

(1) $\displaystyle\lim_{x \to 0} \frac{x^2 + x^3}{x^2} = \lim_{x \to 0}(1 + x) = 1$

(2) $\displaystyle\lim_{x \to 0} \frac{\sqrt{x} - x}{\sqrt{x}} = \lim_{x \to 0}(1 - \sqrt{x}) = 1$

(3) $\displaystyle\lim_{x \to 0} \frac{\sin x}{x} = 1$

(4) $\displaystyle\lim_{x \to 0} \frac{\cos x - 1}{x^2} = -\lim_{x \to 0} \frac{\sin^2 x}{x^2} \cdot \frac{1}{\cos x + 1} = -\frac{1}{2}$

(5) $\displaystyle\lim_{x \to 0} \frac{\tan x - \sin x}{x^3} = \lim_{x \to 0} \frac{\sin x}{x} \cdot \frac{1 - \cos x}{x^2} \cdot \frac{1}{\cos x} = \frac{1}{2}$ ((4) を用いる)

(6) $\displaystyle\lim_{x \to 0} \frac{\sqrt{1+x} - 1}{x} = \lim_{x \to 0} \frac{1}{\sqrt{1+x} + 1} = \frac{1}{2}$

(5), (6) は次のグラフを参照してください.

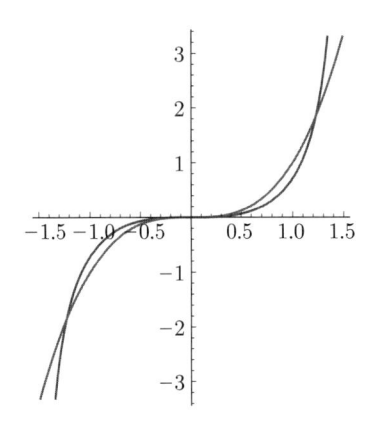

図 **6.4** $\tan x - \sin x$ と x^3

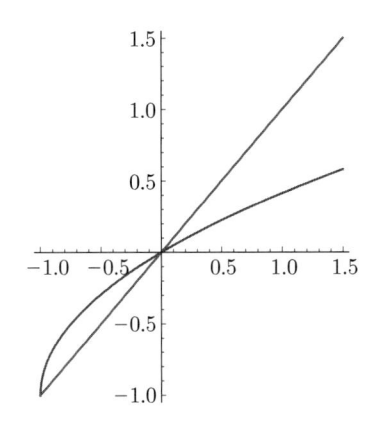

図 **6.5** $\sqrt{1+x} - 1$ と x

6.5 線形近似

Landau 記号を用いると (6.1) は

$$f(x) - f(x_0) = \alpha(x - x_0) + o(x - x_0) \ (x \to x_0) \tag{6.5}$$

あるいは

$$f(x_0 + h) - f(x_0) = \alpha h + o(h) \ (h \to 0)$$

と書くことができます. (6.5) をさらに

$$f(x) - \{f(x_0) + \alpha(x - x_0)\} = o(x - x_0) \ (x \to x_0)$$

とすれば, { } の中は $(x_0, f(x_0))$ における接線の方程式です. したがって右辺の $o(x - x_0)$ はグラフと接線の誤差を記述しています. このようにある点の近傍でグラフを直線で近似することを線形近似といいます. 以上のことをまとめると, $f(x)$ が $x = x_0$ で微分可能なことを

(A) $\exists \alpha, \ \displaystyle\lim_{x \to x_0} \dfrac{f(x) - f(x_0)}{x - x_0} = \alpha$

(B) $\exists \alpha, \ f(x) = f(x_0) + \alpha(x - x_0) + o(x - x_0) \ (x \to x_0)$

と 2 通りで表現することができます. (A) は微分係数 (接線の傾き) の存在を意味し, (B) は線形近似を意味します. 両者は同値で $\alpha = f'(x_0)$ です.

注意 6.3 多変数関数の微分可能性を考えるとき, この両者は同値でなくなります. (A) は偏微分・方向微分に拡張され, (B) は全微分に拡張されます. 全微分可能ならば偏微分・方向微分可能ですが, 逆は成り立ちません. 両者は異なる概念となります.

6.6 演習問題

問 6.1 次の関数は $x = 0$ で微分可能か判定しなさい.

(1) $y = 1 + |x|$ (2) $y = x\sqrt{|x|}$

(3) $y = \begin{cases} x \sin\left(\dfrac{1}{x}\right) & x \neq 0 \\ 0 & x = 0 \end{cases}$ （4) $y = \begin{cases} x^2 \sin\left(\dfrac{1}{x}\right) & x \neq 0 \\ 0 & x = 0 \end{cases}$

問 **6.2** $f(x)$ は微分可能だが $f'(x)$ が連続でない例を挙げよ．

問 **6.3** $f(x)$ が x_0 で微分可能なとき次の関係式を示しなさい．
$$\lim_{h \to 0} \frac{f(x_0 + h) - f(x_0 - h)}{h} = 2f'(x_0)$$

問 **6.4** $f(x)$ が x_0 で微分可能なとき次の関係式を示しなさい．
$$\lim_{h,k \to +0} \frac{f(x_0 + h) - f(x_0 - k)}{h + k} = f'(x_0)$$

問 **6.5** $y = \sin x$ の $(0,0)$ における接線と法線を求めなさい．

問 **6.6** $y = x^2 + 2x - 3$ の $(1,0)$ における接線と法線を求めなさい．

問 **6.7** 放物線 $x^2 = 4a(y+b)$ $(b > 2a > 0)$ の各点での接線と法線を求めなさい．このとき原点を通る法線は何本あるか．

問 **6.8** 左右の微分係数が存在するとき，左右の接線を考えることができる．$y = \sqrt{x^2 + x^4}$ の $(0,0)$ での左右の接線を求めなさい．

問 **6.9** 次の関係式を示しなさい．

(1) $\tan x = O(x)$ $(x \to 0)$ （2) $\cos x = 1 - \dfrac{x^2}{2} + o(x^2)$ $(x \to 0)$
(3) $e^x = 1 + x + o(x)$ $(x \to 0)$ （4) $\sin x = O(1)$ $(x \to \infty)$

問 **6.10** 次の関数は $x \to 0$ のとき何位の無限小か．

(1) $x^3 - 3x^4$ （2) $\sqrt{1+x} - \sqrt{1-x}$ （3) $1 - \cos(\cos x - 1)$

第 7 章

微分法の基本

$f(x)$ が $x = x_0$ で微分可能なことは (6.1) あるいは (6.5) を満たす α の存在によって定義されました. $\alpha = f'(x_0)$ です. ここでは基本的な微分の公式を示すとともに初等関数の微分を調べてみます.

7.1 基本公式

定理 7.1 $f(x), g(x)$ が $I = (a, b)$ で微分可能なとき

(1) $(f + g)' = f' + g'$

(2) $(\alpha f)' = \alpha f'$ (α は定数)

(3) $(fg)' = f'g + fg'$

(4) $\left(\dfrac{f}{g}\right)' = \dfrac{f'g - fg'}{g^2}$ $(g(x) \neq 0)$

証明 (3), (4) を証明します. 残り場合も同様ですので各自で示してください. ここでは (6.5) を用いた証明を紹介します. f, g は $x_0 \in I$ で (6.5) を満たすとします. 最初に証明の準備としていくつかのことに注意します. Landau 記号の定義から

$$o(x - x_0) + o(x - x_0) = o(x - x_0) \ (x \to x_0) \tag{a}$$

です. また $h(x) = O(1) \ (x \to x_0)$ のとき

$$h(x)o(x - x_0) = o(x - x_0) \ (x \to x_0) \tag{b}$$

です. とくに $h(x)$ が $x \to x_0$ のとき極限値をもてば上式が成り立ちます. 仮定より g は $\forall x_0 \in I$ で微分可能ですから定理 6.7 より連続です. よって $\lim_{x \to x_0}(g(x) - g(x_0)) = 0$ ですから

$$(g(x) - g(x_0))(x - x_0) = o(x - x_0), \ \Big(\frac{1}{g(x)} - \frac{1}{g(x_0)}\Big)(x - x_0) = o(x - x_0)$$

です. したがって

$$g(x)(x - x_0) = g(x_0)(x - x_0) + o(x - x_0) \ (x \to x_0) \tag{c}$$

$$\frac{(x - x_0)}{g(x)} = \frac{(x - x_0)}{g(x_0)} + o(x - x_0) \ (x \to x_0) \tag{d}$$

が成り立ちます. 以下の (3), (4) の証明ではこれらの式を使います.

(3) $f(x)g(x)$ の x_0 での微分を求めます. (6.5) の左辺に相当する式は $f(x)g(x) - f(x_0)g(x_0)$ となります. これを (6.5) の右辺の形に変形し $(fg)'(x_0)$ を求めます.

$f(x)g(x) - f(x_0)g(x_0)$

$= (f(x) - f(x_0))g(x) + f(x_0)(g(x) - g(x_0))$

$= (f'(x_0)(x - x_0) + o(x - x_0))g(x) + f(x_0)(g'(x_0)(x - x_0) + o(x - x_0))$

$= (f'(x_0)g(x) + f(x_0)g'(x_0))(x - x_0) + o(x - x_0)$

$= (f'(x_0)g(x_0) + f(x_0)g'(x_0))(x - x_0) + o(x - x_0)$

となります. 3 行目から 4 行目への変形で (a), (b) を, 最後の変形で (c) を用いました. よって $(fg)'(x_0) = f'(x_0)g(x_0) + f(x_0)g'(x_0)$ です.

(4) 最初に $f = 1$ のときを示します.

$$\frac{1}{g(x)} - \frac{1}{g(x_0)} = -\frac{g(x) - g(x_0)}{g(x)g(x_0)}$$

$$= -\frac{g'(x_0)(x - x_0) + o(x - x_0)}{g(x)g(x_0)}$$

$$= -\frac{g'(x_0)}{g(x_0)}\frac{(x - x_0)}{g(x)} + o(x - x_0)$$

$$= -\frac{g'(x_0)}{g(x_0)^2}(x - x_0) + o(x - x_0)$$

となります. 2 行目から 3 行目への変形で (b) を, 最後の変形で (d) を用いました. よって $\left(\dfrac{1}{g}\right)'(x_0) = -\dfrac{g'(x_0)}{g(x_0)^2}$ です. 一般の $\dfrac{f}{g}$ の場合は $\dfrac{f}{g} = \dfrac{1}{g} \cdot f$ より (3) を用いて得られます. □

注意 7.1 定理 7.1 の (1), (2) は微分の線形性, すなわち微分が線形な作用系であることを意味します.

例 7.2 $y = x^3 + \dfrac{2x}{x+5}$ のとき
$$y' = 3x^2 + \frac{2(x+5) - 2x}{(x+5)^2} = 3x^2 + \frac{10}{(x+5)^2}$$

例 7.3 $y = x^2 \log|x| + \dfrac{\sin x}{e^x}$ のとき
$$y' = 2x \log|x| + x^2 \cdot \frac{1}{x} + \frac{\cos x \cdot e^x - \sin x \cdot e^x}{e^{2x}}$$
$$= 2x \log|x| + x + \frac{\cos x - \sin x}{e^x}$$

7.2　合成関数の微分

定理 7.4 $y = f(x)$ が I で微分可能で, $z = g(y)$ が $f(I)$ で微分可能とする. このとき合成関数 $z = g \circ f(x) = g(f(x))$ は I で微分可能となり
$$z' = g'(f(x))f'(x)$$

証明 $f(x)$ が $\forall x_0 \in I$ で, $g(y)$ が $y_0 = f(x_0) \in f(I)$ で微分可能ですから
$$f(x) - f(x_0) = f'(x_0)(x - x_0) + o(x - x_0) \ (x \to x_0),$$
$$g(y) - g(f(x_0)) = g'(f(x_0))(y - f(x_0)) + o(y - f(x_0)) \ (y \to f(x_0))$$
です. このとき
$$g(f(x)) - g(f(x_0))$$

$$= g'(f(x_0))(f(x) - f(x_0)) + o(f(x) - f(x_0))$$
$$= g'(f(x_0))(f'(x_0)(x - x_0) + o(x - x_0)) + o(f(x) - f(x_0))$$
$$= g'(f(x_0))f'(x_0)(x - x_0) + o(x - x_0)$$

となります. ここで $o(f(x) - f(x_0)) = o(x - x_0)$ を用いています. 実際, $x \to x_0$ のとき, $f(x) \to f(x_0)$ ですから

$$\frac{o(f(x) - f(x_0))}{x - x_0} = \frac{o(f(x) - f(x_0))}{f(x) - f(x_0)} \cdot \frac{f(x) - f(x_0)}{x - x_0}$$
$$\to 0 \cdot f'(x_0) = 0 \quad (x \to x_0)$$

です. よって $(g \circ f)'(x_0) = g'(f(x_0))f'(x_0)$ です. □

例 7.5 $y = \sin(x^3)$ のとき $y' = \cos(x^3) \cdot 3x^2 = 3x^2 \cos(x^3)$

例 7.6 $y = \log|f(x)|$ のとき $y' = \dfrac{f'(x)}{f(x)}$

例 7.7 $y = x^\alpha \ (x > 0)$ のとき $y' = \alpha x^{\alpha - 1}$

$\alpha \in \mathbf{N}$ のときは例 6.3 です. この例では一般の $\alpha \in \mathbf{R}$ です. 両辺の対数をとると $\log y = \alpha \log x$ です. したがって上の例を使うと

$$\frac{y'}{y} = \alpha \cdot \frac{1}{x}$$

です. よって $y' = y \cdot \alpha \cdot \dfrac{1}{x} = \alpha x^{\alpha - 1}$ となります. この例のように対数をとって微分を求める方法を対数微分とよびます.

7.3 逆関数の微分

定理 7.8 $y = f(x)$ を I で狭義単調な微分可能な関数とし $f'(x) \neq 0$ とする. このとき逆関数 $y = f^{-1}(x)$ は $f(I)$ で微分可能となり

$$(f^{-1})'(f(x)) = \frac{1}{f'(x)}$$

7.3 逆関数の微分

証明 微分可能な関数は連続ですから (定理 6.7), 定理 5.2 より f^{-1} は存在し連続です. $f(x)$ が $\forall x_0 \in I$ で微分可能なことから

$$f(x) - f(x_0) = f'(x_0)(x - x_0) + o(x - x_0) \ (x \to x_0)$$

が成り立っています. いま $y = f(x) \in f(I)$ とすると $f'(x_0) \neq 0$ に注意して

$$\begin{aligned}f^{-1}(y) - f^{-1}(f(x_0)) &= x - x_0 \\ &= \frac{f(x) - f(x_0)}{f'(x_0)} + o(x - x_0) \\ &= \frac{1}{f'(x_0)}(y - f(x_0)) + o(y - f(x_0))\end{aligned}$$

となります. ここで $o(x - x_0) = o(y - f(x_0))$ を用いています. 実際

$$\frac{o(x - x_0)}{y - f(x_0)} = \frac{o(x - x_0)}{x - x_0} \cdot \frac{x - x_0}{f(x) - f(x_0)}$$

$$\to 0 \cdot \frac{1}{f'(x_0)} = 0 \ (x \to x_0)$$

です. よって $(f^{-1})'(f(x_0)) = \dfrac{1}{f'(x_0)}$ です. □

例 7.9 $y = \log x \ (x > 0)$ は $y = e^x$ の逆関数です. よって $\log'(e^x) = \dfrac{1}{e^x}$ です. y を x に書き換えて $(\log x)' = \dfrac{1}{x}$ となります.

例 7.10 $y = \arcsin x, \ x \in (-1, 1)$ のとき $x = \sin y, \ y \in \left(-\dfrac{1}{2}, \dfrac{1}{2}\right)$ です. (x, y) を入れ替えた $y = \sin x$ が元の関数 $f(x)$ です. $x \in \left(-\dfrac{1}{2}, \dfrac{1}{2}\right)$ のとき $\cos x > 0$ より

$$(f^{-1})'(f(x)) = (\arcsin y)' = \frac{1}{\cos x} = \frac{1}{\sqrt{1 - \sin^2 x}} = \frac{1}{\sqrt{1 - y^2}}$$

です. y を x に書き換えて次の式を得ます.

$$(\arcsin x)' = \frac{1}{\sqrt{1 - x^2}}, \ x \in (-1, 1)$$

注意 7.2 上の計算では (x,y) の入れ替えを 2 度行って元に戻しています. 計算の効率はよくありません. そこで前節の合成関数の微分公式を用いて入れ替えをせずに計算してみましょう. $x = \sin y, y \in \left(-\dfrac{1}{2}, \dfrac{1}{2}\right)$ でしたから $\cos y > 0$ に注意して

$$1 = \cos y \cdot y'$$

よって

$$y' = \frac{1}{\cos y} = \frac{1}{\sqrt{1 - \sin^2 y}} = \frac{1}{\sqrt{1 - x^2}}$$

7.4 媒介変数での微分

定理 7.11 $x = f(t), y = g(t)$ は $t \in I$ で微分可能とする. また f は I 上で狭義単調で $f'(t) \neq 0$ とする. このとき

$$\frac{dy}{dx} = \frac{g'(t)}{f'(t)}, \quad t = f^{-1}(x)$$

証明 定理 7.8 より f^{-1} は存在し微分可能です. $y = g(t) = g(f^{-1}(x))$ ですから前節で求めた合成関数および逆関数の微分公式から

$$\frac{dy}{dx} = g'(f^{-1}(x))(f^{-1})'(x) = \frac{g'(t)}{f'(t)}$$

となります. □

例 7.12 楕円 $\begin{cases} x = a\cos t \\ y = b\sin t \end{cases}$ のとき $\dfrac{dy}{dx} = -\dfrac{b\cos t}{a\sin t}$

例 7.13 サイクロイド $\begin{cases} x = a(t - \sin t) \\ y = a(1 - \cos t) \end{cases}$ のとき $\dfrac{dy}{dx} = \dfrac{\sin t}{1 - \cos t}$

7.5 初等関数の微分公式

第 6 章の計算とこの章で求めた微分の公式を用いると初等関数の微分が計算できます. 以下の公式を確かめてください.

	f	f'
(1)	x^α	$\alpha x^{\alpha-1}$
(2)	e^x	e^x
(3)	a^x	$a^x \log a$
(4)	$\log|x|$	$\dfrac{1}{x}$
(5)	$\sin x$	$\cos x$
(6)	$\cos x$	$-\sin x$
(7)	$\tan x$	$\dfrac{1}{\cos^2 x}$
(8)	$\arcsin x$	$-\dfrac{1}{\sqrt{1-x^2}}$
(9)	$\arccos x$	$\dfrac{1}{\sqrt{1-x^2}}$
(10)	$\arctan x$	$\dfrac{1}{1+x^2}$
(11)	$\sinh x$	$\cosh x$
(12)	$\cosh x$	$\sinh x$
(13)	$\tanh x$	$\dfrac{1}{\cosh^2 x}$

関数の定義域に注意しておきましょう. (1), (4), (7), (8), (9) 以外の関数の定義域は $\mathbf{R}$ 全体です. (1) は $\alpha \geq 0$ のとき $[0, \infty)$, $\alpha < 0$ のとき $(0, \infty)$ です. (4) は $x \neq 0$, (7) は $x \neq \pm\dfrac{\pi}{2} + 2n\pi, \pi \in \mathbf{Z}$, (8), (9) は $x \in (-1, 1)$ で定義されます.

7.6 演習問題

問 7.1 次の関数を微分しなさい．

(1) $\sin(3x^2)$ (2) $\sqrt{1+x+2x^3}$ (3) $\tan(1+e^x)$

(4) $(\tan x)^2$ (5) $\cos(\log|1+x|)$ (6) $\log|\cos x|$

問 7.2 次の関数を微分しなさい．

(1) $x^2\sqrt{x^2+a^2}$ (2) $e^x\sqrt{a^2-x^2}$ (3) $x\arcsin x$

(4) $x\arctan x$ (5) $\sin^m x \cos^n x$ (6) $e^{ax}\sin bx$

問 7.3 次の関数を微分しなさい．

(1) $\dfrac{x^3}{1+x^2}$ (2) $\dfrac{ax+b}{cx+d}$ (3) $\dfrac{\sqrt{1+x^2}}{x}$ (4) $\dfrac{1-e^x}{1+e^x}$

問 7.4 $\arctan x$ の微分を逆関数 $\tan x$ の微分から導きなさい．

問 7.5 $\log(x+\sqrt{x^2-1})$ $(x \geq 1)$ の微分を逆関数 $\cosh x$ の微分から導きなさい．

問 7.6 アステロイド $\begin{cases} x = a\cos^3 t \\ y = a\sin^3 t \end{cases}$ のとき $\dfrac{dy}{dx}$ を求めなさい．

問 7.7 $\begin{cases} x = e^t\sin 2t \\ y = e^t\cos 2t \end{cases}$ のとき $\dfrac{dy}{dx}$ を求めなさい．

問 7.8 次の関数を微分しなさい．

(1) x^x (2) $e^{\sqrt{x}}$ (3) $x^{1/x}$ (4) $x^{\sinh x}$ (5) $x^{\arcsin x}$

問 7.9 偶関数の微分は奇関数となることを示しなさい．

問 7.10 f_1, f_2, g_1, g_2 が微分可能なとき行列式 $\begin{vmatrix} f_1 & g_1 \\ f_2 & g_2 \end{vmatrix}$ を微分しなさい．

第 8 章

平均値の定理

この章では微分可能な関数の基本となる性質をいくつか紹介します.またその応用として不定形の極限計算の方法を紹介します.

8.1 極大と極小

$x_0 \in \mathbf{R}$ に対して x_0 を中心とする区間 $I_\varepsilon(x_0) = (x_0 - \varepsilon, x_0 + \varepsilon)$ $(\varepsilon > 0)$ を x_0 の ε-近傍と呼びます.いま $f(x)$ が $I = [a,b]$ で定義され

$$\exists \varepsilon > 0, \forall x \in I_\varepsilon(x_0) \subset I, \ x \neq x_0 \implies f(x) < f(x_0)$$

となるとき,$f(x)$ は $x = x_0$ で極大であるといい,その値 $f(x_0)$ を極大値といいます.不等号の向きを変えて極小と極小値を定義します.また不等号 $f(x) < f(x_0)$ を $f(x) \leq f(x_0)$ に変えた場合,$f(x)$ は $x = x_0$ で広義の極大であるといいます.広義の極小も同様に定義します.

定理 8.1 $f(x)$ は $I = (a,b)$ で定義され,$x_0 \in (a,b)$ で微分可能とする.$f(x)$ が x_0 で広義の極大 (極小) であれば $f'(x_0) = 0$ である.

証明 $x = x_0$ の近傍で $f(x) \leq f(x_0)$ です.したがって

$$f'_+(x_0) = \lim_{x \to x_0 + 0} \frac{f(x) - f(x_0)}{x - x_0} \leq 0, \ \ f'_-(x_0) = \lim_{x \to x_0 - 0} \frac{f(x) - f(x_0)}{x - x_0} \geq 0$$

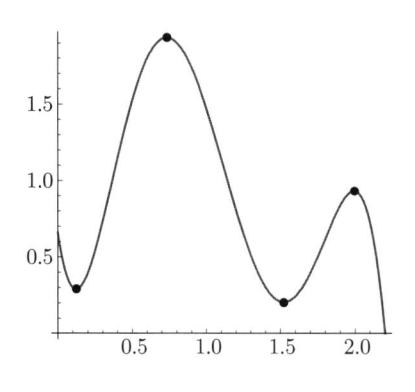

図 8.1　極大・極小

です．x_0 で微分可能であれば $f'(x_0) = f'_+(x_0) = f'_-(x_0)$ ですから $f'(x_0) = 0$ となります． □

注意 8.1　この定理の逆は成り立ちません．$f'(x_0) = 0$ でも広義の極値とは限りません．$f(x) = x^3$，$x_0 = 0$ のとき $f'(0) = 0$ ですが極値ではありません．

8.2　平均値の定理

定理 8.2 (Rolle の定理)　$f(x)$ は $I = [a, b]$ で連続で，(a, b) で微分可能とする．$f(a) = f(b)$ であれば

$$\exists x_0 \in (a, b), \quad f'(x_0) = 0$$

証明　$f(x)$ が定数の場合は明らかですので $f(x)$ は定数でないとします．定理 4.14 より $\exists x_0$ で最大です．$x_0 \in (a, b)$ であれば最大値は極値となり前節の定理 8.1 から $f'(x_0) = 0$ です．$x_0 = a$ あるいは $x_0 = b$ とします．ところで $f(x)$ は定数でなく，$f(a) = f(b)$ ですから，この場合 $f(x)$ は $\exists x'_0 \in (a, b)$ で最小になります．よって前と同様に $f'(x'_0) = 0$ です． □

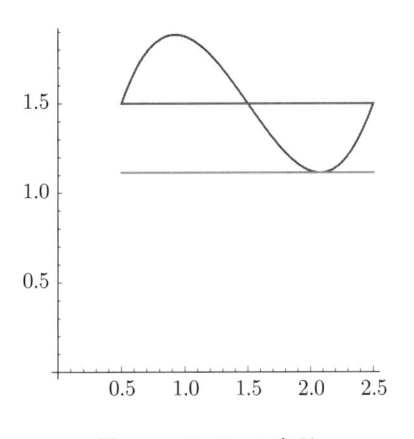

図 **8.2** Rolle の定理

定理 8.3 (平均値の定理) $f(x)$ は $I = [a, b]$ で連続で, (a, b) で微分可能とする．このとき

$$\exists x_0 \in (a, b), \ \frac{f(b) - f(a)}{b - a} = f'(x_0) \tag{8.1}$$

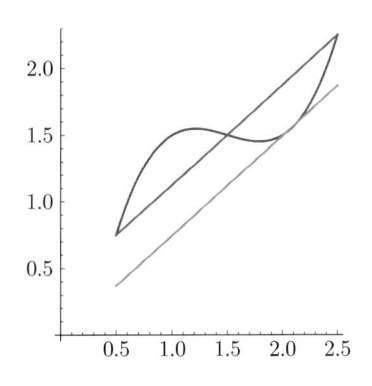

図 **8.3** 平均値の定理

証明 2 点 $(a, f(a)), (b, f(b))$ を結ぶ直線の方程式は

$$g(x) = f(a) + \frac{f(b) - f(a)}{b - a}(x - a)$$

です．ここで $F(x) = f(x) - g(x)$ とすると $F(x)$ は $I = [a, b]$ で連続で，(a, b) で微分可能です．さらに $F(a) = F(b) = 0$ です．よって Rolle の定理から $\exists x_0 \in (a, b)$, $F'(x_0) = 0$ です．ところで

$$F'(x) = f'(x) - \frac{f(b) - f(a)}{b - a}$$

ですから $F'(x_0) = 0$ より $\dfrac{f(b) - f(a)}{b - a} = f'(x_0)$ が得られます． □

注意 8.2 平均値の定理の結論の式 (8.1) は

$$f(b) = f(a) + f'(x_0)(b - a)$$

と変形できます．さらに $b = a + h$, $\theta = \dfrac{x_0 - a}{b - a}$ とすれば，$\theta \in (0, 1)$, $x_0 = a + \theta(b - a) = a + \theta h$ となり

$$f(a + h) = f(a) + hf'(a + \theta h),\ 0 < \theta < 1$$

と書くことができます．

定理 8.4 (Cauchy の平均値の定理) $f(x)$, $g(x)$ は $I = [a, b]$ で連続で，(a, b) で微分可能とする．$\forall x \in (a, b)$, $g'(x) \neq 0$ であれば

$$\exists x_0 \in (a, b),\ \frac{f(b) - f(a)}{g(b) - g(a)} = \frac{f'(x_0)}{g'(x_0)}$$

証明 平均値の定理より $\exists c \in (a, b)$, $g(b) = g(a) + g'(c)(b - a)$ です．したがって g' の仮定から $g(a) \neq g(b)$ です．ここで

$$F(x) = f(x) - f(a) - \frac{f(b) - f(a)}{g(b) - g(a)}(g(x) - g(a))$$

とします．$F(x)$ は $I = [a, b]$ で連続で，(a, b) で微分可能です．さらに $F(a) = F(b) = 0$ より Rolle の定理から $\exists x_0 \in (a, b)$ $F'(x_0) = 0$ です．ところで

$$F'(x) = f'(x) - \frac{f(b) - f(a)}{g(b) - g(a)} g'(x)$$

ですから $\dfrac{f(b)-f(a)}{g(b)-g(a)}g'(x_0)=f'(x_0)$ が得られます. よって $g'(x_0)\neq 0$ より求める式が得られます. □

注意 8.3 （1）Cauchy の平均値の定理で $g(x)=x$ とすれば平均値の定理です. また平均値の定理で $f(a)=f(b)$ とすれば Rolle の定理になります.

（2）定理 8.4 の仮定は "$g(a)\neq g(b)$, $f'(x)$ と $g'(x)$ は (a,b) で同時に 0 にならない." と弱めることができます.

8.3 不定形の極限

関数の極限値の計算においてしばしば
$$\frac{0}{0},\ \frac{\infty}{\infty},\ 0\cdot\infty,\ \infty-\infty,\ 0^0,\ 1^\infty,\ \infty^0$$
などの形が現れます. このような場合を不定形といい, 極限値を求めるには工夫が必要でした. 次に述べる L'Hôpital の定理はこのような不定形の極限値の計算に役立ちます.

定理 8.5 (**L'Hôpital の定理**) $f(x),\ g(x)$ は $I=[a,b]$ で連続で, (a,b) で微分可能とする. $\forall x\in(a,b),\ g'(x)\neq 0$ であれば

（1）$f(a)=g(a)=0$ のとき
$$\lim_{x\to a+0}\frac{f'(x)}{g'(x)}=\alpha \implies \lim_{x\to a+0}\frac{f(x)}{g(x)}=\alpha$$
となる. $f(b)=g(b)=0$ のときは $\lim\limits_{x\to a+0}$ を $\lim\limits_{x\to b-0}$ に換えて成立する.

（2）$f(x),g(x)\to\pm\infty\ (x\to a+0)$ あるいは $f(x),g(x)\to\pm\infty\ (x\to b-0)$ のときも（1）と同様な式が成り立つ.

（3）$I=(-\infty,b]$ で, $f(x),g(x)\to 0\ (x\to-\infty)$ あるいは $I=[a,+\infty)$ で, $f(x),g(x)\to 0\ (x\to+\infty)$ のときも（1）と同様な式が成り立つ.

（4）（1），（2），（3）において $\alpha=\pm\infty$ のときも（1）と同様な式が成り立つ. ただし $\forall x\in(a,b),\ f'(x)\neq 0$ とする.

証明 (1) $a < x < b$ とし区間 $[a, x]$ で Cauchy の平均値の定理を使います．すると

$$\exists x_0 \in (a, x), \ \frac{f(x)}{g(x)} = \frac{f(x) - f(a)}{g(x) - g(a)} = \frac{f'(x_0)}{g'(x_0)}$$

となります．ここで $x \to a+0$ とすれば $x_0 \to a+0$ ですから

$$\lim_{x \to a+0} \frac{f(x)}{g(x)} = \lim_{x_0 \to a+0} \frac{f'(x_0)}{g'(x_0)} = \lim_{x \to a+0} \frac{f'(x)}{g'(x)}$$

となり求める式を得ます．

(2) $f(x), g(x) \to \pm\infty \ (x \to a+0)$ の場合を示します．$\displaystyle\lim_{x \to a+0} \frac{f'(x)}{g'(x)} = \alpha$ より

$$0 < \forall \varepsilon < 1, \ \exists \delta > 0, \ a < \forall x < \delta \implies \left| \frac{f'(x)}{g'(x)} - \alpha \right| < \varepsilon \quad (8.2)$$

です．$[x, \delta]$ で Cauchy の平均値の定理を使うと

$$\exists \xi \in (x, \delta), \ \frac{f(x) - f(\delta)}{g(x) - g(\delta)} = \frac{f'(\xi)}{g'(\xi)} \quad (8.3)$$

です．$\xi \in (x, \delta)$ より (8.2) が使えて

$$\left| \frac{f'(\xi)}{g'(\xi)} - \alpha \right| < \varepsilon$$

となります．ところで (8.3) より

$$\frac{f(x)}{g(x)} = \frac{f(x)}{g(x)} \cdot \frac{f'(\xi)}{g'(\xi)} \cdot \frac{g(x) - g(\delta)}{f(x) - f(\delta)}$$

$$= \frac{f'(\xi)}{g'(\xi)} \frac{\left(1 - \dfrac{g(\delta)}{g(x)}\right)}{\left(1 - \dfrac{f(\delta)}{f(x)}\right)} = \frac{f'(\xi)}{g'(\xi)} Q_\delta(x)$$

と変形できます．$x \to a+0$ のとき $f(x), g(x) \to \pm\infty$ ですから δ を十分に小さくとれば $f(x), g(x)$ は十分に大きくなり

$$\left|Q_\delta(x) - 1\right| < \varepsilon$$

とできます. このとき

$$\left|\frac{f(x)}{g(x)} - \alpha\right| = \left|\frac{f(x)}{g(x)} - \frac{f'(\xi)}{g'(\xi)} + \frac{f'(\xi)}{g'(\xi)} - \alpha\right|$$

$$\leq \left|\frac{f'(\xi)}{g'(\xi)}\right||Q_\delta(x) - 1| + \left|\frac{f'(\xi)}{g'(\xi)} - \alpha\right|$$

$$\leq (|\alpha| + \varepsilon)\varepsilon + \varepsilon \leq (|\alpha| + 2)\varepsilon$$

となります. よって $\lim_{x \to a+0} \frac{f(x)}{g(x)} = \alpha$ です.

(3) $I = [a, +\infty)$ で $f(x), g(x) \to 0$ $(x \to \infty)$ の場合を示します. $a > 0$ として一般性を失いません. $t = \frac{1}{x} \in \left(0, \frac{1}{a}\right]$ とし

$$F(t) = f\left(\frac{1}{t}\right), \quad G(t) = g\left(\frac{1}{t}\right)$$

とします. また $F(0) = G(0) = 0$ と定義します. すると $F(t), G(t)$ は $I = \left[0, \frac{1}{a}\right]$ 上の関数となり仮定より連続です. また $\left(0, \frac{1}{a}\right)$ では明らかに微分可能です. $F(0) = G(0) = 0$ ですから (1) より

$$\lim_{x \to +\infty} \frac{f(x)}{g(x)} = \lim_{t \to +0} \frac{F(t)}{G(t)} = \lim_{t \to +0} \frac{F'(t)}{G'(t)} = \lim_{t \to +0} \frac{-f'\left(\frac{1}{t}\right)\frac{1}{t^2}}{-g'\left(\frac{1}{t}\right)\frac{1}{t^2}} = \lim_{x \to +\infty} \frac{f'(x)}{g'(x)}$$

(4) の場合は逆数 $\frac{g(x)}{f(x)}$ を考えればその極限は 0 ですので $\alpha < \infty$ の場合に帰着されます. □

例 **8.6** $\lim_{x \to 0} \frac{x - \arcsin x}{x^3}$ を求めよ.

L'Hôpital の定理を繰り返し用いて計算します.

$$\lim_{x \to 0} \frac{x - \arcsin x}{x^3} = \lim_{x \to 0} \frac{1 - \dfrac{1}{\sqrt{1-x^2}}}{3x^2} = \lim_{x \to 0} \frac{-x(1-x^2)^{-3/2}}{6x} = -\frac{1}{6}$$

例 8.7 $\lim_{x \to 0} \dfrac{\sin x - x}{\tan x - x}$ を求めなさい.

$$\lim_{x \to 0} \frac{\sin x - x}{\tan x - x} = \lim_{x \to 0} \frac{\cos x - 1}{\dfrac{1}{\cos^2 x} - 1} = \lim_{x \to 0} \frac{\cos x - 1}{1 - \cos^2 x} \cdot \cos^2 x$$

$$= \lim_{x \to 0} \frac{\cos x - 1}{1 - \cos^2 x} = \lim_{x \to 0} \frac{-\sin x}{2 \cos x \sin x} = \lim_{x \to 0} \frac{-1}{2 \cos x} = -\frac{1}{2}$$

例 8.8 $\lim_{x \to \infty} x\left(\dfrac{\pi}{2} - \arctan x\right)$ を求めなさい.

$$\lim_{x \to \infty} x\left(\frac{\pi}{2} - \arctan x\right) = \lim_{x \to \infty} \frac{\left(\dfrac{\pi}{2} - \arctan x\right)}{\dfrac{1}{x}}$$

$$= \lim_{x \to \infty} \frac{-\dfrac{1}{1+x^2}}{-\dfrac{1}{x^2}} = \lim_{x \to \infty} \frac{x^2}{1+x^2} = 1$$

例 8.9 $\lim_{x \to 0} |\sin x|^x$ を求めなさい.

$(\sin x)^x = e^{x \log |\sin x|}$ に注意します.

$$\lim_{x \to 0} x \log |\sin x| = \lim_{x \to 0} \frac{\log |\sin x|}{\dfrac{1}{x}} = \lim_{x \to 0} \frac{\dfrac{\cos x}{\sin x}}{-\dfrac{1}{x^2}} = \lim_{x \to 0} (-x) \cdot \frac{x}{\sin x} = 0$$

よって $\lim_{x \to 0} (\sin x)^x = 1$ です.

8.4 演習問題

問 8.1 $f(x)$ が $[a,b]$ で連続, (a,b) で微分可能とする. $f(a) = f(b) = 0$ であれば $\forall \lambda \in \mathbf{R}, \exists x_0 \in (a,b), f'(x_0) = \lambda f(x_0)$ となることを示しなさい.

問 8.2 次の区間 I で平均値の定理を満たす x_0 を求めなさい.

(1) $f(x) = x + 1$, $I = [0,1]$ (2) $f(x) = x^2 + 2x - 3$, $I = [0,2]$

(3) $f(x) = \sin x$, $I = \left[0, \dfrac{\pi}{2}\right]$ (4) $f(x) = \log x$, $I = [1, e]$

問 **8.3** 次の区間 I で Cauchy の平均値の定理を満たす x_0 を求めなさい.

(1) $f(x) = x^2 + 1$, $g(x) = x^4$, $I = [1, 2]$

(2) $f(x) = e^x$, $g(x) = e^{2x}$, $I = [0, 2]$

問 **8.4** f, g, h が $[a, b]$ で連続, (a, b) で微分可能とする. このとき

$$\begin{vmatrix} f(a) & g(a) & h(a) \\ f(b) & g(b) & h(b) \\ f'(x_0) & g'(x_0) & h'(x_0) \end{vmatrix} = 0$$

となる $x_0 \in (a, b)$ があることを示しなさい.

問 **8.5** $g'(x) \neq 0$ のとき, 前問から Cauchy の平均値の定理を導きなさい.

問 **8.6** $\forall x \in (a, b)$, $f'(x) = 0$ ならば $\exists c$, $f(x) = c$ を示しなさい.

問 **8.7** $\forall x \in (a, b)$, $f'(x)g(x) = f(x)g'(x)$ とする. さらに $\forall x \in (a, b)$, $f(x) > 0$ あるいは $g(x) > 0$ ならば $\exists c$, $f(x) = cg(x)$ を示しなさい.

問 **8.8** f, f' が $\mathbf{R}$ で連続で $|f'(x)| \leq \gamma < 1$ であれば $\exists x_0$, $f(x_0) = x_0$ を示しなさい (この x_0 は一意である).

問 **8.9** 次の極限を求めなさい.

(1) $\displaystyle\lim_{x \to 0} \frac{x - \log(x+1)}{x^2}$

(2) $\displaystyle\lim_{x \to 0} \frac{\tan x - x}{x^3}$

(3) $\displaystyle\lim_{x \to 0} \left(\frac{1}{\sin^2 x} - \frac{1}{x^2} \right)$

(4) $\displaystyle\lim_{x \to 0} \frac{\log(\cos 2x)}{\log(\cos x)}$

問 **8.10** 次の極限を求めなさい.

(1) $\displaystyle\lim_{x \to +0} x^x$

(2) $\displaystyle\lim_{x \to +\infty} x^{1/x}$

(3) $\displaystyle\lim_{x \to \infty} \left(\frac{\pi}{2} - \arctan x \right)^{1/x}$

第 9 章

高階微分と Taylor の定理

$f(x)$ が $I = [a,b]$ で連続で (a,b) で微分可能であれば平均値の定理

$$f(b) = f(a) + f'(a + \theta(b-a))(b-a), \quad 0 < \theta < 1$$

が成り立ちました (注意 8.2). この式は $f(b)$ の値が $f(a)$ と $f'(a+\theta(b-a))$ を用いて書けることを意味しています. $f(x)$ がさらに滑らかであれば, すなわち $f'(x), f''(x), \cdots$ が存在すれば, $f(b)$ を $f(a), f'(a), f''(a), \cdots$ を用いてより正確に求めることが期待されます. この章では高階微分の計算方法を習得し, 平均値の定理の一般化として Taylor の定理を学びます.

9.1 高階微分

$y = f(x)$ が $I = (a,b)$ で定義され微分可能とします. もし導関数 $f'(x)$ が再び微分可能であれば $f''(x)$ が考えられます. これを 2 次導関数あるいは 2 階導関数といい

$$f''(x), \ y'', \ \frac{d^2y}{dx^2}, \ \frac{d^2f}{dx^2}, \ \frac{d^2}{dx^2}f(x), \ D^2f(x)$$

などと表します. さらに n 回まで微分ができるとき n 次導関数を

$$f^{(n)}(x), \ y^{(n)}, \ \frac{d^ny}{dx^n}, \ \frac{d^nf}{dx^n}, \ \frac{d^n}{dx^n}f(x), \ D^nf(x)$$

などと表します. $f^{(n)}(x)$ が存在し I で連続となるとき $f(x)$ は I で C^n 級であるといいます. とくに $\forall n \in \mathbf{N}$ に対して n 次導関数が存在するとき, $f(x)$ は無限回微分可能あるいは C^∞ 級であるといいます.

例 9.1 $y = \sin x$ のとき, $y^{(n)} = \sin\left(x + \dfrac{n\pi}{2}\right)$

順次微分すると
$$y = \sin x,\ y' = \cos x = \sin\left(x + \frac{\pi}{2}\right),\ y'' = -\sin x = \sin(x + \pi),$$
$$y'''(x) = -\cos x = \sin\left(x + \frac{3\pi}{2}\right),\ y^{(4)} = \sin x = \sin(x + 2\pi),\ \cdots$$
となり明らかです.

基本となる関数の n 次導関数は次のようになります. 各自で確かめてください.

	f	$f^{(n)}$
(1)	x^α	$\alpha(\alpha-1)\cdots(\alpha-n+1)x^{\alpha-n}$
(2)	e^x	e^x
(3)	a^x	$a^x(\log a)^n$
(4)	$\log\lvert x\rvert$	$(-1)^{n-1}(n-1)!\,x^{-n}$
(5)	$\sin x$	$\sin\left(x + \dfrac{n\pi}{2}\right)$
(6)	$\cos x$	$\cos\left(x + \dfrac{n\pi}{2}\right)$

例 9.2 $y = \arctan x$ のとき
$$y^{(n)} = (n-1)!\cos^n(\arctan x)\sin\left(n\left(\arctan x + \frac{\pi}{2}\right)\right)$$

数学的帰納法で示します. $\tan y = x$ ですから $\dfrac{1}{\cos^2 y}y' = 1$ となり
$$y' = \cos^2 y = \cos^2(\arctan x) = \cos(\arctan x)\sin\left(\arctan x + \frac{\pi}{2}\right)$$
です. よって $n = 1$ のときは成立します. $n = k$ のとき成立するとします. このとき積と合成関数の微分公式を用いて

$$
\begin{aligned}
y^{(k+1)} &= (y^{(k)})' \\
&= \Bigl((k-1)! k\cos^{k-1} y(-\sin y)\sin\Bigl(k\Bigl(y+\frac{\pi}{2}\Bigr)\Bigr) \\
&\quad + (k-1)!\cos^k y\cos\Bigl(k\Bigl(y+\frac{\pi}{2}\Bigr)\Bigr)\cdot k\Bigr)\cdot y' \\
&= k!\cos^{k-1} y\Bigl(-\sin y\sin\Bigl(k\Bigl(y+\frac{\pi}{2}\Bigr)\Bigr) \\
&\quad + \cos y\cos\Bigl(k\Bigl(y+\frac{\pi}{2}\Bigr)\Bigr)\Bigr)\cdot \cos^2 y \\
&= k!\cos^{k+1} y\cos\Bigl(y+k\Bigl(y+\frac{\pi}{2}\Bigr)\Bigr) \\
&= k!\cos^{k+1} y\sin\Bigl((k+1)\Bigl(y+\frac{\pi}{2}\Bigr)\Bigr)
\end{aligned}
$$

となります．ここで三角関数の加法定理を用いました．よって $n=k+1$ のときも成立し，数学的帰納法により $\forall n \in \mathbf{N}$ で成立することが分かります．

9.2 Leibniz の公式

定理 9.3 (Leibniz の定理) f, g が I で n 回微分可能なとき

$$
\begin{aligned}
(fg)^{(n)} &= \sum_{r=0}^{n} {}_nC_r f^{(n-r)} g^{(r)} \\
&= f^{(n)}g + nf^{(n-1)}g' + \frac{n(n-1)}{2}f^{(n-2)}g'' + \cdots + fg^{(n)}
\end{aligned}
$$

注意 9.1 右辺の係数に現れる ${}_nC_r$ は 2.2 節の 2 項係数です．このとき係数の現れ方は 2 項展開

$$
(a+b)^n = \sum_{r=0}^{n} {}_nC_r a^{n-r} b^r
$$

と同じです．

証明 数学的帰納法を用いて証明します．$n=1$ のときは積の微分公式

$$
(fg)' = f'g + fg'
$$

より成立しています．$n=k$ のとき成立すると仮定すると

$$(fg)^{(k)} = f^{(k)}g + {}_kC_1 f^{(k-1)}g' + \cdots + {}_kC_r f^{(k-r)}g^{(r)} + \cdots + fg^{(k)}$$

です. このとき $(fg)^{(k+1)} = ((fg)^{(k)})'$ ですから (2.3) に注意して

$$\begin{aligned}(fg)^{(k+1)} =& f^{(k+1)}g + (1 + {}_kC_1)f^{(k)}g' + ({}_kC_1 + {}_kC_2)f^{(k-1)}g'' \\ & + \cdots + ({}_kC_{k-r} + {}_nC_r)f^{(k-r+1)}g^{(r)} + \cdots + fg^{(k+1)} \\ =& f^{(k+1)}g + {}_{k+1}C_1 f^{(k)}g' + \cdots + {}_{k+1}C_r f^{(k-r+1)}g^{(r)} + \cdots + fg^{(k+1)}\end{aligned}$$

となります. よって $n = k+1$ のときも成立し, 数学的帰納法により $\forall n \in \mathbf{N}$ で成立することが分かります. □

例 9.4　$y = x^2 e^x$ の n 次導関数を求めなさい.

$f(x) = e^x$, $g(x) = x^2$ とします. $f^{(n)}(x) = e^x$ $(n \in \mathbf{N})$, $g'(x) = 2x$, $g''(x) = 2$, $g^{(n)}(x) = 0$ $(n \geq 3)$ に注意すれば

$$y^{(n)} = e^x \cdot x^2 + ne^x \cdot 2x + \frac{n(n-1)}{2}e^x \cdot 2 = e^x(x^2 + 2nx + n(n-1))$$

例 9.5　$y = x^3 \log x$ の n 次導関数を求めなさい.

$f(x) = \log x$, $g(x) = x^3$ とします. $f^{(n)}(x) = (-1)^{n-1}(n-1)!x^{-n}$, $g'(x) = 3x^2$, $g''(x) = 6x$, $g'''(x) = 6$, $g^{(n)}(x) = 0$ $(n \geq 4)$ に注意すれば

$$\begin{aligned}y^{(n)} =& (-1)^{n-1}(n-1)!x^{-n} \cdot x^3 \\ & + n(-1)^{n-2}(n-2)!x^{-n+1} \cdot 3x^2 \\ & + \frac{n(n-1)}{2}(-1)^{n-3}(n-3)!x^{-n+2} \cdot 6x \\ & + \frac{n(n-1)(n-2)}{3!}(-1)^{n-4}(n-4)!x^{-n+3} \cdot 6 \\ =& (-1)^n(n-4)!x^{-n+3}(-(n-1)(n-2)(n-3) + 3n(n-2)(n-3) \\ & \qquad - 3n(n-1)(n-3) + n(n-1)(n-2)) \\ =& 6(-1)^n(n-4)!x^{-n+3}\end{aligned}$$

です. ただし, この式は $n \geq 4$ で成立します. $n = 1, 2, 3$ のときは直接微分して, $y' = x^2 + 3x^2 \log x$, $y'' = 5x + 6x \log x$, $y''' = 11 + 6 \log x$ です.

注意 9.2　例 9.5 では Leibniz の定理を用いて計算しました．しかし最初に $y''' = 11 + 6\log x$ まで計算すれば，$n \geq 4$ は $\log x$ の n 次導関数の公式からただちに答えを得ます．

9.3　Taylor の定理

$f(x)$ が $I = [a, b]$ で連続で (a, b) で微分可能であれば平均値の定理

$$f(b) = f(a) + f'(a + \theta(b-a))(b-a), \quad 0 < \theta < 1$$

が成り立ちました．これをさらに拡張したのが次の Taylor の定理です．

定理 9.6　(Taylor の定理)　$f, f', f'', \cdots, f^{(n)}$ が $I = [a, b]$ で連続で，(a, b) で $f^{(n+1)}$ が存在すると

$$f(b) = f(a) + f'(a)(b-a) + \frac{f''(a)}{2!}(b-a)^2 + \cdots$$
$$+ \frac{f^{(n)}(a)}{n!}(b-a)^n + R_{n+1} \qquad (9.1)$$

である．ただし R_{n+1} は，$\forall p \in (0, n+1]$, $\exists \theta \in (0, 1)$,

$$R_{n+1} = \frac{(1-\theta)^{n+1-p}}{n!p} f^{(n+1)}(a + \theta(b-a))(b-a)^{n+1} \qquad (9.2)$$

で与えられる．

注意 9.3　$n = 0, p = 1$ のときは平均値の定理です．$f(x)$ の仮定は複雑ですが，$f(x)$ が (a, b) を含む区間で $(n+1)$ 回微分可能であれば満たされます．

注意 9.4　R_{n+1} は剰余項と呼ばれます．とくに (9.2) の形は Roche-Schlömilch の剰余といいます．さらに $p = n+1$ のときの

$$R_{n+1} = \frac{f^{(n+1)}(a + \theta(b-a))}{(n+1)!}(b-a)^{n+1} \qquad (9.3)$$

を Lagrange の剰余，$p = 1$ のときの

$$R_{n+1} = \frac{(1-\theta)^n}{n!} f^{(n+1)}(a + \theta(b-a))(b-a)^{n+1} \qquad (9.4)$$

を Cauchy の剰余といいます. (9.2) で θ は p に従属して決まります. したがって (9.2), (9.3), (9.4) の θ は異なります.

証明 求める式の右辺の a を変数 x に換えて

$$\sum_{r=0}^{n} \frac{f^{(r)}(x)}{r!}(b-x)^r$$

を考えます. ここで定数 K を

$$f(b) - \sum_{r=0}^{n} \frac{f^{(r)}(a)}{r!}(b-a)^r = \frac{1}{n!p}K(b-a)^p \tag{9.5}$$

となるように定めます. このとき

$$\phi(x) = f(b) - \sum_{r=0}^{n} \frac{f^{(r)}(x)}{r!}(b-x)^r - \frac{1}{n!p}K(b-x)^p$$

と置くと $\phi(x)$ は $[a,b]$ で連続で (a,b) で微分可能です. また K の定め方 (9.5) より $\phi(a) = \phi(b) = 0$ となります. よって Rolle の定理から $\exists c \in (a,b)$, $\phi'(c) = 0$ です. ところで

$$\phi'(x) = \sum_{r=0}^{n} \left(\frac{f^{(r+1)}(x)}{r!}(b-x)^r - \frac{f^{(r)}(x)}{(r-1)!}(b-x)^{r-1} \right) + \frac{1}{n!}K(b-x)^{p-1}$$

$$= -\frac{f^{(n+1)}(x)}{n!}(b-x)^n + \frac{1}{n!}K(b-x)^{p-1}$$

ですから, $\phi'(c) = 0$ は $0 = -\frac{f^{(n+1)}(c)}{n!}(b-c)^n + \frac{1}{n!}K(b-c)^{p-1}$ となります. よって $K = f^{(n+1)}(c)(b-c)^{n+1-p}$ です. c を $c = a + \theta(b-a)$ $(0 < \theta < 1)$ と書き換えれば $K = f^{(n+1)}(a+\theta(b-a))^{n+1-p}(1-\theta)^{n+1-p}(b-a)^{n+1-p}$ となり, (9.5) より求める式を得ます. □

9.4 演習問題

問 9.1 次の関数の n 階微分を求めなさい．

(1) $\dfrac{x^3}{1-x}$　(2) $\dfrac{ax+b}{cx+d}$ $(ad-bc\neq 0)$　(3) $x\log|x|$　(4) $\sin^2 x$

問 9.2 $e^x \sin x$ の n 階微分を求めなさい．

問 9.3 次の関数の n 階微分を求めなさい．

(1) $x^2 a^x$　(2) $e^{-x} x^3$　(3) $\dfrac{1}{x^2-a^2}$　(4) $(1-x^2)^n$

問 9.4 $f(x)=x^4-2x^2+5x-1$ の $x=1$ での Taylor 展開を求めなさい．

問 9.5 $f(x)=\sin 2x$ の $x=0$ での Taylor 展開を求めなさい．

問 9.6 $f(x)=e^x$ の $x=1$ での Taylor 展開を求めなさい．

問 9.7 $f(x)=\cos^2 x$ の $x=0$ での Taylor 展開を求めなさい．

問 9.8 $f(x)$ が $[x_0-h, x_0+h]$ で C^2 級とする．$\exists \theta \in (-1,1)$

$$f(x_0-h)-2f(x_0)+f(x_0+h)=h^2 f''(x_0+\theta h)$$

を示しなさい．

問 9.9 $f''(x)$ が連続で $f''(x_0)\neq 0$ とする．

$$f(x_0+h)=f(x_0)+hf'(x_0+\theta h),\ \ \theta \in (0,1)$$

としたとき $\displaystyle\lim_{h\to 0}\theta=\dfrac{1}{2}$ を示しなさい．

問 9.10 $f'''(x)$ が連続で $f''(x_0)\neq 0$ とする．

$$f(x_0+h)=f(x_0)+hf'(x_0)+\dfrac{h^2}{2!}(x_0+\theta h),\ \ \theta \in (0,1)$$

としたとき $\displaystyle\lim_{h\to 0}\theta$ を求めなさい．

第 10 章

Maclaurin 級数

前章では Taylor の定理を平均値の定理の一般化として説明しました. この章では Taylor の定理をもう少し実用的な形に書き換えましょう.

10.1 Maclaurin の定理

$f(x)$ が a の近傍で $(n+1)$ 回微分可能とします. このとき近傍内の点 $x \neq a$ をとり区間 $[a, x]$ で Taylor の定理を適用します. すると (9.1) は

$$f(x) = f(a) + f'(a)(x-a) + \frac{f''(a)}{2!}(x-a)^2 + \cdots$$
$$+ \frac{f^{(n)}(a)}{n!}(x-a)^n + R_{n+1} \qquad (10.1)$$

となります. このとき右辺は n 次多項式 $+R_{n+1}$ の形をしています. すなわち (10.1) は $x = a$ の近傍での $f(x)$ の n 次多項式近似を表しています. その近似の誤差が R_{n+1} です. とくに $a = 0$ の場合は Maclaurin の定理とよばれます.

定理 10.1 (Maclaurin の定理) $f(x)$ が 0 を含む開区間 I で $(n+1)$ 回微分可能とする. このとき $\forall x \in I$ に対して

$$f(x) = f(0) + f'(0)x + \frac{f''(0)}{2!}x^2 + \cdots + \frac{f^{(n)}(0)}{n!}x^n + R_{n+1} \qquad (10.2)$$

となる. ただし $\forall p \in (0, n+1]$, $\exists \theta \in (0, 1)$,

$$R_{n+1} = \frac{(1-\theta)^{n+1-p}}{n!p} f^{(n+1)}(\theta x) x^{n+1} \tag{10.3}$$

である.

注意 10.1 R_{n+1} は Roche-Schlömilch の剰余です. $p = n+1$ とすると Lagrange の剰余, $p = 1$ とすると Cauchy の剰余でした (注意 9.4).

例 10.2 e^x に Maclaurin の定理を適用します. $f(x) = e^x$ は $I = \mathbf{R}$ で無限回微分可能ですので n は任意にとれます. 9.1 節より $\forall k \in \mathbf{N}$, $f^{(k)}(x) = e^x$ ですから

$$f^{(k)}(0) = 1$$

です. よって次の式を得ます.

$$e^x = 1 + x + \frac{x^2}{2!} + \frac{x^3}{3!} + \cdots + \frac{x^n}{n!} + R_{n+1} \tag{10.4}$$

ただし $\forall p \in (0, n+1]$, $\exists \theta \in (0,1)$

$$R_{n+1} = \frac{(1-\theta)^{n+1-p}}{n!p} e^{(\theta x)} x^{n+1} \tag{10.5}$$

例 10.3 $\sin x$ に Maclaurin の定理を適用します. $f(x) = \sin x$ は $I = \mathbf{R}$ で無限回微分可能ですので n は任意にとれます. 9.1 節より $\forall k \in \mathbf{N}$, $f^{(k)}(x) = \sin\left(x + \frac{k\pi}{2}\right)$ ですから

$$f^{(k)}(0) = \sin\left(\frac{k\pi}{2}\right) = \begin{cases} 0 & k = 2l \\ (-1)^l & k = 2l+1 \end{cases}$$

です. よって x^{2l} の項はありません. $n = 2m+1$ とすると

$$\sin x = x - \frac{x^3}{3!} + \frac{x^5}{5!} - \cdots + (-1)^m \frac{x^{2m+1}}{(2m+1)!} + R_{n+1} \tag{10.6}$$

ただし $\forall p \in (0, n+1]$, $\exists \theta \in (0,1)$

$$R_{n+1} = \frac{(1-\theta)^{n+1-p}}{n!p} \sin\left(\theta x + \frac{(n+1)\pi}{2}\right) x^{n+1} \tag{10.7}$$

例 10.4 $\log(1+x)$ に Maclaurin の定理を適用します．$f(x) = \log(1+x)$ は $I = (-1, \infty)$ で無限回微分可能ですので n は任意にとれます．9.1 節より $\forall k \in \mathbf{N}, f^{(k)}(x) = (-1)^{k-1}(k-1)!(1+x)^{-k}$ ですから

$$f^{(k)}(0) = (-1)^{k-1}(k-1)!$$

です．よって次の式を得ます．

$$\log(1+x) = x - \frac{x^2}{2} + \frac{x^3}{3} - \cdots + (-1)^{n-1}\frac{x^n}{n} + R_{n+1} \qquad (10.8)$$

ただし $\forall p \in (0, n+1], \exists \theta \in (0, 1)$

$$R_{n+1} = \frac{(1-\theta)^{n+1-p}}{p}(-1)^n(1+\theta x)^{-(n+1)}x^{n+1} \qquad (10.9)$$

例 10.5 $(1+x)^\alpha$ に Maclaurin の定理を適用します．$f(x) = (1+x)^\alpha$ は $I = (-1, \infty)$ で無限回微分可能ですので n は任意にとれます．9.1 節より $f^{(k)}(x) = \alpha(\alpha-1)\cdots(\alpha-k+1)(1+x)^{\alpha-k}$ ですから

$$f^{(k)}(0) = \alpha(\alpha-1)\cdots(\alpha-k+1)$$

です．よって次の式を得ます．

$$(1+x)^\alpha = 1 + \alpha x + \frac{\alpha(\alpha-1)}{2}x^2 + \cdots + \frac{\alpha(\alpha-1)\cdots(\alpha-n+1)}{n!}x^n + R_{n+1} \qquad (10.10)$$

ただし $\forall p \in (0, n+1], \exists \theta \in (0, 1)$

$$R_{n+1} = \frac{(1-\theta)^{n+1-p}}{n!p}\alpha(\alpha-1)\cdots(\alpha-n)(1+\theta x)^{\alpha-n-1}x^{n+1} \qquad (10.11)$$

10.2 Maclaurin 級数

$f(x)$ を 0 を含む開区間 I で無限回微分可能とします．このとき Maclaurin の定理により，$\forall n \in \mathbf{N}, \forall x \in I$ に対して

$$f(x) = f(0) + f'(0)x + \frac{f''(0)}{2!}x^2 + \cdots + \frac{f^{(n)}(0)}{n!}x^n + R_{n+1}$$

でした．ここで R_{n+1} は x に従属しています．もし

$$\forall x \in I, \ R_{n+1} \to 0 \ (n \to \infty) \tag{10.12}$$

が成り立つとき，$f(x)$ は I で Maclaurin 級数に展開ができるといい

$$f(x) = f(0) + f'(0)x + \frac{f''(0)}{2!}x^2 + \cdots + \frac{f^{(n)}(0)}{n!}x^n + \cdots$$
$$= \sum_{r=0}^{\infty} \frac{f^{(r)}(0)}{r!}x^r, \ x \in I$$

と書きます．

注意 10.2 (10.12) は x を固定して $R_n \to 0 \ (n \to \infty)$ を考えています．各 $x \in I$ で R_n の 0 への近づき方が異なっても構いません．また Taylor の定理 (定理 9.6) で (10.12) が成り立つとき，Taylor 級数といいます．Maclaurin 級数は $x = 0$ での Taylor 級数です．

例 10.6 e^x の Maclaurin 級数を求めなさい．

(10.5) で $p = n + 1$ とし Lagrange の剰余を使います．$\forall x \in \mathbf{R}$ に対して

$$|R_{n+1}| = \left| \frac{1}{(n+1)!} e^{(\theta x)} x^{n+1} \right| \le \frac{|x|^{n+1}}{(n+1)!} e^{|x|} \to 0 \ (n \to \infty)$$

となります (問 1.7 (3))．したがって (10.4) より

$$e^x = 1 + x + \frac{x^2}{2!} + \frac{x^3}{3!} + \cdots + \frac{x^n}{n!} + \cdots, \ x \in \mathbf{R}$$

例 10.7 $\sin x$ の Maclaurin 級数を求めなさい．

(10.7) で $p = n + 1$ とし Lagrange の剰余を使います．$\forall x \in \mathbf{R}$ に対して

$$|R_{n+1}| = \left| \frac{1}{(n+1)!} \sin\left(\theta x + \frac{(n+1)\pi}{2}\right) x^{n+1} \right| \le \frac{|x|^{n+1}}{(n+1)!} \to 0 \ (n \to \infty)$$

となります (問 1.7 (3))．したがって (10.6) より

$$\sin x = x - \frac{x^3}{3!} + \frac{x^5}{5!} - \cdots + (-1)^m \frac{x^{2m+1}}{(2m+1)!} + \cdots, \ x \in \mathbf{R}$$

となります．$\cos x$ の Maclaurin 級数も同様に求めてみてください．次のよう

になります．
$$\cos x = 1 - \frac{x^2}{2!} + \frac{x^4}{4!} - \cdots + (-1)^m \frac{x^{2m}}{(2m)!} + \cdots, \ x \in \mathbf{R}$$

例 10.8 $\log(1+x)$ の Maclaurin 級数を求めなさい．

(10.9) を見ると前の 2 つの例と比べて $n!$ が分母にありません．このことから Maclaurin の定理が成立する $(-1, \infty)$ 全体では $R_{n+1} \to 0 \ (n \to \infty)$ とはなりません．実際は $\forall x \in (-1, 1]$ に対して $R_{n+1} \to 0 \ (n \to \infty)$ となります．$x \in [0, 1]$ のときは，(10.9) で $p = n+1$ とし Lagrange の剰余を使うと

$$|R_{n+1}| = \left|\frac{1}{(n+1)}(-1)^n(1+\theta x)^{-(n+1)}x^{n+1}\right| \leq \frac{1}{(n+1)} \to 0 \ (n \to \infty)$$

です．また $x \in (-1, 0)$ のときは，(10.9) で $p = 1$ として Cauchy の剰余を使うと $|x| < 1$ より

$$R_{n+1} = \left|(1-\theta)^n(-1)^n(1+\theta x)^{-(n+1)}x^{n+1}\right|$$
$$= \left(\frac{1-\theta}{1+\theta x}\right)^n \frac{|x|^{n+1}}{1+\theta x} \leq \frac{|x|^{n+1}}{1+\theta x} \to 0 \ (n \to \infty)$$

です．したがって (10.8) より

$$\log(1+x) = x - \frac{x^2}{2} + \frac{x^3}{3} - \cdots + (-1)^{n-1}\frac{x^n}{n} + \cdots, \ \ x \in (-1, 1]$$

例 10.9 $(1+x)^\alpha$ の Maclaurin 級数を求めなさい．

この場合も Maclaurin の定理が成立する $(-1, \infty)$ 全体では $R_{n+1} \to 0 \ (n \to \infty)$ とはなりません．実際は $\forall x \in (-1, 1)$ に対して $R_{n+1} \to 0 \ (n \to \infty)$ となります．$x \in (-1, 1)$ とし，(10.11) で $p = 1$ として Cauchy の剰余を使うと

$$|R_{n+1}| = \left|\frac{(1-\theta)^n}{n!}\alpha(\alpha-1)\cdots(\alpha-n)(1+\theta x)^{\alpha-n-1}x^{n+1}\right|$$
$$= \left|\frac{(\alpha-1)\cdots(\alpha-n)}{n!}x^n\right| \cdot |\alpha x|\left(\frac{1-\theta}{1+\theta x}\right)^n (1+\theta x)^{-1}(1+\theta x)^\alpha$$
$$\leq \left|\frac{(\alpha-1)\cdots(\alpha-n)}{n!}x^n\right| \cdot |\alpha|(1-|x|)^{-1}(1+\mathrm{sgn}(\alpha)|x|)^\alpha$$

となります．ここで $\mathrm{sgn}(\alpha)$ は $\alpha > 0$ のとき 1, $\alpha = 0$ のとき 0, $\alpha < 0$ のとき

-1 とします. 最後の式の右辺で n は第 1 項にのみに入っています. この項を a_n とすると

$$\lim_{n\to\infty} \frac{a_{n+1}}{a_n} = \lim_{n\to\infty} \left|\frac{\alpha - n - 1}{n + 1}x\right| = |x| < 1$$

です. よって問 1.6 より $\lim_{n\to\infty} a_n = 0$ となります. $|R_{n+1}| \to 0$, $x \in (-1, 1)$ が得られ (10.10) より

$$(1+x)^\alpha = 1 + \alpha x + \cdots + \frac{\alpha(\alpha - 1)\cdots(\alpha - n + 1)}{n!}x^n + \cdots, \quad x \in (-1, 1)$$

となります.

以上の Maclaurin 級数をまとめておきます.

$$e^x = 1 + x + \frac{x^2}{2!} + \frac{x^3}{3!} + \cdots + \frac{x^n}{n!} + \cdots, \qquad x \in \mathbf{R}$$

$$\sin = x - \frac{x^3}{3!} + \frac{x^5}{5!} - \cdots + (-1)^m \frac{x^{2m+1}}{(2m+1)!} + \cdots, \qquad x \in \mathbf{R}$$

$$\cos x = 1 - \frac{x^2}{2!} + \frac{x^4}{4!} - \cdots + (-1)^m \frac{x^{2m}}{(2m)!} + \cdots, \qquad x \in \mathbf{R}$$

$$\log(1 + x) = x - \frac{x^2}{2} + \frac{x^3}{3} - \cdots + (-1)^{n-1}\frac{x^n}{n} + \cdots, \qquad x \in (-1, 1]$$

$$(1+x)^\alpha = 1 + \alpha x + \cdots + \frac{\alpha(\alpha - 1)\cdots(\alpha - n + 1)}{n!}x^n + \cdots, \quad x \in (-1, 1)$$

次ページのグラフは上述の関数とその Maclaurin 級数から得られる 11 次多項式のグラフです. $\cos x$ の場合は 10 次多項式です. 最初の e^x は近似がよいので $-2 < x < 2$ の範囲では差が表示されません. $\sin x, \cos x$ に関しては近似多項式の次数を上げれば近似の区間はいくらでも広げることができます. 一方, $\log(1+x)$ と $\sqrt{1+x}$ については級数に展開できる範囲が限られています. 多項式の次数を上げてもその範囲から外れると近似が大きく崩れます.

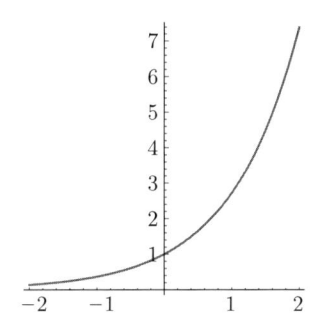

図 **10.1**　e^x と多項式近似

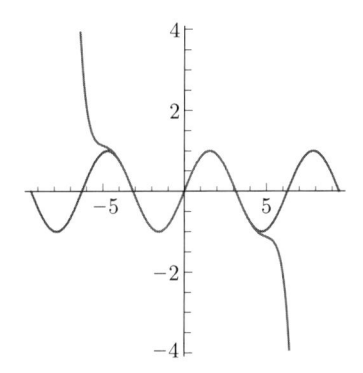

図 **10.2**　$\sin x$ と多項式近似

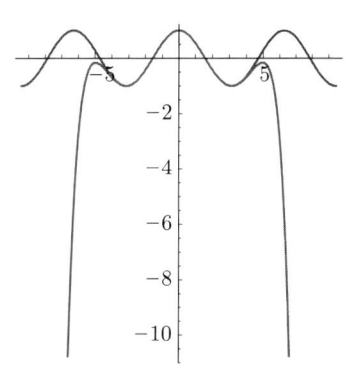

図 **10.3**　$\cos x$ と多項式近似

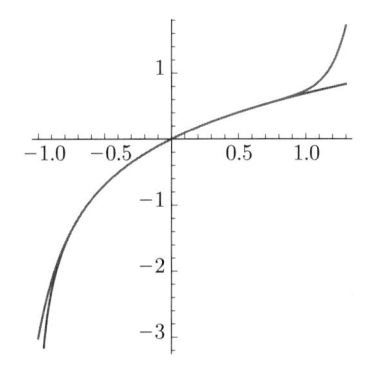

図 **10.4**　$\log(1+x)$ と多項式近似

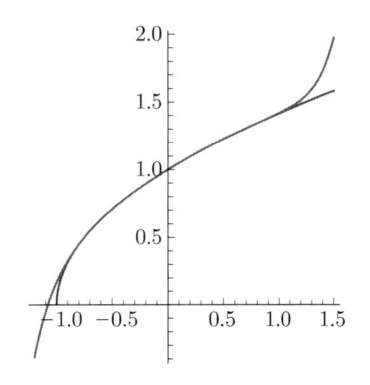

図 **10.5**　$\sqrt{1+x}$ と多項式近似

10.3 収束の速さ

$f(x)$ が 0 を含む開区間 I で無限回微分可能で $\forall x \in I$, $R_{n+1} \to 0$ ($n \to \infty$) のとき, Maclaurin 級数

$$f(x) = f(0) + f'(0)x + \frac{f''(0)}{2!}x^2 + \cdots + \frac{f^{(n)}(0)}{n!}x^n + \cdots$$

が得られました. この級数の収束の速さは $n \to \infty$ としたときの $R_{n+1} \to 0$ の速さに他なりません. この収束の速さの違いは前節の例の剰余項の評価で確かめられます. ここでは具体的に x を固定して関数の違いによる収束の速さの違いを調べてみましょう.

例 10.10 e^x の Maclaurin 級数を用いた e の計算.
e^x の Maclaurin 級数より $x = 1$ として

$$e = 1 + 1 + \frac{1}{2!} + \frac{1}{3!} + \cdots + \frac{1}{n!} + \cdots$$

です. $x = 1$ のとき

$$|R_{n+1}| \leq \frac{e}{(n+1)!} \to 0 \ (n \to \infty)$$

すなわち $R_n = O\left(\dfrac{1}{n!}\right)$ ($n \to \infty$) です. これはとても速く 0 に収束します. 実際に Maclaulin 級数を第 11 項まで計算すると

$$1 + 1 + \frac{1}{2!} + \frac{1}{3!} + \cdots + \frac{1}{11!} = 2.7182818261\cdots$$

となり $e = 2.7182818284\cdots$ と小数点以下 8 桁が一致します. 図 10.1 の $x = 0$ での近傍ではグラフに差が現われませんでした.

例 10.11 $\arctan x$ の Maclaurin 級数を用いた π の計算.
最初に $y = \arctan x$ の Maclaurin 級数を求めます. 例 9.2 より

$$y^{(n)}(0) = (n-1)! \sin\left(\frac{n\pi}{2}\right)$$

です. さらに $\forall x \in (-1, 1)$ に対して Lagrangue の剰余は

$$|R_{n+1}| \leq \frac{n!}{(n+1)!}x^{n+1} = \frac{1}{n+1}x^{n+1} \to 0 \ (n \to \infty)$$

です．したがって Maclaurin 級数

$$\arctan x = x - \frac{x^3}{3} + \frac{x^5}{5} - \cdots, \ x \in (-1, 1)$$

が得られます．$\arctan 1 = \dfrac{\pi}{4}$ ですから上式で $x = 1$ として (第 II 巻, 第 16 章参照)，

$$\pi = 4\Big(1 - \frac{1}{3} + \frac{1}{5} - \cdots\Big)$$

となります．この場合 $R_n = O\Big(\dfrac{1}{n}\Big)$ $(n \to \infty)$ ですから前例に比べると収束は非常に遅いことが分かります．実際に Maclaulin 級数を第 11 項まで計算すると

$$4\Big(1 - \frac{1}{3} + \frac{1}{5} - \cdots - \frac{1}{11}\Big) = 2.97604\cdots$$

となり $\pi = 3.14159\cdots$ からはだいぶ離れています．図 10.6 の $x = 1$ での近傍ではグラフに差が現われています．

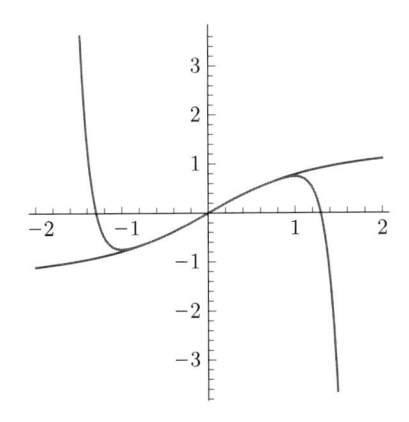

図 **10.6** $\arctan x$ と 11 次多項式近似

10.4　演習問題

問 10.1　$\sin 2x$ の Maclaurin 級数を求めなさい．

問 10.2　$|x| < 1$ のとき，$\sqrt{1+x^2}$ の Maclaurin 級数を求めなさい．

問 10.3　$|x| < 1$ のとき，$\log\left(\dfrac{1+x}{1-x}\right)$ の Maclaurin 級数を求めなさい．

問 10.4　$e^x + e^{-x}$ の Maclaurin 級数を求めなさい．

問 10.5　$-1 \leq x < 1$ のとき，$e^x + \log(1-x)$ の Maclaurin 級数を 4 次の項まで求めなさい．

問 10.6　$-\dfrac{\pi}{2} < x \leq \dfrac{\pi}{2}$ のとき，$\log(1+\sin x)$ の Maclaurin 級数を 4 次の項まで求めなさい．

問 10.7　$|x| < 1$ のとき，$\sqrt{1-x+x^2}$ の Maclaurin 級数を 3 次の項まで求めなさい．

問 10.8　$|x| < 1$ のとき，$\dfrac{(1+x)^{1/x}}{e}$ の Maclaurin 級数を 3 次の項まで求めなさい．

問 10.9　$|x| < 1$ のとき，$(1-x)^{1/5}$ の Maclaurin 級数を 2 次の項まで求め，それを利用して $\sqrt[5]{30}$ の近似値を求めなさい．
(ヒント：$30 = 32\left(1 - \dfrac{1}{16}\right)$ と変形する)

問 10.10　$0 < x < 1$ のとき，$\sqrt{1+x}$ を $1 + \dfrac{1}{2}x$ で近似すればその誤差は $\dfrac{x^2}{8}$ で押さえられることを示しなさい．

第 11 章

関数の変動

この章では $f(x)$ の微分 —— 微分係数 $f'(a)$ や導関数 $f'(x)$ —— を用いて $f(x)$ の増減・極値・凹凸・変曲などを調べます.

11.1 関数の増減

$y = f(x)$ が $x = x_0$ の δ–近傍 $I_\delta(x_0) = (x_0 - \delta,\ x_0 + \delta)$ で定義され, 近傍内の 2 点 x_1, x_2 に対して, $x_1 < x_0 < x_2$ であればつねに $f(x_1) < f(x_0) < f(x_2)$ となるとき, f はその δ–近傍で増加状態であるといいます. 減少状態も同様に定義します.

定理 11.1 $f(x)$ が $x_0 \in (a,b)$ で $(2n+1)$ 回微分可能で
$$f'(x_0) = f''(x_0) = \cdots = f^{(2n)}(x_0) = 0,\ \ f^{(2n+1)}(x_0) > 0$$
であれば $\exists \delta > 0,\ |x - x_0| < \delta$ で $f(x)$ は増加状態である. $f^{(2n+1)}(x_0) < 0$ のときは減少状態である.

証明 $n = 0$ のときは, $f(x)$ は $x_0 \in (a,b)$ で微分可能ですから
$$\lim_{x \to x_0} \frac{f(x) - f(x_0)}{x - x_0} = f'(x_0) > 0$$
です. よって $\exists \delta > 0$ を十分に小さくとれば $|x - x_0| < \delta$ なる x に対して左辺の分数は右辺と同符号, すなわち正です. このとき $x - x_0 > 0$ ならば $f(x) -$

$f(x_0) > 0$, $x - x_0 < 0$ ならば $f(x) - f(x_0) < 0$ となり $f(x)$ は増加状態です。$n > 1$ のときは、定理の仮定と Taylor の定理より

$$f(x) = f(x_0) + \frac{1}{(2n)!}f^{(2n)}(x_0 + \theta(x - x_0))(x - x_0)^{2n}, \quad 0 < \theta < 1$$

です。ところで $f^{(2n+1)}(x_0) > 0$ ですから $n = 0$ の場合の結果より、$\exists \delta > 0$, $|x - x_0| < \delta$ で $f^{(2n)}(x)$ は増加状態です。$f^{(2n)}(x_0) = 0$ より $\forall x > x_0$, $|x - x_0| < \delta$ に対して $f^{(2n)}(x) > 0$ となります。とくに $|(x_0 + \theta(x - x_0)) - x_0| = |\theta(x - x_0)| < \delta$ ですから $f^{(2n)}(x_0 + \theta(x - x_0)) > 0$ です。したがって上式より $f(x) > f(x_0)$ です。$\forall x < x_0$ の場合も同様に $f(x) < f(x_0)$ が得られるので $f(x)$ は増加状態です。 □

定理 11.2 $f(x)$ が (a, b) で微分可能で、$\forall x \in (a, b)$, $f'(x) > 0$ であれば、$f(x)$ は $[a, b]$ で狭義単調増加である。$f'(x) < 0$ のときは狭義単調減少である。また等号を許すと $f'(x) \geq 0$ のとき単調増加, $f'(x) \leq 0$ のとき単調減少となる。$(a = -\infty, b = +\infty$ でもよい。$)$

証明 $a \leq x_1 < x_2 \leq b$ とすれば平均値の定理より

$$\frac{f(x_1) - f(x_2)}{x_1 - x_2} = f'(c) > 0, \quad c \in (a, b)$$

です。したがって $f(x_1) < f(x_2)$ となり狭義単調増加です。等号を許した場合は $f(x_1) \leq f(x_2)$ となり単調増加です。符号が逆の場合も同様です。 □

例 11.3 $x - \sin x$ は $\mathbf{R}$ で狭義単調増加であることを示しなさい。

$\forall n \in \mathbf{Z}$ に対して区間 $[2n\pi, 2(n+1)\pi]$ を考えます。$f(x) = x - \sin x$ はこの区間で連続, $(2n\pi, 2(n+1)\pi)$ で微分可能です。$x \in (2n, 2(n+1)\pi)$ に対して $f'(x) = 1 - \cos x > 0$ です。したがって $f(x)$ は $[2n\pi, 2(n+1)\pi]$ で狭義単調増加です。$f(2n\pi) = 2n\pi$ に注意して $f(x)$ が $\mathbf{R}$ で狭義単調増加であることが分かります。

例 11.4 $x > 0$ のとき $\log(1 + x) < x$ を示しなさい。

$f(x) = x - \log(1 + x)$ とすると $[0, \infty)$ で連続, $(0, \infty)$ で微分可能です。$x \in$

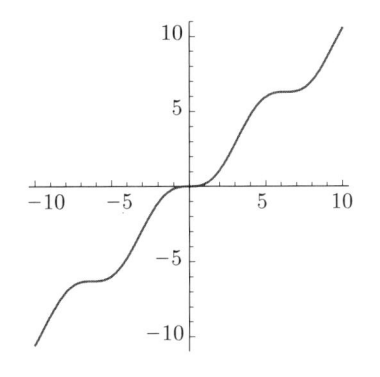

図 11.1　$x - \sin x$ のグラフ

図 11.2　$x - \log(1+x)$ のグラフ

$(0, \infty)$ に対して $f'(x) = 1 - \dfrac{1}{1+x} = \dfrac{x}{1+x} > 0$ です．よって $f(x)$ は $[0, \infty)$ で狭義単調増加です．$f(0) = 0$ より $x > 0$ のとき $f(x) > 0$ となります．

11.2　極大・極小の判定

$f(x)$ が $x_0 \in (a, b)$ で微分可能で広義の極値をとれば $f'(x_0) = 0$ でした (定理 8.1)．しかし逆は一般には成り立ちません (注意 8.1)．したがって $f'(x_0) = 0$ となる点は極大・極小・いずれでもないに分類できます．ここでは高階の微分を用いてその判定を考えてみます．

定理 11.5　$f(x)$ は x_0 で n 回微分可能で

$$f'(x_0) = f''(x_0) = \cdots = f^{(n-1)}(x_0) = 0, \quad f^{(n)}(x_0) \neq 0$$

とする．このとき

$$\begin{cases} n \text{ は偶数}, \ f^{(n)}(x_0) > 0 & \Longrightarrow \ x_0 \text{ で極小} \\ n \text{ は偶数}, \ f^{(n)}(x_0) < 0 & \Longrightarrow \ x_0 \text{ で極大} \\ n \text{ は奇数} & \Longrightarrow \ x_0 \text{ で極値でない} \end{cases}$$

証明　n が偶数で $f^{(n)}(x_0) > 0$ の場合を示します．このとき $n-1$ は奇数で $(f')^{(n-1)}(x_0) = f^{(n)}(x_0) > 0$ ですから f' に定理 11.1 を適用すると，$f'(x)$

は $|x - x_0| < \delta$ で増加状態です. $f'(x_0) = 0$ より $f'(x)$ は $x - x_0 > 0$ で正, $x - x_0 < 0$ で負です. よって定理 11.2 より $f(x)$ は $x - x_0 > 0$ で狭義単調増加, $x - x_0 < 0$ で狭義単調減少です. したがって x_0 は極小です. n が偶数で $f^{(n)}(x_0) < 0$ の場合も同様に示されます. n が奇数のときは定理 11.1 より $f(x)$ は $|x - x_0| < \delta$ で増加状態あるいは減少状態ですから極値ではありません. □

例 11.6 $f(x) = x^4$ とすると $f'(0) = f''(0) = f'''(0) = 0$, $f^{(4)}(0) = 24 > 0$ です. したがって $x = 0$ は極小点です (図 11.3). $g(x) = x^5$ のときは $g'(0) = g''(0) = g'''(0) = 0$, $g^{(4)}(0) = 0$, $g^{(5)}(0) = 120 > 0$ です. よって $x = 0$ は極値ではありません. (図 11.4)

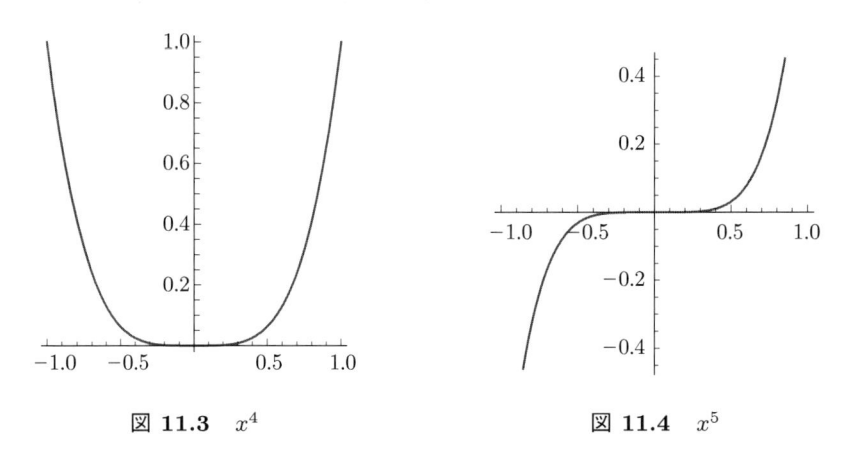

図 11.3 x^4

図 11.4 x^5

11.3 関数の凹凸

$\forall x, x_1, x_2,\ a \leq x_1 < x < x_2 \leq b$ に対して

$$\frac{f(x) - f(x_1)}{x - x_1} \leq \frac{f(x_2) - f(x)}{x_2 - x} \tag{11.1}$$

が成り立つとき $f(x)$ は $I = [a, b]$ で下に凸であるといいます. (11.1) を $f(x)$ について解くと

$$f(x) \leq \frac{(x_2 - x)f(x_1) + (x - x_1)f(x_2)}{x_2 - x_1}$$

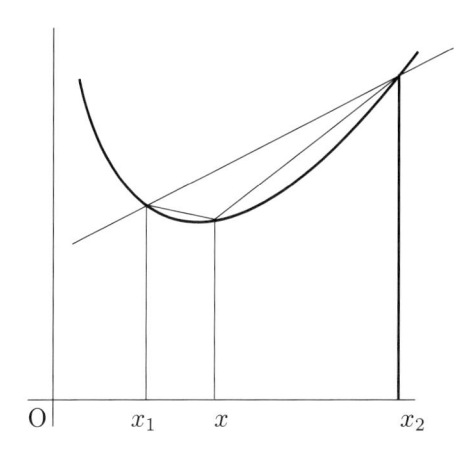

図 **11.5**　下に凸

となります．ここで $\lambda = \dfrac{x_2 - x}{x_2 - x_1}$, $\mu = \dfrac{x - x_1}{x_2 - x_1}$ とおくと (11.1) は

$$f(\lambda x_1 + \mu x_2) \leq \lambda f(x_1) + \mu f(x_2), \quad \lambda > 0,\ \mu > 0,\ \lambda + \mu = 1$$

の形に書き直すことができます．

定理 11.7　$f(x)$ が (a,b) で微分可能なとき次の 2 つは同値である．
(1)　$f(x)$ は $[a,b]$ で下に凸．
(2)　$f'(x)$ は $[a,b]$ で単調増加である．

証明　(1) $\Rightarrow$ (2) : (11.1) で $x \to x_1$ とすれば

$$f'(x_1) \leq \frac{f(x_2) - f(x_1)}{x_2 - x_1}$$

です．同様に $x \to x_2$ とすれば

$$\frac{f(x_2) - f(x_1)}{x_2 - x_1} \leq f'(x_2)$$

です．よって $f'(x_1) \leq f'(x_2)$ となり $f'(x)$ は単調増加です．
(2) $\Rightarrow$ (1) : 平均値の定理を使えば

$$\frac{f(x) - f(x_1)}{x - x_1} = f'(\xi_1), \quad \frac{f(x_2) - f(x)}{x_2 - x} = f'(\xi_2)$$

と書けます. ここで $x_1 < \xi_1 < x < \xi_2 < x_2$ です. $f'(x)$ は単調増加ですから $f'(\xi_1) \leq f'(\xi_2)$ となり求める不等式 (11.1) を得ます. □

とくに $f(x)$ が 2 回微分可能で $f''(x) \geq 0$ のときは定理 11.2 より $f'(x)$ は単調増加関数となります. よって次の定理が成り立ちます.

定理 11.8 $f(x)$ が (a,b) で 2 回微分可能で, $\forall x \in (a,b)$, $f''(x) \geq 0$ であれば $f(x)$ は $[a,b]$ で下に凸である.

注意 11.1 $f'(x)$ が $[a,b]$ で単調増加であれば, $f(x)$ は下に凸です. (11.1) で $x_1 \to x$ および $x_2 \to x$ を考えれば $\forall x$, $a < x_1 < x < x_2 < b$ に対して

$$f'(x) \leq \frac{f(x_2) - f(x)}{x_2 - x}, \quad \frac{f(x) - f(x_1)}{x - x_1} \leq f'(x) \tag{11.2}$$

となります. このことは $[a,b]$ の各点で接線はグラフの上側にいくことはないことを意味します. ただし端点では片側微分係数を使って接線を考えます. 実際, $(x_0, f(x_0))$ での接線が x_0 の右側でグラフの上側にあると $\exists x'_2$, $x_0 < x'_2$ で $(x_0, f(x_0))$ と $(x'_2, f(x'_2))$ を結ぶ線分の傾きが接線の傾きより小さくなります. これは (11.2) に矛盾します.

例 11.9 $x \in \left(0, \dfrac{\pi}{2}\right)$ のとき $\dfrac{2}{\pi} x < \sin x < x$ を示しなさい.

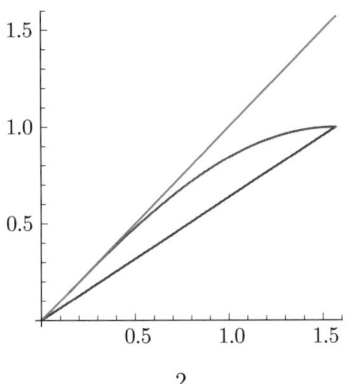

図 11.6 $\dfrac{2}{\pi} x, \sin x, x$

$f(x) = \sin x$ は $I = \left[0, \dfrac{\pi}{2}\right]$ で連続, $\left(0, \dfrac{\pi}{2}\right)$ で 2 階微分可能で $f''(x) = -\sin x < 0$ です. よって $f(x)$ は I で上に凸です. 注意 11.1 より各点での接線がグラフの下側にいくことはありません. $x = 0$ での接線は $y = x$ ですから $\sin x \leq x$ です. また上に凸ですから $(0,0)$ と $\left(\dfrac{\pi}{2}, 1\right)$ を結ぶ線分よりグラフは上側です. よって $\sin x \geq \dfrac{2}{\pi} x$ です. 等号は端点のみで成立するので求める不等式を得ます.

11.4 停留点と変曲点

停留点とは $f'(x_0) = 0$ となる点です. このとき x_0 は極大・極小・いずれでもないのどれかです. 変曲点とは $f(x)$ のグラフ上の点 $(x_0, f(x_0))$ でグラフの凹凸が変化するところです. 定理 11.8 より $f(x)$ が 2 回微分可能であれば変曲点 x_0 では

$$f''(x_0) = 0$$

でなければなりません. しかし $f''(x_0) = 0$ だからといって必ずしも凹凸が変化するとは限りません.

定理 11.10 $f(x)$ が x_0 で $(2n+1)$ 回微分可能で

$$f''(x_0) = f'''(x_0) = \cdots = f^{(2n)}(x_0) = 0, \quad f^{(2n+1)}(x_0) \neq 0$$

であれば $(x_0, f(x_0))$ は変曲点である.

証明 $(f'')^{(2n-1)}(x_0) = f^{(2n+1)}(x_0) \neq 0$ ですから定理 11.1 より $f''(x)$ は x_0 で増加状態あるいは減少状態です. $f''(x_0) = 0$ より $f''(x)$ は x_0 の左右で符号を変えます. したがって $f'(x)$ は x_0 の左右で増減を変え, $f(x)$ の凹凸が変化します (定理 11.7). したがって $(x_0, f(x_0))$ は変曲点です. □

例 11.11 $f(x) = x^4$ とすると $f''(0) = 0$ ですが $(0,0)$ は極小点で変曲点ではありません. $g(x) = x^5$ は $g'(0) = g''(0) = g'''(0) = 0$, $g^{(4)}(0) = 0$, $g^{(5)}(0) = 120 > 0$ です. よって $(0,0)$ は変曲点です (図 11.3, 図 11.4).

11.5 演習問題

問 11.1 $\dfrac{1}{1+x^2}$, $I=(0,\infty)$ は単調減少関数であることを示しなさい.

問 11.2 $\dfrac{\sin x}{x}$, $I=\left(0,\dfrac{\pi}{2}\right)$ は単調減少関数であることを示しなさい.

問 11.3 $f(x)$ が (a,b) で 2 回微分可能, $f''(x)>0$ であれば, $\dfrac{f(x)-f(c)}{x-c}$, $c\in(a,b)$ は x の単調増加関数であることを示しなさい.

問 11.4 $f(x)$ が $I=[0,a]$ で 2 回微分可能, $f(0)=0$, $f''(x)>0$ であれば, $\dfrac{f(x)}{x}$ は I で単調増加関数であることを示しなさい.

問 11.5 次の不等式が $(0,\infty)$ で成り立つことを示しなさい.

(1) $\sin x > x - \dfrac{x^3}{6}$ (2) $\log(1+x) < x$ (3) $1-x < e^{-x}$

問 11.6 $\arctan\sqrt{1-x} < \dfrac{\pi-x}{4}$, $0<x\leq 1$ を示しなさい.

問 11.7 $a>0$ とする. $\exists x>0, \log(ax)-x>0$ となる a の範囲を求めよ.

問 11.8 次の関数の極値を求めなさい.

(1) $(x-1)^2(x-2)^2$ (2) $\dfrac{1+x}{1+x^2}$ (3) $|x(x-1)(x-2)|$

問 11.9 次の関数の極値を求めなさい.

(1) $x-2\sin x$, $x\in(0,2\pi)$ (2) $e^x + e^{-x} + 2\cos x$, $x\in \mathbf{R}$

(3) $e^{-x}\cos x$, $x\in(0,2\pi)$

問 11.10 次の関数が下に凸であることを示しなさい.

(1) $x+\sqrt{x^2+a^2}$, $x\in(0,\infty)$ (2) $x+1+\dfrac{2}{x}$, $x\in(0,\infty)$

(3) $e^{-x}\cos x$, $x\in(0,\pi)$

第 12 章

関数の概形

$y = f(x)$ のグラフを描くのがこの章の目的です．前章で学んだ関数の増減・極値・凹凸・変曲点などを手がかりにグラフを描きます．

12.1 増減表

関数の増減・極値・凹凸・変曲点を 1 つの表にまとめたのが増減表です．例で説明しましょう．

例 12.1 $f(x) = x^4 - 4x^3$ の増減表を作りグラフの概形を描きなさい．
$f'(x) = 0$ となる点を求め $f'(x)$ の符号を調べます．

$$f'(x) = 4x^3 - 12x^2 = 4x^2(x-3)$$

より $f'(x) = 0$ となるのは $x = 0, 3$ で

$$f'(x) > 0,\ x \in (3, \infty),\quad f'(x) < 0,\ x \in (-\infty, 3)$$

です．次に $f''(0) = 0$ となる点を求め $f''(x)$ の符号を調べます．

$$f''(x) = 12x^2 - 24x = 12x(x-2)$$

より $f''(x) = 0$ となるのは $x = 0, 2$ で

$$f''(x) > 0,\ x \in (-\infty, 0) \cup (2, \infty),\quad f''(x) < 0,\ x \in (0, 2)$$

です．これらの情報をまとめたのが次の増減表です．

x		0		2		3	
$f'(x)$	$-$	0	$-$	$-$	$-$	0	$+$
$f''(x)$	$+$	0	$-$	0	$+$	$+$	$+$
$f(x)$	↘	0	↘	-16	↘	-27	↗

$f(x)$ の欄の数字は $x = 0, 2, 3$ での $f(x)$ の値です．また矢印は例えば $f'(x)$ が $-$, $f''(x)$ が $+$ であれば $f(x)$ は減少し下に凸ですから下に凸な ↘ を描いています．組み合わせは次の 4 通りです．

$f'(x)$	$+$	$+$	$-$	$-$
$f''(x)$	$+$	$-$	$+$	$-$
$f(x)$	↗	↗	↘	↘

このように増減表が完成するとグラフの概形が描けます．

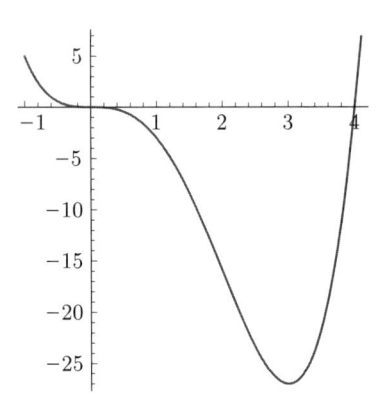

図 12.1　$x^4 - 4x^3$

12.2　定義域

例 12.2　$f(x) = \dfrac{x^3}{x^2 - 2}$ の増減表を作りグラフの概形を描きなさい．

前節と同じように $f'(x), f''(x)$ を計算して増減表を作ります．

$$f'(x) = \frac{x^2(x^2 - 6)}{(x^2 - 2)^2}, \quad f''(x) = \frac{4x(x^2 + 6)}{(x^2 - 2)^3}$$

ですから $f'(x) = 0$ となるのは $x = 0, \pm\sqrt{6}$, $f''(x) = 0$ となるのは $x = 0$ です．これから増減表を作るのですが，ここで落とし穴があります．この $f(x)$ は $x = \pm\sqrt{2}$ では定義されていません．本来であれば

$$f(x) = \frac{x^3}{x^2 - 2}, \ x \neq \pm\sqrt{2}$$

と書くべきなのですが，慣習で $x \neq \pm\sqrt{2}$ は省略されます．$x = \pm\sqrt{2}$ では $f(x), f'(x), f''(x)$ の値は定義されません．増減表には × を入れます．ただし，$x \to \sqrt{2} \pm 0, x \to -\sqrt{2} \mp 0$ としたときの片側極限値が存在するときはその値を入れる場合もあります．またその極限値に $\pm\infty$ を許して $\pm\infty$ を記入する場合もあります．

x		$-\sqrt{6}$		$-\sqrt{2}$		0		$\sqrt{2}$		$\sqrt{6}$	
$f'(x)$	$+$	0	$-$	$\times$	$-$	0	$-$	$\times$	$-$	0	$+$
$f''(x)$	$-$	$-$	$-$	$\times$	$+$	0	$-$	$\times$	$+$	$+$	$+$
$f(x)$	↗	$\dfrac{-3\sqrt{3}}{2}$	↘	$\times$	↘	0	↘	$\times$	↘	$\dfrac{3\sqrt{3}}{2}$	↗

増減表が完成したので一応グラフを描けるのですが，きれいなグラフを描くためもう少しグラフの情報を探ります．次節に続きます．

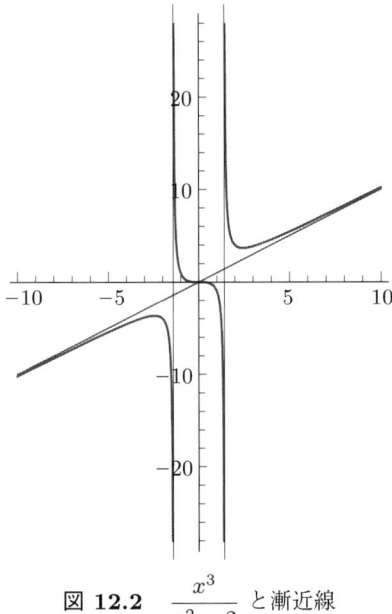

figure 12.2 $\dfrac{x^3}{x^2-2}$ と漸近線

12.3 漸近線

$f(x)$ が $x \to \infty$ のときある直線 $ax+b$ に近づくとき, すなわち

$$f(x) - (ax+b) = o(1)\ (x \to \infty)$$

となるときこの直線を $f(x)$ の $x \to \infty$ のときの漸近線といいます. このとき,
$\dfrac{f(x)}{x} - \left(a + \dfrac{b}{x}\right) = o\left(\dfrac{1}{x}\right)$ より $\dfrac{f(x)}{x} - a = o\left(\dfrac{1}{x}\right) \to 0\ (x \to \infty)$ となり

$$a = \lim_{x \to \infty} \frac{f(x)}{x}$$

です. a が分かれば

$$b = \lim_{x \to \infty} (f(x) - ax)$$

より b も分かります. $x \to -\infty$ に対しても同様に漸近線を定義できます.

前節の例では $f(x) = \dfrac{x^3}{x^2-2}$ でしたから

$$a = \lim_{x \to \pm\infty} \frac{1}{x} \cdot \frac{x^3}{x^2-2} = 1$$

$$b = \lim_{x \to \pm\infty} \left(\frac{x^3}{x^2-2} - x\right) = \lim_{x \to \pm\infty} \frac{2x}{x^2-2} = 0$$

です．したがって $y = x$ が $x \to \pm\infty$ のときの漸近線です．以上のことは

$$f(x) = x + \frac{2x}{x^2-2}$$

と書き換えても容易に得られます．最後に

$$\lim_{x \to -\sqrt{2}\pm 0} f(x) = \pm\infty, \quad \lim_{x \to \sqrt{2}\pm 0} f(x) = \pm\infty$$

に注意します．このことから $f(x)$ は直線 $x = \pm\sqrt{2}$ にも近づいていきます．以上のことから

$$y = x, \quad x = \pm\sqrt{2}$$

の 3 本の漸近線が見つかりました．したがってグラフは図 12.2 のようになります．$f(x)$ が奇関数であることにも注意しましょう．

例 12.3 $y = \dfrac{2x^2 + x + 1}{x+1}$ の漸近線を求めなさい．

$\displaystyle\lim_{x \to \pm\infty} \frac{1}{x} \cdot \frac{2x^2+x+1}{x+1} = 2, \displaystyle\lim_{x \to \pm\infty} \left(\frac{2x^2+x+1}{x+1} - 2x\right) = \lim_{x \to \pm\infty} \frac{-x+1}{x+1} = -1$ より $y = 2x - 1$ は漸近線です．また $\displaystyle\lim_{x \to -1\pm 0} \frac{2x^2+x+1}{x+1} = \pm\infty$ より $x = -1$ も漸近線です．

注意 12.1 漸近線は直線ですが，直線に限らずグラフを描きやすい関数 $g(x)$ で漸近すること，すなわち

$$f(x) - g(x) = o(1) \quad (x \to \infty)$$

とすることもグラフを描く上で大きな情報となります．

例 12.4　$f(x) = \dfrac{x^3+2}{x}$ の増減表を作りグラフの概形を描きなさい.

$$f'(x) = \frac{2(x^3-1)}{x^2}, \quad f''(x) = \frac{2(x^3+2)}{x^3}$$

です. したがって $f'(x) = 0$ となるのは $x = 1$, $f''(x) = 0$ となるのは $x = -\sqrt[3]{2}$ です. また $x = 0$ では定義されません. 以上のことから増減表は次のようになります.

x		$-\sqrt[3]{2}$		0		1	
$f'(x)$	−	−	−	×	−	0	+
$f''(x)$	+	0	−	×	+	+	+
$f(x)$	↘	0	↘	×	↘	3	↗

ところで

$$f(x) = x^2 + \frac{2}{x}$$

ですから

$$f(x) - x^2 = o(1) \ (x \to \pm\infty)$$

です. すなわち $x \to \pm\infty$ のとき 2 次曲線 $y = x^2$ に漸近します. したがってグラフは次ページのようになります.

12.4　演習問題

問 12.1　$2x^3 - 3x^2$ のグラフを描きなさい.

問 12.2　$\dfrac{x}{x^2+3}$ のグラフを描きなさい.

問 12.3　$x - 3 + \dfrac{1}{x}$ のグラフを描きなさい.

図 **12.3** $x^2 + \dfrac{2}{x}$ と x^2

問 12.4 $x^2 + \log|x|$ のグラフを描きなさい.

問 12.5 $(1+\cos x)\sin x$ のグラフを描きなさい. $(0 \leq x \leq 2\pi)$

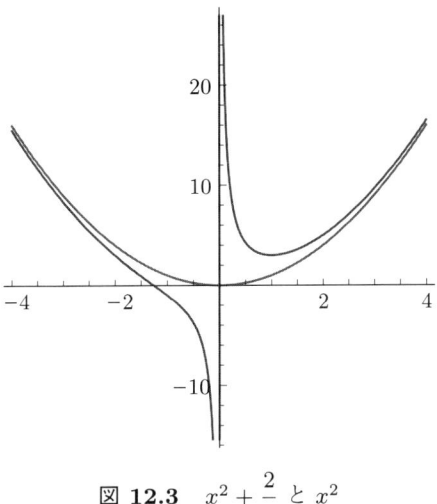

問 12.6 $\dfrac{e^x}{\sin x}$ のグラフを描きなさい. $(0 \leq x \leq 2\pi)$

問 12.7 $x^5 - 5x + 2 = 0$ の実数解の個数を求めなさい.

問 12.8 $x^4 - 4x^3 - 2x^2 + 12x - 2k = 0$ の実数解の個数を調べなさい.

問 12.9 $\arctan x = \dfrac{x}{1+x^2} + k$ の実数解の個数を調べなさい.

問 12.10 $x^3 + px + q = 0$ が 3 個の実数解をもつ必要十分条件は

$$4p^3 + 27q^2 < 0$$

であることを示しなさい.

第 13 章

不定積分

微分の逆演算が不定積分です．与えられた関数 $f(x)$ に対して、$F'(x) = f(x)$ となる関数 $F(x)$ を f の不定積分あるいは原始関数といいます．F が f の不定積分であるとき，$F(x) + c$ (c は任意定数) も f の不定積分です．実際 $(F(x) + c)' = F'(x) + c' = f(x)$ です．また F, G が f の不定積分のとき $F(x) = G(x) + c$ となります．実際 $(F - G)' = F' - G' = 0$ より $F - G$ は定数です (問 8.6)．以上のことから f の不定積分を

$$\int f(x)\, dx = F(x) + c \ (c \text{ は定数}) \tag{13.1}$$

と書きます．本書では $+c$ (c は定数) をしばしば省略して表すことにします．また積分記号の中の $f(x)$ を被積分関数といいます．

13.1 基本公式

不定積分の基本公式です．右辺を微分して左辺の被積分関数になることを確かめてください．

(1) $\displaystyle\int x^\alpha\, dx = \frac{x^{\alpha+1}}{\alpha+1}$ ($\alpha \neq -1$)

(2) $\displaystyle\int \frac{1}{x}\, dx = \log|x|$

(3) $\displaystyle\int e^x\, dx = e^x$

(4) $\int a^x \, dx = \dfrac{a^x}{\log a}$ $(a > 0,\ a \neq 1)$

(5) $\int \sin x \, dx = -\cos x,\quad \int \cos x \, dx = \sin x$

(6) $\int \tan x \, dx = -\log|\cos x|,\quad \int \cot x \, dx = \log|\sin x|$

(7) $\int \dfrac{1}{\cos^2 x}\, dx = \tan x,\quad \int \dfrac{1}{\sin^2 x}\, dx = -\cot x \quad \left(\cot x = \dfrac{1}{\tan x}\right)$

(8) $\int \dfrac{1}{x^2 + a^2}\, dx = \dfrac{1}{a}\arctan \dfrac{x}{a}$ $(a \neq 0)$

(9) $\int \dfrac{1}{x^2 - a^2}\, dx = \dfrac{1}{2a}\log\left|\dfrac{x-a}{x+a}\right|$ $(a \neq 0)$

(10) $\int \dfrac{1}{\sqrt{a^2 - x^2}} = \arcsin \dfrac{x}{a}$ $(a > 0)$

(11) $\int \dfrac{1}{\sqrt{x^2 + A}} = \log|x + \sqrt{x^2 + A}|$ $(A \neq 0)$

(12) $\int \sqrt{a^2 - x^2}\, dx = \dfrac{1}{2}\left(x\sqrt{a^2 - x^2} + a^2 \arcsin \dfrac{x}{a}\right)$

(13) $\int \sqrt{x^2 + A}\, dx = \dfrac{1}{2}\left(x\sqrt{x^2 + A} + A \log|x + \sqrt{x^2 + A}|\right)$

(14) $\int \sinh x \, dx = \cosh x,\quad \int \cosh x \, dx = \sinh x$

(9a) $\int \dfrac{1}{x^2 - a^2}\, dx = -\dfrac{1}{a}\operatorname{arctanh} \dfrac{x}{a}$ $(a \neq 0)$

(11a) $\int \dfrac{1}{\sqrt{x^2 + a^2}} = \operatorname{arcsinh} \dfrac{x}{a}$ $(a > 0)$

(11b) $\int \dfrac{1}{\sqrt{x^2 - a^2}} = \operatorname{arccosh} \dfrac{x}{a}$ $(a < 0)$

注意 13.1 x の定義域に注意してください．(1) は $\alpha \geq 0$ であれば $[0, \infty)$，$\alpha < 0$ であれば $(0, \infty)$ です．(2) は $x \neq 0$，(6) と (7) の第 1 式は $x \neq \pm\dfrac{\pi}{2} + 2n\pi$ $(n \in \mathbf{Z})$，第 2 式は $x \neq \pm n\pi$ $(n \in \mathbf{Z})$ です．(9), (9a), (11b) では $x \neq \pm a$ です．残りの場合は $\mathbf{R}$ 全体です．でも実際はこれらは暗黙の了解として明

示しません (注意 14.1). また右辺の $+c$ を省略しているので (9) と (9a), (11) と (11a), (11b) の右辺には定数の差があります.

定理 7.1 (1), (2) により微分は線形な作用素でした. したがってその逆演算の不定積分も線形な作用素になります. 不定積分の線形性は次の定理にまとめられます. 実際に微分の線形性を用いて右辺を微分すれば, 左辺の被積分関数が得られます.

定理 13.1

(1) $\displaystyle\int (f(x)+g(x))\,dx = \int f(x)dx + \int g(x)\,dx$

(2) $\displaystyle\int \alpha f(x)\,dx = \alpha \int f(x)\,dx$ (α は定数)

13.2 置換積分

不定積分は微分の逆演算ですから, 微分の各公式に対して不定積分の公式が得られます. ここでは合成関数の微分の公式を思い出しましょう. $y=f(x)$, $x=g(t)$ のとき

$$\frac{d}{dt}f(g(t)) = f'(g(t))g'(t)$$

でした. ここで $\displaystyle\int f(x)\,dx = F(x)$, $x=\phi(t)$ としましょう. $F'(x)=f(x)$ ですから上の公式から

$$\frac{d}{dt}F(\phi(t)) = F'(x)\phi'(t) = f(\phi(t))\phi'(t)$$

です. よって $\displaystyle\int f(\phi(t))\phi'(t)\,dt = F(\phi(t)) = F(x) = \int f(x)\,dx$ です. $x=\phi(t)$ と置換することにより dx が $\phi'(t)\,dt$ に変わるので形式的に

$$dx = \phi'(t)\,dt$$

と書きます．また $x = \phi(t)$ と置換することは変数 x を変数 t に変えることですので，変数変換ともいいます．

定理 13.2 (置換積分)

$$\int f(x)\,dx = \int f(\phi(t))\phi'(t)\,dt, \quad x = \phi(t)$$

例 13.3 $\int x\sqrt{x+1}\,dx$ を求めなさい．

$t = \sqrt{x+1}$ とすれば $x = t^2 - 1$ です．したがって $dx = 2t\,dt$ となり

$$\int x\sqrt{x+1}\,dx = \int (t^2-1)2t^2\,dt = \frac{2}{5}t^5 - \frac{2}{3}t^3$$
$$= \frac{2}{15}(\sqrt{x+1})^3(3x-2)$$

例 13.4 $\int \frac{f'(x)}{f(x)}\,dx$ を求めなさい．

$t = f(x)$ とすれば $dt = f'(x)\,dx$ となり

$$\int \frac{f'(x)}{f(x)}\,dx = \int \frac{1}{t}\,dt = \log|t| = \log|f(x)|$$

例 13.5 $\int \sqrt{a^2 - x^2}\,dx\ (a > 0)$ を求めなさい．

$x = a\sin t$ とすれば $dx = a\cos t$ です．$t = \arcsin\dfrac{x}{a}$, $\sin 2t = 2\sin t\cos t = 2a^{-2}x\sqrt{a^2-x^2}$ より

$$\int \sqrt{a^2-x^2}\,dx = a^2 \int \cos^2 t\,dt = a^2 \int \frac{1+\cos 2t}{2}\,dt$$
$$= a^2\Big(\frac{t}{2} + \frac{\sin 2t}{4}\Big) = \frac{1}{2}\Big(a^2 \arcsin\frac{x}{a} + x\sqrt{a^2-x^2}\Big)$$

13.3 部分積分

ここでは積の微分の公式を思い出しましょう．

$$(fg)' = f'g + fg'$$

でした. ここで $G(x) = \int g(x)\,dx$ とし $f(x)G(x)$ を微分します. すると上の公式から $(fG)' = f'G + fG' = f'G + fg$ となります. よって積分の線形性から $f(x)G(x) = \int f'(x)G(x)dx + \int f(x)g(x)\,dx$ です.

定理 13.6 (部分積分)

$$\int f(x)g(x)\,dx = f(x)G(x) - \int f'(x)G(x)\,dx, \quad G(x) = \int g(x)\,dx$$

例 13.7 $\int \log|x|\,dx$ を求めなさい.

$$\int \log|x|\,dx = \int \log|x| \cdot 1\,dx = x\log|x| - \int \frac{1}{x}x\,dx = x\log|x| - x$$

例 13.8 $\int e^{ax}\cos bx\,dx,\ \int e^{ax}\sin bx\,dx \quad (a^2+b^2 \neq 0)$ を求めなさい.

$$I = \int e^{ax}\cos bx\,dx = \frac{1}{b}e^{ax}\sin bx - \frac{a}{b}\int e^{ax}\sin bx\,dx$$

$$= \frac{1}{b}e^{ax}\sin bx + \frac{a}{b^2}e^{ax}\cos bx - \frac{a^2}{b^2}\int e^{ax}\cos bx\,dx$$

$$= \frac{1}{b}e^{ax}\sin bx + \frac{a}{b^2}e^{ax}\cos bx - \frac{a^2}{b^2}I$$

整理すれば

$$\frac{a^2+b^2}{b^2}I = \frac{e^{ax}}{b^2}(b\sin bx + a\cos bx)$$

となります. よって次の最初の式を得ます. $\int e^{ax}\sin bx\,dx$ の場合も同様に求めてください.

$$\int e^{ax}\cos bx\,dx = \frac{e^{ax}}{a^2+b^2}(b\sin bx + a\cos bx),$$

$$\int e^{ax}\sin bx\,dx = \frac{e^{ax}}{a^2+b^2}(a\sin bx - b\cos bx)$$

例 13.9 $\int \sqrt{x^2 + A}\, dx\ (A \neq 0)$ を求めなさい.

$$I = \int \sqrt{x^2 + A}\, dx = \int \sqrt{x^2 + A} \cdot 1\, dx$$

$$= x\sqrt{x^2 + A} - \int x \frac{x}{\sqrt{x^2 + A}}\, dx$$

$$= x\sqrt{x^2 + A} - \int \frac{x^2 + A - A}{\sqrt{x^2 + A}}\, dx = x\sqrt{x^2 + A} - I + \int \frac{A}{\sqrt{x^2 + A}}\, dx$$

$$= x\sqrt{x^2 + A} - I + A\log\left|x + \sqrt{x^2 + A}\right| \qquad (基本公式 (11))$$

よって

$$\int \sqrt{x^2 + A}\, dx = \frac{1}{2}\left(x\sqrt{x^2 + A} + A\log\left|x + \sqrt{x^2 + A}\right|\right)$$

となります.

13.4　漸化式

披積分関数に $n \in \mathbf{N}$ が入っているとき, 漸化式を作ることによって不定積分が求まる場合があります.

例 13.10 $I_n = \int x^n e^{kx} dx\ (k \neq 0)$ のとき

$$I_n = \frac{1}{k}(x^n e^{kx} - nI_{n-1})$$

この漸化式を順次に用いれば, I_n の計算を $I_0 = \frac{1}{k}e^{kx}$ に帰着させることができます. この漸化式は次のようにして示されます.

$$I_n = x^n \cdot \frac{e^{kx}}{k} - \frac{n}{k}\int x^{n-1} e^{kx}\, dx$$

$$= \frac{1}{k}(x^n e^{kx} - nI_{n-1})$$

例 13.11 $I_n = \displaystyle\int \sin^n x \, dx \ (n \neq 0)$ のとき

$$I_n = \frac{1}{n}\Big(-\cos x \sin^{n-1} x + (n-1)I_{n-2} \Big)$$

この漸化式を順次に用いれば，I_n の計算を $I_0 = x$ あるいは $I_1 = -\cos x$ に帰着させることができます．この漸化式は次のようにして示されます．

$$\begin{aligned}
I_n &= \int \sin^{n-2} x \sin^2 x \, dx = \int \sin^{n-2} x (1 - \cos^2 x) \, dx \\
&= I_{n-2} - \int \cos x \cdot \sin^{n-2} x \cos x \, dx \\
&= I_{n-2} - \cos x \cdot \frac{1}{n-1} \sin^{n-1} x + \int (-\sin x) \frac{1}{n-1} \sin^{n-1} x \, dx \\
&= I_{n-2} - \cos x \cdot \frac{1}{n-1} \sin^{n-1} x - \frac{1}{n-1} I_n
\end{aligned}$$

最後の項を左辺に移項して整理すれば求める漸化式が得られます．

例 13.12 $I_n = \displaystyle\int \frac{1}{(x^2 + A)^n} dx \ (A \neq 0, \ n > 1)$ のとき

$$I_n = \frac{1}{2(n-1)A}\left(\frac{x}{(x^2+A)^{n-1}} + (2n-3)I_{n-1} \right)$$

この漸化式を順次に用いれば，I_n の計算を I_1（基本公式の (8), (9)）に帰着させることができます．この漸化式は次のようにして示されます．

$$\begin{aligned}
AI_n &= \int \frac{x^2 + A - x^2}{(x^2+A)^n} dx = I_{n-1} - \int x \cdot \frac{x}{(x^2+A)^n} dx \\
&= I_{n-1} + x \cdot \frac{1}{2(n-1)} \frac{1}{(x^2+A)^{n-1}} - \int 1 \cdot \frac{1}{2(n-1)} \frac{1}{(x^2+A)^{n-1}} dx \\
&= I_{n-1} + \frac{1}{2(n-1)} \frac{x}{(x^2+A)^{n-1}} - \frac{1}{2(n-1)} I_{n-1}
\end{aligned}$$

これを整理して求める漸化式が得られます．

13.5　演習問題

問 13.1　次の関数を積分しなさい．

(1) $\displaystyle\int \frac{1}{x^3 - x}\,dx$　　(2) $\displaystyle\int \frac{x}{\sqrt{x^4 - 3}}\,dx$　　(3) $\displaystyle\int \frac{x^3}{\sqrt{x^8 + 5}}\,dx$

(4) $\displaystyle\int x\sqrt{x^2 + 3}\,dx$　　(5) $\displaystyle\int \frac{x^2 + 2}{\sqrt[3]{x^3 + 6x - 2}}\,dx$　　(6) $\displaystyle\int \frac{1}{e^x + e^{-x}}\,dx$

(7) $\displaystyle\int \frac{1}{x \log |x|}\,dx$　　(8) $\displaystyle\int \frac{x}{\sqrt{a^2 - x^2}}\,dx$　　(9) $\displaystyle\int \frac{x^7}{x^{12} - 1}\,dx$

問 13.2　次の関数を積分しなさい．

(1) $\displaystyle\int \frac{x}{x^2 + 4}\,dx$　　(2) $\displaystyle\int \frac{\sin x}{2 + 3\cos x}\,dx$　　(3) $\displaystyle\int \frac{x \sin x}{x \cos x - \sin x}\,dx$

問 13.3　$\displaystyle\int \frac{x^4 - 1}{x^2 \sqrt{x^4 + x^2 + 1}}\,dx$ を $x + \dfrac{1}{x} = t$ として計算しなさい．

問 13.4　$\displaystyle\int \frac{1}{x^3(x^2 + 1)}\,dx$ を $1 + \dfrac{1}{x^2} = t$ として計算しなさい．

問 13.5　$\displaystyle\int \frac{1}{(x^2 - 1)^3}\,dx$ を計算しなさい．

問 13.6　次の関数を積分しなさい．

(1) $\displaystyle\int x^3 e^{-x^2}\,dx$　　(2) $\displaystyle\int \frac{\log |x|}{x}\,dx$　　(3) $\displaystyle\int e^x \sin^2 x\,dx$

問 13.7　$I_n = \displaystyle\int (\log |x|)^n\,dx$ の漸化式を作りなさい．

問 13.8　$I_n = \displaystyle\int x^n \sin x\,dx$ の漸化式を作りなさい．

問 13.9　$I_n = \displaystyle\int \tan^n x\,dx$ の漸化式を作りなさい．

問 13.10　$I_n = \displaystyle\int (\arcsin x)^n\,dx$ の漸化式を作りなさい．

第 14 章
有理関数の積分

$f(x), g(x)$ を実係数の多項式としたとき $\dfrac{f(x)}{g(x)}$ で表される関数を有理関数といいます.この章では有理関数の不定積分 $\displaystyle\int \dfrac{f(x)}{g(x)}\,dx$ を考えます.結論は必ず積分できます.

14.1 多項式環

整数全体 $\mathbf{Z}$ はいろいろとよい性質を持っています.商を除く演算 $(\pm, \times)$ で閉じていて結合法則や分配法則が成り立ちます.整数環といいます.

> 環:集合 S に 2 つの演算 (加法と乗法) が定義され, 加法に関しては Abel 群, 乗法に関しては結合法則と分配法則が成り立つとき S を環といいます. $\mathbf{Z}, \mathbf{Q}, \mathbf{R}, \mathbf{C}$ は環です. またこれらの環を係数とする多項式の全体も環になります.

$\forall a \in \mathbf{Z}$ に対して素因数分解

$$a = p_1^{k_1} p_2^{k_2} p_3^{k_3} \cdots p_n^{k_n}, \quad p_i \text{ 素数}, \ k_i \in \mathbf{N}$$

が一意にできます.また $\forall a, b \in \mathbf{Z}$ に対して

$$\exists m, r \in \mathbf{Z},\ 0 \leq r < b,\ a = mb + r$$

と表すことができます．さらにユークリッドの互除法を用いると a, b の最大公約数 $(a, b) = d$ を $\exists m, n \in \mathbf{Z}$, $ma + nb = d$ と表すことができます．とくに $d = 1$ (a, b が互いに素) のときは

$$\exists m, n \in \mathbf{Z},\ ma + nb = 1$$

です．このとき $\forall c \in \mathbf{Z}$ を

$$\exists k, l \in \mathbf{Z},\ ka + lb = c$$

と表せます．実際 $k = cm$, $l = cn$ です．

複素係数の多項式全体を $\mathbf{C}[x]$ とします．すると $\mathbf{C}[x]$ は $\mathbf{Z}$ と同じようによい性質をもっていて多項式環とよばれます．$\mathbf{Z}$ の素因数分解に対応するのが Gauss の代数学の基本定理です．$\forall p(x) \in \mathbf{C}[x]$ に対して

$$p(x) = a(x - \alpha_1)^{m_1}(x - \alpha_2)^{m_2} \cdots (x - \alpha_n)^{m_n},\ \alpha_i \in \mathbf{C} \tag{14.1}$$

と一意に分解できます．$\forall p(x), q(x) \in \mathbf{C}[x]$ に対して

$$\exists m(x), r(x) \in \mathbf{C}[x],\ 0 \leq \deg r < \deg q,\ p(x) = m(x)q(x) + r(x) \tag{14.2}$$

と表すことができます．またユークリッドの互除法も使えて $p(x), q(x) \in \mathbf{C}[x]$ が共通因子を持たなければ

$$\exists m(x),\ n(x) \in \mathbf{C}[x],\ m(x)p(x) + n(x)q(x) = 1$$

とできます．よって $\forall r(x) \in \mathbf{C}[x]$ に対して

$$\exists k(x),\ l(x) \in \mathbf{C}[x],\ k(x)p(x) + l(x)q(x) = r(x) \tag{14.3}$$

とできます．とくに p, q が実係数の多項式のとき，ユークリッドの互除法で現れる商と余りも実係数の多項式になります．よって (14.3) の $k(x), l(x)$ は実係数の多項式です．詳しくは参考文献を参照してください．

14.2 部分分数展開

有理関数 $\dfrac{f(x)}{g(x)}$ の不定積分を考えます. 以下では $f(x), g(x)$ は実係数の多項式とします. (14.1) より $g(x)$ は複素数の範囲で

$$g(x) = a(x-\alpha_1)^{m_1}(x-\alpha_2)^{m_2}\cdots(x-\alpha_n)^{m_n},\ \alpha_i \in \mathbf{C}$$

と一意に因数分解できます. $g(x)$ が実係数であることに注意すると複素解 α は必ず共役で現れることが分かります.

$$(x-\alpha)(x-\bar{\alpha}) = x^2 - 2\Re\alpha \cdot x + |\alpha|^2 = (x-\Re\alpha)^2 + (\Im\alpha)^2$$

ですから, 実数の範囲では

$$g(x) = a(x-\alpha_1)^{m_1}(x-\alpha_2)^{m_2}\cdots(x-\alpha_k)^{m_k}$$
$$\times ((x-a_1)^2 + b_1^2)^{p_1}((x-a_2)^2 + b_2^2)^{p_2}\cdots((x-a_l)^2 + b_l^2)^{p_l}$$

と書けます. ただし $a, \alpha_i, a_j, b_j \in \mathbf{R}, b_j \neq 0$ です.

定理 14.1 (部分分数展開) 有理関数 $\dfrac{f(x)}{g(x)}$ は次の形に展開できる.

$$\frac{f(x)}{g(x)} = P(x) + \sum_{r=1}^{m_1} \frac{A_{1r}}{(x-\alpha_1)^r} + \sum_{r=1}^{m_2} \frac{A_{2r}}{(x-\alpha_2)^r} + \cdots + \sum_{r=1}^{m_k} \frac{A_{kr}}{(x-\alpha_k)^r}$$
$$+ \sum_{r=1}^{p_1} \frac{B_{1r}x + C_{1r}}{((x-a_1)^2 + b_1^2)^r} + \cdots + \sum_{r=1}^{p_l} \frac{B_{lr}x + C_{lr}}{((x-a_l)^2 + b_l^2)^r}$$

ただし $P(x)$ は実係数多項式, $\alpha_r, a_r, b_r, A_{ir}, B_{jr}, C_{jr}$ は実定数です.

証明 $\deg f \geq \deg g$ の場合は (14.2) により $f(x) = p(x)g(x) + r(x), p, r \in \mathbf{R}[x], 0 \leq \deg r < \deg g$ とかけるので $\dfrac{f}{g} = p + \dfrac{r}{g}$ となります. したがって $\deg f < \deg g$ の場合を証明すれば十分です. $(x-\alpha)$ を $g(x)$ の因子とし $g(x) = (x-\alpha)^m h(x)$, ただし $h(x)$ は $(x-\alpha)$ を因子に持たない多項式とします. すると (14.3) により $\exists m(x), n(x) \in \mathbf{C}[x], m(x)(x-\alpha)^m + n(x)h(x) = f(x)$ と書けます. よって

$$\frac{f(x)}{g(x)} = \frac{m(x)}{h(x)} + \frac{n(x)}{(x-\alpha)^m}$$

です．ここで第 1 項に今と同様の議論を行います．$\deg h < \deg g$ となることに注意してこの操作を帰納的にくりかえすと

$$\frac{f(x)}{g(x)} = Q(x) + \sum_{i=1}^{n} \frac{A_i(x)}{(x-\alpha_i)^{m_i}}$$

の形に書くことができます．ただし $Q(x)$ は多項式です．また第 2 項で分子の次数が分母の次数より大きいときは割り算をしてその商を Q の項に加えます．よって $\deg A_i < m_i$ として一般性を失いません．α_i が複素数のときは共役な項をまとめて

$$\frac{f(x)}{g(x)} = Q(x) + \sum_{i=1}^{k} \frac{A_i(x)}{(x-\alpha_i)^{m_i}} + \sum_{i=l}^{l} \frac{B_i(x)}{((x-a_i)^2 + b_i^2)^{p_i}}$$

になります．ただし $\deg B_i < 2p_i$ です．ここで分子の $A_i(x), B_i(x)$ をそれぞれ $x - \alpha_i, (x-a_i)^2 + b_i^2$ で割り，その商を同じように割っていくと次の形に書き換えることができます．

$$A_i(x) = \sum_{r=1}^{m_i} A_{ir}(x-\alpha_i)^{m_i-r},$$
$$B_i(x) = \sum_{r=1}^{p_i} (B_{ir}x + C_{ir})((x-a_i)^2 + b_i^2)^{p_i-r}$$

これを上式に代入します．左辺が共役で不変なことに注意して求める展開式が得られます． □

以上のことから有理関数の積分は次の 3 つの基本形

[1] 多項式

[2] $\dfrac{1}{(x-\alpha)^r}$

[3] $\dfrac{x+c}{((x-a)^2 + b^2)^r}$

の不定積分に帰着できることが分かりました．

注意 14.1 定理の証明を使って $\dfrac{f}{g}$ の部分分数展開を求めることは大変です．展開の存在は証明されたので，実際の計算は 14.4 節の例のように行います．

14.3　基本形の不定積分

前節 [1], [2] の不定積分は 13.1 節の基本公式 (1), (2) を用いれば容易にできます．ここでは [3] の不定積分について考えてみましょう．$x - a = t$ と置換して

$$\int \frac{x+c}{((x-a)^2+b^2)^r}\,dx = \int \frac{t+(a+c)}{(t^2+b^2)^r}\,dt$$
$$= \int \frac{t}{(t^2+b^2)^r}\,dt + (a+c)\int \frac{1}{(t^2+b^2)^r}\,dt$$

となります．このとき第 1 項は

$$\int \frac{t}{(t^2+b^2)^r}\,dt = \begin{cases} -\dfrac{1}{2(r-1)}\dfrac{1}{(t^2+b^2)^{r-1}} & r > 1 \\ \dfrac{1}{2}\log(t^2+b^2) & r = 1 \end{cases}$$

となります．第 2 項は例 13.12 の漸化式を用いて計算できます．$r \geq 2$ のとき

$$\int \frac{1}{(t^2+b^2)^r}\,dt = \frac{1}{2(r-1)b^2}\left(\frac{x}{(t^2+b^2)^{r-1}} + (2r-3)\int \frac{t}{(t^2+b^2)^{r-1}}\,dt\right)$$

を繰り返し用いて $r = 1$ のときに帰着させます．$r = 1$ のときは基本公式 (8):

$$\int \frac{1}{t^2+b^2}\,dt = \frac{1}{b}\arctan\frac{t}{b}$$

です．最後に $t = x - a$ ともとに戻して求める不定積分が得られます．

14.4　いろいろな例

例 14.2 $\displaystyle\int \frac{1}{x^2-a^2}\,dx$ を求めなさい．

$$\frac{1}{x^2-a^2} = \frac{1}{(x-a)(x+a)} = \frac{A}{x-a} + \frac{B}{x+a}$$

と部分分数に展開します．分母を払えば $1 = A(x+a) + B(x-a)$ です．$x = a$ として $A = \dfrac{1}{2a}$, $x = -a$ として $B = -\dfrac{1}{2a}$ を得ます．よって

$$\int \frac{1}{x^2-a^2}\,dx = \frac{1}{2a}\int\left(\frac{1}{x-a} - \frac{1}{x+a}\right)dx$$
$$= \frac{1}{2a}(\log|x-a| - \log|x+a|) = \frac{1}{2a}\log\left|\frac{x-a}{x+a}\right|$$

例 14.3 $\displaystyle\int \frac{2x^3-3x-3}{x^2-x-2}\,dx$ を求めなさい．

$$\frac{2x^3-3x-3}{x^2-x-2} = 2x+2 + \frac{3x+1}{(x-2)(x+1)}$$

です．第2項を

$$\frac{3x+1}{(x-2)(x+1)} = \frac{A}{x-2} + \frac{B}{x+1}$$

と部分分数に展開します．分母を払えば $3x+1 = A(x+1) + B(x-2)$ となります．よって $x=2$ として $A = \dfrac{7}{3}$, $x=-1$ として $B = \dfrac{2}{3}$ を得ます．以上のことから

$$\int \frac{2x^3-3x-3}{x^2-x-2}dx = \int\left(2x+2 + \frac{7}{3(x-2)} + \frac{2}{3(x+1)}\right)$$
$$= x^2 + 2x + \frac{7}{3}\log(x-2) + \frac{2}{3}\log(x+1)$$
$$= x^2 + 2x + \frac{1}{3}\log|(x-2)^7(x+1)^2|$$

例 14.4 $\displaystyle\int \frac{x^2}{(x^2+1)^2}\,dx$ を求めなさい．

$$\frac{x^2}{(x^2+1)^2} = \frac{Ax+B}{(x^2+1)^2} + \frac{Cx+D}{(x^2+1)}$$

の形に展開します. $x^2 = (x^2+1) - 1$ に注意すれば $A = 0$, $B = -1$, $C = 0$, $D = 1$ であることが分かります. よって例 13.12 を用いて

$$\int \frac{x^2}{(x^2+1)^2} dx = -\int \frac{1}{(x^2+1)^2} dx + \int \frac{1}{(x^2+1)} dx$$

$$= -\frac{1}{2}\Big(\frac{x}{(x^2+1)} + \arctan x\Big) + \arctan x$$

$$= \frac{1}{2}\arctan x - \frac{1}{2}\frac{x}{(x^2+1)}$$

例 14.5 $\int \frac{1}{x^3+1} dx$ を求めなさい.

$x^3 + 1 = (x+1)(x^2 - x + 1)$ より

$$\frac{1}{x^3+1} = \frac{A}{x+1} + \frac{Bx+C}{x^2-x+1}$$

と部分分数に展開します. $1 = A(x^2 - x + 1) + (Bx + C)(x+1)$ です. $x = -1$ として $A = \frac{1}{3}$, $x = 0$ として $1 = A + C$ よって $C = \frac{2}{3}$, $x = 1$ として $1 = A + 2(B + C)$ よって $B = -\frac{1}{3}$ となります. 以上のことから

$$\frac{1}{x^3+1} = \frac{1}{3(x+1)} - \frac{x-2}{3(x^2-x+1)}$$

$$= \frac{1}{3(x+1)} - \frac{2x-1}{6(x^2-x+1)} + \frac{1}{2(x^2-x+1)}$$

$$= \frac{1}{3(x+1)} - \frac{2x-1}{6(x^2-x+1)} + \frac{1}{2((x-\frac{1}{2})^2 + \frac{3}{4})}$$

となります. ここで右辺の 1 行目の第 2 項の分子 $x - 2$ を $x - 2 = \frac{2x-1}{2} - \frac{3}{2}$ と変形しています. よって

$$\int \frac{1}{x^3+1} dx = \frac{1}{3}\log|x+1| - \frac{1}{6}\log(x^2-x+1) + \frac{1}{2}\frac{2}{\sqrt{3}}\arctan\frac{2}{\sqrt{3}}\Big(x - \frac{1}{2}\Big)$$

$$= \frac{1}{6}\log\frac{(x+1)^2}{(x^2-x+1)} + \frac{1}{\sqrt{3}}\arctan\frac{(2x-1)}{\sqrt{3}}$$

例 14.6 $\int \dfrac{1}{x^4+x^2+1}\,dx$ を求めなさい.

$x^4+x^2+1 = (x^2+1)^2 - x^2 = (x^2-x+1)(x^2+x+1)$ ですから

$$\frac{1}{x^4+x^2+1} = \frac{Ax+B}{x^2-x+1} + \frac{Cx+D}{x^2+x+1}$$

と部分分数に展開します. 先と同様にして係数を決めると $-A = B = C = D = \dfrac{1}{2}$ が得られます. よって

$$\begin{aligned}\int \frac{1}{x^4+x^2+1}dx &= -\frac{1}{2}\int \frac{x-1}{x^2-x+1}dx + \frac{1}{2}\int \frac{x+1}{x^2+x+1}\,dx \\ &= -\frac{1}{2}\Big(\int \frac{x-1/2}{x^2-x+1}\,dx + \int \frac{-1/2}{x^2-x+1}\,dx\Big) \\ &\quad + \frac{1}{2}\Big(\int \frac{x+1/2}{x^2+x+1}\,dx + \int \frac{1/2}{x^2+x+1}\,dx\Big) \\ &= -\frac{1}{4}\log(x^2-x+1) + \frac{1}{2\sqrt{3}}\arctan\Big(\frac{2x-1}{\sqrt{3}}\Big) \\ &\quad + \frac{1}{4}\log(x^2+x+1) + \frac{1}{2\sqrt{3}}\arctan\Big(\frac{2x+1}{\sqrt{3}}\Big) \\ &= \frac{1}{4}\log\Big(\frac{x^2+x+1}{x^2-x+1}\Big) + \frac{1}{2\sqrt{3}}\arctan\Big(\frac{\sqrt{3}x}{1-x^2}\Big)\end{aligned}$$

となります. ただし最後の行の変形では $\arctan x$ の加法公式

$$\arctan x + \arctan y = \arctan\Big(\frac{x+y}{1-xy}\Big) \tag{14.4}$$

を用いています.

注意 14.2 この章では有理関数 $\dfrac{f(x)}{g(x)}$ の積分を考えました. 当然分母が 0 となるところでは有理関数は定義されません. また不定積分も実数全体で定義されているとは限りません. したがってきちんと書くならば定義域を明示するべきですが, 不定積分の計算では暗黙の了解で普通は定義域を書きません. 微分は x の近傍で定義される局所的な演算です. 不定積分はその逆演算ですから, やはり局所的に考えます. 不定積分が大局的に, 例えば実数全体で定義される必要はなく, あくまで局所的な微分の逆演算なのです.

14.5 演習問題

問 14.1 次の関数を積分しなさい.

(1) $\displaystyle\int \frac{2x}{1+x+x^2}\,dx$ (2) $\displaystyle\int \frac{2x}{1+x-x^2}\,dx$ (3) $\displaystyle\int \frac{2x}{x^2-6x+9}\,dx$

問 14.2 次の関数を積分しなさい.

(1) $\displaystyle\int \frac{x^2}{(x^2+2x+5)^2}\,dx$ (2) $\displaystyle\int \frac{x^2}{(x^2+2x+1)^2}\,dx$

問 14.3 次の関数を積分しなさい. $(a, b > 0, a \neq b)$

(1) $\displaystyle\int \frac{1}{(x^2+a^2)(x^2+b^2)}\,dx$ (2) $\displaystyle\int \frac{x}{(x^2+a^2)(x^2+b^2)}\,dx$

(3) $\displaystyle\int \frac{x^2}{(x^2+a^2)(x^2+b^2)}\,dx$

問 14.4 次の関数を積分しなさい.

(1) $\displaystyle\int \frac{1}{x^2+x-2}\,dx$ (2) $\displaystyle\int \frac{x^2}{x^4+x^2-2}\,dx$ (3) $\displaystyle\int \frac{1}{x^4-1}\,dx$

問 14.5 $\displaystyle\int \frac{x^3-2x^2+1}{(x-1)(x+3)}\,dx$ を求めなさい.

問 14.6 $\displaystyle\int \frac{4x^2-7x+1}{(x-1)^2(x-2)}\,dx$ を求めなさい.

問 14.7 $\displaystyle\int \frac{1}{x^3-1}\,dx$ を求めなさい.

問 14.8 $\displaystyle\int \frac{x}{x^3-1}\,dx$ を求めなさい.

問 14.9 $\displaystyle\int \frac{1}{x^4+1}\,dx$ を求めなさい.

問 14.10 $\displaystyle\int \frac{1}{(x^2+1)^3}\,dx$ を求めなさい.

第 15 章

無理関数・三角関数の積分

有理関数 $\dfrac{f(x)}{g(x)}$ のべき乗根 $\sqrt[n]{\dfrac{f(x)}{g(x)}}$ を無理式といいます．より一般に $R(x,y)$ を 2 変数の有理関数としたとき，$R\left(x, \sqrt[n]{\dfrac{f(x)}{g(x)}}\right)$ は無理関数とよばれます．その不定積分

$$\int R\left(x, \sqrt[n]{\dfrac{f(x)}{g(x)}}\right) dx$$

を考えましょう．有理関数と違い必ずしも不定積分が求まるとは限りません．ここではうまく計算できるいくつかの場合を紹介します．また $R(\cos x, \sin x)$ は三角関数とよばれます．この不定積分

$$\int R(\cos x, \sin x)\, dx$$

は適当な変数変換により有理関数の積分に帰着されます．したがって必ず不定積分を求めることができます．

15.1 無理関数

次の場合は適当な変数変換により有理関数の積分に帰着できます．変数変換の式 $x = \phi(t)$ を与えますので x, dx の計算を確かめてください．

[1] $\displaystyle\int R\left(x, \sqrt[n]{\frac{ax+b}{cx+d}}\right) dx, \quad ad-bc \neq 0,\ n \in \mathbf{Z},\ n \neq 0$

$$t = \sqrt[n]{\frac{ax+b}{cx+d}}, \quad x = \frac{-dt^n + b}{ct^n - a}$$

$$dx = \frac{n(ad-bc)t^{n-1}}{(ct^n - a)^2}\,dt$$

[2] $\displaystyle\int R(x, \sqrt{ax^2+bx+c})\,dx, \quad a > 0$

$$t = \sqrt{ax^2+bx+c} + \sqrt{a}\,x, \quad x = \frac{t^2 - c}{2\sqrt{a}\,t + b}$$

$$dx = \frac{2(\sqrt{a}\,t^2 + bt + \sqrt{a}\,c)}{(2\sqrt{a}\,t + b)^2}\,dt$$

[3] $\displaystyle\int R(x, \sqrt{ax^2+bx+c})\,dx, \quad a < 0$

$$\sqrt{ax^2+bx+c} = \sqrt{a(x-\alpha)(x-\beta)}$$
$$= \sqrt{-a}(\beta - x)\sqrt{\frac{x-\alpha}{\beta - x}}$$

よって [1] に帰着できます

また次の場合は次節の三角関数の積分に帰着できます.

[4] $\displaystyle\int R(x, \sqrt{a^2 - x^2})\,dx$

$$x = a\sin t, \quad dx = a\cos t\,dt$$

[5] $\displaystyle\int R(x, \sqrt{x^2 - a^2})\,dx$

$$x = \frac{a}{\cos t}, \quad dx = a\frac{\tan t}{\cos t}\,dt$$

[6] $\displaystyle\int R(x, \sqrt{x^2 + a^2})\,dx$

$$x = a\tan t, \quad dx = \frac{a}{\cos^2 t}\,dt$$

[1], [2], [3] の具体的な計算例を紹介します. [4], [5], [6] に関しては演習問題の問 15.5, 問 15.6, 問 15.7 を見てください.

例 15.1　$\displaystyle\int \frac{1}{(x-1)\sqrt{x+2}}\,dx$ を求めなさい.
$t=\sqrt{x+2}$ とすると
$$x = t^2 - 2, \quad dx = 2t\,dt$$
です. よって
$$\int \frac{1}{(x-1)\sqrt{x+2}}\,dx = \int \frac{1}{(t^2-3)t}\cdot 2t\,dt = \int \frac{2}{(t^2-3)}\,dt$$
$$= \frac{1}{\sqrt{3}}\log\left|\frac{t-\sqrt{3}}{t+\sqrt{3}}\right| = \frac{1}{\sqrt{3}}\log\left|\frac{\sqrt{x+2}-\sqrt{3}}{\sqrt{x+2}+\sqrt{3}}\right|$$

例 15.2　$\displaystyle\int \frac{1}{\sqrt{x^2+A}}\,dx$, $A\neq 0$ を求めなさい.
$t=\sqrt{x^2+A}+x$ とします. $(t-x)^2 = x^2+A$ より
$$x = \frac{t^2-A}{2t}, \quad dx = \frac{t^2+A}{2t^2}\,dt$$
です. また $\sqrt{x^2+A} = t-x = \dfrac{t^2+A}{2t}$ です. よって
$$\int \frac{1}{\sqrt{x^2+A}}\,dx = \int \frac{2t}{t^2+A}\cdot \frac{t^2+A}{2t^2}\,dt = \int \frac{1}{t}\,dt$$
$$= \log t = \log\left|\sqrt{x^2+A}+x\right|$$

例 15.3　$\displaystyle\int \frac{1}{(x+3)\sqrt{4-x^2}}\,dx$ を求めなさい.
$4-x^2 = (-1)(x+2)(2-x)$ に注意して $t = \sqrt{\dfrac{2-x}{x+2}}$ とおきます. このとき
$$x = \frac{2(1-t^2)}{1+t^2}, \quad dx = \frac{-8t}{(1+t^2)^2}\,dt$$
です. また $\sqrt{4-x^2} = \dfrac{4t}{1+t^2}$, $x+3 = \dfrac{5+t^2}{1+t^2}$ です. よって
$$\int \frac{1}{(x+3)\sqrt{4-x^2}}\,dx = \int \frac{1+t^2}{5+t^2}\frac{1+t^2}{4t}\cdot \frac{-8t}{(1+t^2)^2}\,dt = -2\int \frac{1}{t^2+5}\,dt$$

$$= -\frac{2}{\sqrt{5}} \arctan \frac{t}{\sqrt{5}} = -\frac{2}{\sqrt{5}} \arctan \sqrt{\frac{2-x}{5(x+2)}}$$

15.2 三角関数

　三角関数は次の変数変換により必ず有理関数の積分に帰着できます．したがって不定積分が求まります．

[1] $\displaystyle\int R(\sin x, \cos x)\, dx$

$$t = \tan \frac{x}{2}, \quad \sin x = \frac{2t}{1+t^2}, \quad \cos x = \frac{1-t^2}{1+t^2}$$

$$dx = \frac{2}{1+t^2}\, dt$$

また次の場合は別の変数変換によりやはり有理関数の不定積分に帰着できます．

[2] $\displaystyle\int R(\sin x, \cos^2 x) \cos x\, dx$

$$t = \sin x, \quad \cos x\, dx = dt$$

[3] $\displaystyle\int R(\sin^2 x, \cos x) \sin x\, dx$

$$t = \cos x, \quad -\sin x\, dx = dt$$

[4] $\displaystyle\int R(\sin^2 x, \cos^2 x, \tan x)\, dx$

$$t = \tan x, \quad \cos^{-2} x\, dx = dt$$

各場合の具体的な計算例を紹介します．

例 15.4 $\displaystyle\int \frac{1}{\sin x}\, dx$ を求めなさい．

$t = \tan \dfrac{x}{2}$ とすると

$$\int \frac{1}{\sin x}\, dx = \int \frac{1+t^2}{2t} \frac{2}{1+t^2}\, dt = \int \frac{1}{t}\, dt = \log|t| = \log\left|\tan \frac{x}{2}\right|$$

例 15.5 $\displaystyle\int \frac{\cos x}{7\sin x + 2\cos 2x}\, dx$ を求めなさい.

$\cos 2x = 2\cos^2 x - 1 = 1 - 2\sin^2 x$ より

$$7\sin x + 2\cos 2x = -(4\sin^2 x - 7\sin x - 2) = -(4\sin x + 1)(\sin x - 2)$$

となります. $t = \sin x$ とすると

$$\begin{aligned}\int \frac{\cos x}{7\sin x + 2\cos 2x}\, dx &= -\int \frac{1}{(4t+1)(t-2)}\, dt \\ &= \frac{1}{9}\int \left(\frac{4}{4t+1} - \frac{1}{t-2}\right) dt \\ &= \frac{1}{9}\log\left|\frac{4t+1}{t-2}\right| = \frac{1}{9}\log\left|\frac{4\sin x + 1}{\sin x - 2}\right|\end{aligned}$$

例 15.6 $\displaystyle\int \frac{1}{a^2\cos^2 x + b^2\sin^2 x}\, dx$ を求めなさい.

$\tan x = t$ とすると

$$\int \frac{1}{a^2\cos^2 x + b^2\sin^2 x}\, dx = \int \frac{1}{a^2 + b^2 t^2}\, dt = \frac{1}{ab}\arctan\left(\frac{b}{a}\tan x\right)$$

15.3 指数関数

$R(x)$ を有理関数としたとき $\displaystyle\int R(e^x)\, dx$ は

$$t = e^x, \quad dt = e^x\, dx = t\, dx$$

と変数変換して有理関数の積分に帰着できます.

例 15.7 $\displaystyle\int \frac{1}{e^x + 1}\, dx$ を求めなさい.

$$\int \frac{1}{e^x + 1}\, dx = \int \frac{1}{t+1}\cdot \frac{dt}{t} = \int \left(\frac{1}{t} - \frac{1}{1+t}\right) dt$$
$$= \log t - \log(1+t) = x - \log(1+e^x) \quad (t = e^x > 0)$$

15.4 初等関数の積分

有理関数, 無理関数, 三角関数, 逆三角関数, 指数関数, 対数関数の有限回の四則演算, べき乗根, 合成で書ける関数を初等関数といいます. 初等関数の微分は必ず初等関数です. しかし初等関数の不定積分は必ずしも初等関数になるとは限りません.

$R(x,y)$ を有理関数とします. $\phi(x)$ を 3 次あるいは 4 次の多項式としたとき

$$\int R(x,\sqrt{\phi(x)})$$

を楕円積分といいます. この不定積分は一般には初等関数では書けません. 楕円積分は適当な変数変換により次の標準形とよばれる不定積分に帰着されます.

第 1 種 $\displaystyle\int \frac{dx}{\sqrt{(1-x^2)(1-k^2x^2)}}$

第 2 種 $\displaystyle\int \sqrt{\frac{1-k^2x^2}{1-x^2}}\,dx$

第 3 種 $\displaystyle\int \frac{dx}{(1+cx^2)\sqrt{(1-x^2)(1-k^2x^2)}}\,dx$

ただし $0 < k < 1$ です. 第 2 種は楕円の周の長さの計算に現れます (例 20.11). さらには積分指数関数 $\displaystyle\int \frac{e^{ax}}{x}\,dx$ や積分対数関数 $\displaystyle\int \frac{1}{\log x}\,dx$ も初等関数では表せません. また $\displaystyle\int x^{n+1/2} e^{ax}\,dx\ (n\in\mathbf{Z})$ も初等関数では表せません. したがって $\displaystyle\int x^{2n} e^{ax^2}\,dx$ も初等関数では書けません. さらに p または m が負の整数のとき, $\displaystyle\int x^p \sin^m x\,dx$ や $\displaystyle\int x^p \cos^m x\,dx$ は $p=1$ かつ m が負の偶数の場合を除いて初等関数ではありません.

15.5 演習問題

問 15.1 次の関数を積分しなさい.

(1) $\displaystyle\int \frac{1}{(x-1)\sqrt{x+1}}\,dx$ (2) $\displaystyle\int \frac{1}{x\sqrt{1+x^n}}\,dx$

問 15.2 次の関数を積分しなさい.

(1) $\displaystyle\int \frac{1}{\sqrt{-8+6x-x^2}}\,dx$ (2) $\displaystyle\int \frac{1}{\sqrt{x^2-4x-5}}\,dx$

問 15.3 次の関数を積分しなさい.

(1) $\displaystyle\int \frac{1}{(1-x)\sqrt{1+x+x^2}}\,dx$ (2) $\displaystyle\int \frac{1}{(x+5)\sqrt{1+x+x^2}}\,dx$

問 15.4 次の関数を積分しなさい.

(1) $\displaystyle\int \frac{1}{(4-x^2)^{3/2}}\,dx$ (2) $\displaystyle\int \frac{1}{(2+3x)\sqrt{4-x^2}}\,dx$

問 15.5 $\displaystyle\int \frac{\sqrt{1-x^2}}{1+x^2}\,dx$ を求めなさい.

問 15.6 $\displaystyle\int \frac{1}{x^3\sqrt{x^2-1}}\,dx$ を求めなさい.

問 15.7 $\displaystyle\int \frac{1}{x^4\sqrt{1+x^2}}\,dx$ を求めなさい.

問 15.8 次の関数を積分しなさい.

(1) $\displaystyle\int \frac{1}{1+\cos x}\,dx$ (2) $\displaystyle\int \frac{1}{1-\cos x}\,dx$ (3) $\displaystyle\int \frac{1}{1+2\cos x}\,dx$

問 15.9 次の関数を積分しなさい.

(1) $\displaystyle\int \frac{\sin^2 x}{1+3\cos^2 x}\,dx$ (2) $\displaystyle\int \frac{1}{1+2\tan x}\,dx$ (3) $\displaystyle\int \frac{1}{\cos^4 x}\,dx$

問 15.10 次の関数を積分しなさい.

(1) $\displaystyle\int \arcsin x\,dx$ (2) $\displaystyle\int x \arcsin x\,dx$ (3) $\displaystyle\int x^2 \arcsin x\,dx$

第 16 章
定積分

区間 $I = [a,b]$ を $\Delta : a = x_0 < x_1 < \cdots < x_n = b$ と分割し，各小区間 $[x_i, x_{i+1}]$ から ξ_i を選びます．このとき I で定義された関数 $f(x)$ に対して Riemann 和 $R(f, \Delta, \{\xi_i\})$ を定義します．ここで分割を細かくしたときの極限を

$$\int_a^b f(x)\, dx = \lim_{|\Delta| \to 0} R(f, \Delta, \{\xi_i\})$$

と書きます．しかしこの極限は必ずしも存在するとは限りません．この章ではとくに $f(x)$ が I で連続なときこの極限が存在することを示します．

16.1 Riemann 和と定積分

$f(x)$ を区間 $I = [a,b]$ で定義された関数とします．I を $a = x_0 < x_1 < \cdots < x_n = b$ と小さな区間に分けることを分割といい

$$\Delta : a = x_0 < x_1 < \cdots < x_n = b$$

と名づけます．ここで $|\Delta| = \max_{1 \leq i \leq n}(x_i - x_{i-1})$ とします．$|\Delta|$ が小さいほど分割は細かくなります．分割 Δ に対して各小区間から $x_i \leq \xi_i \leq x_{i-1}$ なる点 ξ_i を選びます．このとき

$$R(f, \Delta, \{\xi_i\}) = \sum_{i=1}^n f(\xi_i)(x_i - x_{i-1})$$

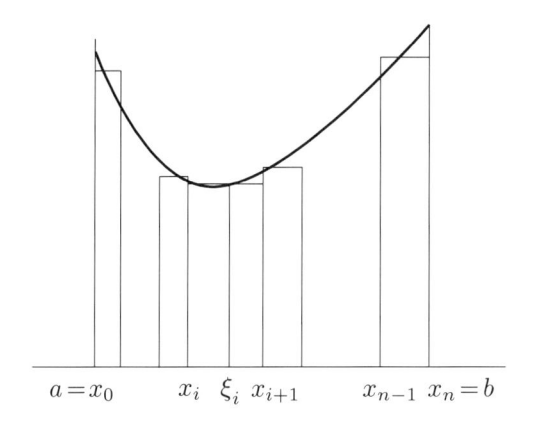

図 **16.1** Riemann 和

を $f(x)$ の分割 Δ (正確には $\Delta, \{\xi_i\}$) に対する Riemann 和といいます. 底辺を $[x_i, x_{i-1}]$, 高さを $f(\xi_i)$ とする長方形の面積の和です (図 16.1).

ここで $|\Delta| \to 0$ とします. もし $R(f, \Delta, \{\xi_i\})$ が一定の値に近づくとき, $f(x)$ は $I = [a, b]$ で積分可能であるといい, その極限を

$$\int_a^b f(x)\,dx = \lim_{|\Delta| \to 0} R(f, \Delta, \{\xi_i\}) \tag{16.1}$$

と表します. これを $f(x)$ の $I = [a, b]$ における定積分といいます.

注意 16.1 ここで大切なのは $f(x)$ が I で積分可能とは (16.1) の極限が $\Delta, \{\xi_i\}$ のとり方によらずに存在することです. したがって, ある細かくなる分割で, 適当に $\{\xi_i\}$ を選んで Riemann 和の極限が存在しなければ積分可能ではありません.

注意 16.2 $f(x)$ が $I = [a, b]$ で連続で, $f(x) \geq 0$ とします. このとき Riemann 和 $R(f, \Delta, \{\xi_i\})$ は $x = a, b, y = 0, f(x)$ で囲まれる部分の面積を近似しています (図 16.1). したがってその極限である $\int_a^b f(x)\,dx$ は囲まれる部分の面積を表していると考えられます (第 20 章).

例 16.1 $f(x) = k$ は $I = [0,1]$ で積分可能.

I の分割を $\Delta : 0 = x_0 < x_1 < \cdots < x_n = 1$ とすれば $R(f, \Delta, \{\xi_i\}) = \sum_{i=1}^{n} k(x_i - x_{i-1}) = k(b-a)$ となります. したがって $\int_0^1 k\,dx = k(b-a)$ です.

例 16.2 $f(x) = \begin{cases} \dfrac{1}{x} & 0 < x \leq 1 \\ 0 & x = 0 \end{cases}$ は $I = [0,1]$ で積分可能でない.

$I = [0,1]$ を n 等分した分割を $\Delta_n : 0 < \dfrac{1}{n} < \dfrac{2}{n} < \cdots < \dfrac{n}{n} = 1$ とし, $\xi_i = \dfrac{i}{n}$ にとります. このとき $R(f, \Delta_n, \{\xi_i\}) = \sum_{i=1}^{n} \dfrac{n}{i} \cdot \dfrac{1}{n} = 1 + \dfrac{1}{2} + \dfrac{1}{3} + \cdots + \dfrac{1}{n}$ です. したがって例 2.12 より $n \to \infty$ のとき収束しません. よって注意 16.1 より $f(x)$ は I で積分可能ではありません.

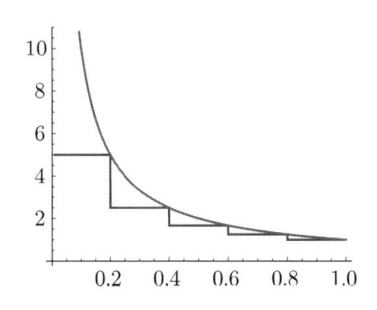

図 16.2 $n = 5$ のときの Riemann 和

16.2 連続関数の定積分

定理 16.3 $f(x)$ が $I = [a,b]$ で連続であれば I で積分可能である.

証明 仮定のもとで (16.1) を示します. すなわち一定値 α が存在し

$$\forall \varepsilon > 0,\ \exists \delta > 0,\ |\Delta| < \delta \implies |R(f, \Delta, \{\xi_i\}) - \alpha| < \varepsilon \tag{16.2}$$

となることです．ここで Δ は I の分割，ξ_i は小区間 $[x_{i-1}, x_i]$ の任意の点です．以下では $R(\Delta) = R(f, \Delta, \{\xi_i\})$ と略します．定理 4.9 (2) により $f(x)$ は I で一様連続です．したがって (16.2) で決めた $\varepsilon > 0$ に対して (4.5) より

$$\exists \delta > 0, \ \forall x, x' \in I, \ |x - x'| < \delta \implies |f(x) - f(x')| < \varepsilon$$

とできます．

$|\Delta| < \delta, |\Delta'| < \delta$ なる 2 つの Riemann 和 $R(\Delta)$ と $R(\Delta')$ を考えます．ここで 2 つの分割の共通の分割 Δ'' を図 16.3 のようにとります．

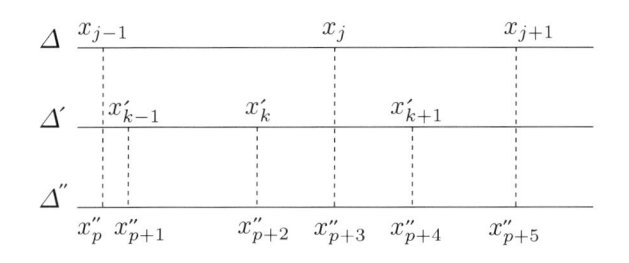

図 **16.3** 分割の細分

Δ'' は Δ の各区間 $[x_{j-1}, x_j]$ を $x_{j-1} = x_p'' < x_{p+1}'' < \cdots < x_q'' = x_j$ と細分します．このとき $x_j - x_{j-1} = \sum_{i=p+1}^{p+q} (x_i'' - x_{i-1}'')$ なので

$$|f(\xi_j)(x_j - x_{j-1}) - \sum_{i=p+1}^{p+q} f(\xi_i'')(x_i'' - x_{i-1}'')|$$

$$= |\sum_{i=p+1}^{p+q} (f(\xi_j) - f(\xi_i''))(x_i'' - x_{i-1}'')| \leq \varepsilon(x_j - x_{j-1})$$

となります．よって j での和をとれば

$$|R(\Delta) - R(\Delta'')| < (b - a)\varepsilon$$

が得られます．$R(\Delta')$ についても同様ですから

$$|R(\Delta) - R(\Delta')| \leq |R(\Delta) - R(\Delta'')| + |R(\Delta'') - R(\Delta')| < 2(b - a)\varepsilon$$
(16.3)

となります.

　ここで特別な分割を考えます. $I = [a,b]$ を n 等分する分割を Δ_n とし, $\xi_i = a + \dfrac{(b-a)}{n} i$ にとります. $|\Delta_n| = \dfrac{b-a}{n}$ です. このとき

$$R(\Delta_n) = \sum_{i=1}^{n} f\left(a + \frac{(b-a)}{n} i\right) \frac{b-a}{n}$$

です. 先の結果から $|\Delta_n| < \delta$, $|\Delta_m| < \delta$ すなわち $n, m > (b-a)/\delta$ であれば (16.3) より

$$|R(\Delta_n) - R(\Delta_m)| < 2(b-a)\varepsilon$$

です. これは数列 $\{R(\Delta_n)\}$ が Cauchy 列であることを意味します. したがって定理 2.11 より $\exists \alpha$, $\lim_{n \to \infty} R(\Delta_n) = \alpha$ です. とくに上式で $m \to \infty$ として $|R(\Delta_n) - \alpha| < 2(b-a)\varepsilon$ です. ここで先の議論の Δ' を $\Delta' = \Delta_n$ に取ります. このとき Δ, Δ_n に関して (16.3) が成り立つので

$$|R(\Delta) - \alpha| < |R(\Delta) - R(\Delta_n)| + |R(\Delta_n) - \alpha| < 4(b-a)\varepsilon$$

となります. 注意 1.1 より求める (16.2) が得られました. □

注意 16.3 $f(x)$ が $I = [a,b]$ で連続なとき, I で積分可能となり (16.1) が成立しました. (16.1) は $\forall \Delta$, $\forall \{\xi_i\}$ に対する Riemann 和の $|\Delta| \to 0$ の極限ですが, 極限の存在が保証されれば, $\exists \Delta$, $\exists \{\xi_i\}$, $|\Delta| \to 0$ の極限としてもかまいません. 例えば証明で用いた n 等分の分割 Δ_n, $\xi_i = a + \dfrac{(b-a)}{n} i$ を用いれば

$$\int_a^b f(x)\,dx = \lim_{n \to \infty} \sum_{i=1}^{n} f\left(a + \frac{b-a}{n} i\right) \frac{b-a}{n} \tag{16.4}$$

となります.

16.3　定積分の基本性質

定理 16.4 $f(x), g(x)$ は $I = [a,b]$ で定義された連続な関数とする.

(1) $\displaystyle\int_a^b (f(x)+g(x)) = \int_a^b f(x)\,dx + \int_a^b g(x)\,dx$

(2) $\displaystyle\int_a^b \alpha f(x)\,dx = \alpha \int_a^b f(x)\,dx$ (α は定数)

(3) $\displaystyle\int_a^b f(x)\,dx = \int_a^c f(x)\,dx + \int_c^b f(x)\,dx$

証明 Riemann 和の定義に戻り等式を示します．(1), (2) は $\sum$ の線形性に注意すれば明らかです．(3) は $[a,c]$ と $[c,b]$ のそれぞれの分割を合わせれば $[a,b]$ の分割となることから明らかです． □

定理 16.5 $f(x), g(x)$ は $I=[a,b]$ で定義された連続な関数とする．
(1) $f(x) \geq g(x)$ ならば

$$\int_a^b f(x)\,dx \geq \int_a^b g(x)\,dx$$

である．等号は恒等的に $f(x)=g(x)$ のときに限る．

(2)

$$\Big|\int_a^b f(x)dx\Big| \leq \int_a^b |f(x)|\,dx$$

証明 (1) 定理 16.4 の定積分の線形性より $\int (f(x)-g(x))\,dx \geq 0$ を示せばよいことが分かります．したがって $g(x)$ が恒等的に 0 の場合を考えれば十分です．Riemann 和の定義に戻れば不等式 $\int_a^b f(x)\,dx \geq 0$ が成立することは明らかです．等号条件を調べます．$\int_a^b f(x)\,dx = 0$ とし，$f(x) \geq 0$ が恒等的に 0 でないとします．すると $\exists c \in [a,b]$, $f(c) > 0$ です．このとき定理 4.11 よりある小区間 $[c,d]$ で $f(x) > \delta$ となります．Riemann 和の定義に戻れば

$$\int_a^c f(x)\,dx \geq 0, \quad \int_c^d f(x)dx \geq \delta(d-c), \quad \int_d^b f(x)\,dx \geq 0$$

となります．よって定理 16.4 (3) より

$$\int_a^b f(x)dx = \int_a^c f(x)\,dx + \int_c^d f(x)\,dx + \int_d^b f(x)\,dx \geq \delta(d-c) > 0$$

となり仮定に矛盾します．よって $f(x)$ は恒等的に 0 です．

（2） $\forall x \in I$ に対して $-|f(x)| \leq f(x) \leq |f(x)|$ ですから (1) を用いて

$$-\int_a^b |f(x)|\,dx \leq \int_a^b f(x)\,dx \leq \int_a^b |f(x)|\,dx$$

となります． □

16.4 積分の平均値の定理

定理 16.6 $f(x), g(x)$ は $I = [a,b]$ で連続，$g(x) \geq 0$ とする．このとき

$$\exists \xi \in (a,b), \quad \int_a^b f(x)g(x)\,dx = f(\xi)\int_a^b g(x)\,dx$$

証明 $f(x)$ は連続ですから最大・最小の定理 (定理 4.14) により最大値 M, 最小値 m を取ります．$g(x) \geq 0$ より $mg(x) \leq f(x)g(x) \leq Mg(x)$ となり

$$m\int_a^b f(x)\,dx \leq \int_a^b f(x)g(x)\,dx \leq M\int_a^b f(x)\,dx$$

を得ます．ここで $I = [a,b]$ 上の関数を $F(t) = f(t)\int_a^b g(x)\,dx,\ t \in I$ で定めます．すると上の不等式は

$$F \text{ の最小値} \leq \int_a^b f(x)g(x)\,dx \leq F \text{ の最大値}$$

と書けます．F は I で連続ですから中間値の定理 (定理 4.12) を用いれば $\exists \xi \in (a,b),\ \int_a^b f(x)g(x)\,dx = F(\xi) = f(\xi)\int_a^b g(x)\,dx$ となります． □

注意 16.4 定理で $g = 1$ とすれば，$f(x)$ が $I = [a,b]$ で連続なとき

$$\exists \xi \in (a,b), \quad \int_a^b f(x)\,dx = f(\xi)(b-a) \tag{16.5}$$

例 16.7 $f(x) = -x^3 + 3x + 2 \ (-1 \leq x \leq 2)$ とすると

$$\int_{-1}^{2} f(x)\,dx = \frac{27}{4} = (2-(-1)) \cdot \frac{27}{12}$$

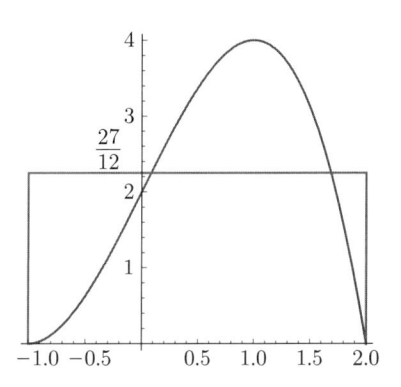

図 16.4 積分の平均値の定理

16.5 演習問題

問 16.1 $f(x) = \begin{cases} 1 & x \text{ が有理数} \\ 0 & x \text{ が無理数} \end{cases}$ は $[a, b]$ で可積分でないことを示せ.

問 16.2 $f(x) = \begin{cases} \sin\left(\dfrac{1}{x}\right) & x \neq 0 \\ 0 & x = 0 \end{cases}$ は $[-1, 1]$ で可積分でないことを示せ.

問 16.3 $f(x) = \begin{cases} \dfrac{1}{x^2} & x \neq 0 \\ 0 & x = 0 \end{cases}$ は $[0, 1]$ で可積分でないことを示せ.

問 16.4 $f(x) = \begin{cases} 0 & -1 \leq x < 0 \\ 1 & 0 \leq x \leq 1 \end{cases}$ は $[-1, 1]$ で可積分であることを示せ.

問 16.5 区間の等分割による Riemann 和を用いて次の値を求めなさい.

(1) $\displaystyle\int_1^3 x\,dx$ (2) $\displaystyle\int_0^1 x^2\,dx$ (3) $\displaystyle\int_{-1}^1 |x|\,dx$

問 16.6 $\displaystyle\lim_{n\to\infty}\left(\frac{1}{n+1}+\frac{1}{n+2}+\cdots+\frac{1}{3n}\right)=\log 3$ を示しなさい.

問 16.7 $f(x)$ を $[0,N]$ 上の正の単調減少関数とする. 次を示しなさい.

(1) $\displaystyle\sum_{n=1}^{N} f(n) \leq \int_0^N f(x)\,dx \leq \sum_{n=0}^{N-1} f(n)$ (2) $\displaystyle\int_1^N f(x)\,dx \leq \sum_{n=1}^{N-1} f(n)$

問 16.8 前問をを用いて次の関係式を示しなさい.

(1) $\log(1+n) < 1 + \dfrac{1}{2} + \dfrac{1}{3} + \cdots + \dfrac{1}{n} < 1 + \log n$

(2) $\displaystyle\lim_{n\to\infty} \frac{1+\dfrac{1}{2}+\dfrac{1}{3}+\cdots+\dfrac{1}{n}}{\log n} = 1$

(3) $\displaystyle\lim_{n\to\infty}\left(1+\dfrac{1}{2}+\dfrac{1}{3}+\cdots+\dfrac{1}{n}-\log n\right)$ が存在する.

(この極限値 $0.5772156\cdots$ は Euler 定数とよばれる.)

問 16.9 $f(x)$ は $[a,b]$ で定義された連続関数で $f(x)>0$ とする. 次の不等式を示しなさい. 等号は $f(x)=c$ のときに限る.

$$\log\left(\frac{1}{b-a}\int_a^b f(x)\,dx\right) \geq \frac{1}{b-a}\int_a^b \log f(x)\,dx$$

問 16.10 次の積分に対して積分の平均値の定理 ($g\equiv 1$ のとき) を満たす ξ を求めなさい.

(1) $\displaystyle\int_1^3 x\,dx$ (2) $\displaystyle\int_0^{\pi/4} \tan x\,dx$

第 17 章
微積分の基本定理

$f(x)$ が閉区間 $I = [a, b]$ で連続なとき, I で積分可能でその定積分 $\int_a^b f(x)\,dx$ は Riemann 和の極限で与えられました. しかしこの極限の計算は非常に大変です. Newton と Leibniz はこの定積分の計算に微分の逆演算である不定積分 (第 13 章) が役立つことを発見しました. これが微積分の基本定理です.

17.1 基本定理

定理 17.1 $f(x)$ が $I = [a, b]$ で連続であれば $\int_a^x f(t)\,dt$ は x について微分可能であり

$$\frac{d}{dx}\int_a^x f(t)\,dt = f(x) \tag{17.1}$$

証明 $F(x) = \int_a^x f(t)\,dt$ とおきます. I の 2 点 $x, x+h$ ($h \neq 0$) に積分の平均値の定理 (注意 16.4) を用いれば 2 点の間に ξ が存在し

$$F(x+h) - F(x) = \int_x^{x+h} f(t)\,dt = f(\xi)h, \quad x < \xi < x+h$$

となります. よって

$$\frac{F(x+h) - F(x)}{h} = f(\xi)$$

です．ここで $h \to 0$ とすると $\xi \to x$ です．このとき右辺は f の連続性か

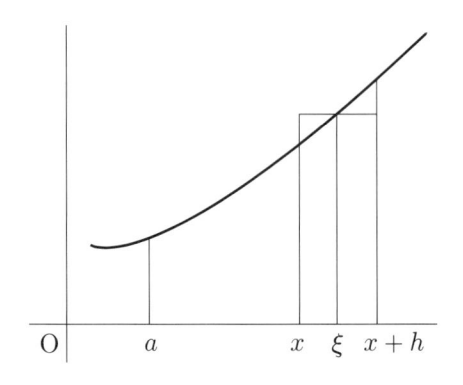

図 17.1　$F(x+h) - F(x)$

ら $f(\xi) \to f(x)$, 左辺は微分の定義から $F'(x)$ へ収束します．よって $F'(x) = f(x)$ となり求める結果を得ます．　　　　　　　　　　　　　　　　　□

この定理から $I = [a,b]$ で連続な関数 $f(x)$ はその不定積分 (原始関数) の 1 つとして $\int_a^x f(t)\, dt$ を持ちます．

定理 17.2　$I = [a,b]$ で連続な $f(x)$ の不定積分を $G(x)$ とする．このとき

$$\int_a^b f(x)\, dx = G(b) - G(a) \tag{17.2}$$

証明　$F(x) = \int_a^x f(t)\, dt$ も f の不定積分ですから (13.1) のように $G(x) = F(x) + c$ と書けます．このとき $F(a) = 0$ に注意すれば

$$\int_a^b f(x)\, dx = F(b) = G(b) - c = G(b) - G(a) \qquad □$$

注意 17.1　(17.2) の右辺を $\Bigl[G(x)\Bigr]_a^b$ と書きます．すなわち

$$\int_a^b f(x)\, dx = \Bigl[G(x)\Bigr]_a^b = G(b) - G(a)$$

例 17.3 （1）$\int_1^2 (1+x^2)\,dx = \left[x + \frac{x^3}{3}\right]_1^2 = \frac{14}{3} - \frac{4}{3} = \frac{10}{3}$

（2）$\int_{-1}^1 \frac{1}{1+x^2}\,dx = \left[\arctan x\right]_{-1}^1 = \frac{\pi}{4} - \left(-\frac{\pi}{4}\right) = \frac{\pi}{2}$

（3）$\int_0^{\pi/2} \cos x\,dx = \left[\sin x\right]_0^{\pi/2} = 1 - 0 = 1$

（4）$\int_{-1}^2 e^x\,dx = \left[e^x\right]_{-1}^2 = e^2 - e^{-1}$

17.2　極限の計算

前節では定積分 $\int_a^b f(x)\,dx$ の計算が Riemann 和の極限 (16.1) を用いずに不定積分を用いて容易にできることが分かりました．このことから例えば区間を等分割したときの Riemann 和の極限 (16.4) も不定積分から計算できます．

例 17.4　$\displaystyle\lim_{n\to\infty}\left(\frac{1}{n+1} + \frac{1}{n+2} + \cdots + \frac{1}{n+1}\right) = \log 2$ を求めなさい．

左辺を
$$\sum_{i=1}^n \frac{1}{n+i} = \sum_{i=1}^n \frac{1}{1+\dfrac{i}{n}} \cdot \frac{1}{n}$$

と書き直します．これは $I = [0,1]$ を n 等分に分割したときの $f(x) = \dfrac{1}{x+1}$ の Riemann 和です．よって

$$\lim_{n\to\infty}\sum_{i=1}^n \frac{1}{n+i} = \int_0^1 \frac{1}{1+x} = \left[\log(1+x)\right]_0^1 = \log 2$$

例 17.5　$\displaystyle\lim_{n\to\infty}\frac{1}{n}\left(\sin\frac{\theta}{n} + \sin\frac{2\theta}{n} + \cdots + \sin\frac{n\theta}{n}\right) = \frac{1-\cos\theta}{\theta}$ を求めなさい．

左辺は
$$\sum_{i=1}^{n} \sin\left(\theta \frac{i}{n}\right) \frac{1}{n}$$
です．したがって
$$\lim_{n\to\infty} \frac{1}{n} \sum_{i=1}^{n} \sin\left(\frac{i\theta}{n}\right) = \int_0^1 \sin\theta x \, dx = \left[\frac{-\cos\theta x}{\theta}\right]_0^1 = \frac{1-\cos\theta}{\theta}$$

例 17.6 $\displaystyle\lim_{n\to\infty} \sum_{k=1}^{n} \frac{1}{\sqrt{n^2-k^2}} = \frac{\pi}{2}$ を求めなさい．

$$\lim_{n\to\infty} \sum_{k=1}^{n} \frac{1}{\sqrt{n^2-k^2}} = \lim_{n\to\infty} \sum_{k=1}^{n} \frac{1}{\sqrt{1-\left(\frac{k}{n}\right)^2}} \frac{1}{n}$$
$$= \int_0^1 \frac{1}{\sqrt{1-x^2}} dx = \Big[\arcsin x\Big]_0^1 = \frac{\pi}{2}$$

例 17.7 $\displaystyle\lim_{n\to\infty} \frac{1}{n} \sqrt[n]{(n+1)(n+2)\cdots(n+n)} = \frac{4}{e}$ を求めなさい．

$$\frac{1}{n}\sqrt[n]{(n+1)(n+2)\cdots(n+n)} = \sqrt[n]{\left(1+\frac{1}{n}\right)\left(1+\frac{2}{n}\right)\cdots\left(1+\frac{n}{n}\right)}$$

ここで対数をとって極限を考えると
$$\lim_{n\to\infty} \sum_{k=1}^{n} \log\left(1+\frac{k}{n}\right)\frac{1}{n}$$
$$= \int_0^1 \log(1+x)\,dx = \int_1^2 \log t\, dt = \Big[t\log t - t\Big]_1^2$$
$$= 2\log 2 - 1$$

よって求める極限は $e^{2\log 2 - 1} = \dfrac{4}{e}$ となります．

例 17.8 $\displaystyle\lim_{n\to\infty} \frac{\sqrt[n]{n!}}{n} = \frac{1}{e}$ を求めなさい．

$$\frac{\sqrt[n]{n!}}{n} = \sqrt[n]{\frac{1}{n}\frac{2}{n}\cdots\frac{n}{n}}$$

ここで対数をとって極限を考えると, 広義積分 (第 19 章) を用いて
$$\lim_{n\to\infty}\sum_{k=1}^{n}\log\left(\frac{k}{n}\right)\frac{1}{n} = \int_0^1 \log x \, dx = \lim_{\varepsilon\to 0}\Big[x\log x - x\Big]_\varepsilon^1 = -1$$
よって求める極限は $e^{-1} = \dfrac{1}{e}$ となります.

17.3 定積分の微分

$f(x)$ が $I = [a,b]$ で連続なとき
$$\frac{d}{dx}\int_a^x f(t)\,dt = f(x)$$
でした. これを用いた定積分の微分を紹介します.

定理 17.9 $u(x), v(x)$ を C^1 級関数でその値域が $f(x)$ の定義域 I に含まれるとする. このとき
$$\frac{d}{dx}\int_{u(x)}^{v(x)} f(t)\,dt = v'(x)f(v(x)) - u'(x)f(u(x))$$

証明 $F(x) = \displaystyle\int_a^x f(t)\,dt$ とすると $F'(x) = f(x)$ です. このとき合成関数の微分公式から
$$\frac{d}{dx}\int_{u(x)}^{v(x)} f(t)\,dt = \frac{d}{dx}\int_a^{v(x)} f(t)\,dt - \frac{d}{dx}\int_a^{u(x)} f(t)\,dt$$
$$= F(v(x))' - F(u(x))' = F'(v(x))v'(x) - F'(u(x))u'(x)$$
$$= f(v(x))v'(x) - f(u(x))u'(x)$$

となります. □

例 17.10 例えば $\mathbf{R}$ で定義された連続関数 $f(x)$ に対して

(1) $\displaystyle\frac{d}{dx}\int_x^{x+1} f(t)\,dt = f(x+1) - f(x)$

(2) $\dfrac{d}{dx}\displaystyle\int_{\sin x}^{x^2} f(t)\,dt = 2xf(x^2) - \cos x \cdot f(\sin x)$

(3) $\dfrac{d}{dx}\displaystyle\int_{x^2}^{b} f(t^2)\,dt = -2xf(x^4)$

となります.

17.4 定積分と不等式

前節の定理 16.5 (1) を用いて得られる不等式を紹介します.

例 17.11 $\dfrac{1}{3} < \displaystyle\int_0^1 \dfrac{1}{1+x^2+x^4}\,dx < \dfrac{\pi}{4}$ を求めなさい.

$0 \leq x \leq 1$ において

$$\dfrac{1}{3} \leq \dfrac{1}{1+x^2+x^4} \leq \dfrac{1}{1+x^2}$$

です. よって

$$\int_0^1 \dfrac{1}{3}\,dx < \int_0^1 \dfrac{1}{1+x^2+x^4}\,dx < \int_0^1 \dfrac{1}{1+x^2}\,dx$$

となります. 等号が落ちるのは被積分関数が恒等的に等しくないからです. よって

$$\int_0^1 \dfrac{1}{3}\,dx = \dfrac{1}{3},\quad \int_0^1 \dfrac{1}{1+x^2}\,dx = \Big[\arctan x\Big]_0^1 = \dfrac{\pi}{4}$$

より求める不等式が得られます.

例 17.12 $1 < \displaystyle\int_1^2 e^{x^2-x}\,dx < e^2$ を求めなさい.

$1 \leq x \leq 2$ のとき $0 \leq x^2 - x = x(x-1) \leq 2$ に注意すれば $1 \leq e^{x^2-x} \leq e^2$ です. よって区間 $[1,2]$ で積分すれば求める不等式が得られます.

次の 2 つの不等式は解析学において重要な不等式です.

定理 17.13 (Schwarz の不等式)　$f(x), g(x)$ が $I = [a, b]$ で連続であれば
$$\left(\int_a^b f(x)g(x)\,dx\right)^2 \leq \int_a^b f^2(x)\,dx \int_a^b g^2(x)\,dx$$
ここで等号は $\exists c \in \mathbf{R}$, 恒等的に $cf(x) + g(x) = 0$ のときに限る.

証明　被積分関数は I で連続ですので I で可積分です. $tf(x) + g(x)$ ($t \in \mathbf{R}$) を考えます. このとき
$$0 \leq (tf(x) + g(x))^2 = t^2 f^2(x) + 2tf(x)g(x) + g^2(x)$$
です. これを区間 $[a, b]$ で積分すれば
$$0 \leq t^2 \int_a^b f^2(x)\,dx + 2t \int_a^b f(x)g(x)\,dx + \int_a^b g^2(x)\,dx$$
です. 右辺を t の 2 次関数とみなせば判別式 ≤ 0 でなくてはなりません. よって
$$\left(2\int_a^b f(x)g(x)\,dx\right)^2 - 4\int_a^b f^2(x)\,dx \int_a^b g^2(x)\,dx \leq 0$$
となり求める不等式が得られます. 等号条件は証明の最初の不等式で等号が成立するときですから, $\exists t$, 恒等的に $tf(x) + g(x) = 0$ となります. □

定理 17.14 (Minkowski の不等式)　$f(x), g(x)$ が $I = [a, b]$ で連続であれば
$$\left(\int_a^b (f(x) + g(x))^2\,dx\right)^{1/2} \leq \left(\int_a^b f^2(x)\,dx\right)^{1/2} + \left(\int_a^b g^2(x)\,dx\right)^{1/2}$$
ここで等号は $\exists c \in \mathbf{R}$, 恒等的に $cf(x) + g(x) = 0$ のときに限る.

証明　左辺の 2 乗を考え Schwarz の不等式を使います.
$$\int_a^b (f(x) + g(x))^2\,dx$$
$$= \int_a^b f^2(x)\,dx + 2\int_a^b f(x)g(x)\,dx + \int_a^b g^2(x)\,dx$$

$$\leq \int_a^b f^2(x)\,dx + 2\Big(\int_a^b f^2(x)\,dx \int_a^b g^2(x)\,dx\Big)^{1/2} + \int_a^b g^2(x)\,dx$$
$$= \Big(\Big(\int_a^b f^2(x)\,dx\Big)^{1/2} + \Big(\int_a^b g^2(x)\,dx\Big)^{1/2}\Big)^2$$

よって求める不等式が得られました. 等号条件は途中で用いた Schwarz の不等式の等号条件と同じです. □

注意 17.2 定理 17.13, 定理 17.14 において実数値関数 f, g の内積を

$$\langle f, g \rangle = \int_a^b f(x)g(x)\,dx$$

で定め, f のノルムを $\|f\| = \langle f, f \rangle^{1/2} = \Big(\int_a^b f^2(x)\,dx\Big)^{1/2}$ とします. すると 2 つの定理の結果は

(1) $|\langle f, g \rangle| \leq \|f\|\|g\|$

(2) $\|f + g\| \leq \|f\| + \|g\|$

と書けます. ユークリッド空間のベクトルの内積と長さと同じ性質です. このように関数の集まり——例では $[a, b]$ 上の連続関数の全体——を考えて幾何学的にその性質を調べることを関数解析といいます.

17.5 演習問題

問 17.1 次の極限を求めなさい.

(1) $\displaystyle\lim_{n\to\infty} \frac{1}{n\sqrt{n}} \sum_{k=1}^{n} \sqrt{k}$ 　　(2) $\displaystyle\lim_{n\to\infty} \frac{1}{n^4} \sum_{k=0}^{n-1} k^2 \sqrt{n^2 - k^2}$

問 17.2 $\displaystyle\lim_{n\to\infty} \frac{n}{\sqrt[n]{n!}}$ を求めなさい.

問 17.3 次の極限を求めなさい.

$$\lim_{n\to\infty} \Big\{\Big(1 + \frac{1^2}{n^2}\Big)\Big(1 + \frac{2^2}{n^2}\Big)\cdots\Big(1 + \frac{n^2}{n^2}\Big)\Big\}^{1/n}$$

問 17.4 $f(x)$ が連続なとき次を求めなさい．

(1) $\dfrac{d}{dx}\displaystyle\int_a^{x^2} \cos^2 t\, dt$ (2) $\dfrac{d}{dx}\displaystyle\int_a^x f'(t)\, dt$ (3) $\dfrac{d}{dx}\displaystyle\int_1^x (x-t)\log t\, dt$

問 17.5 $f(x)$ が連続なとき，$g(x) = \displaystyle\int_0^x (x-t)^n f(t)\, dt$ とする．このとき次の関係式を示しなさい．
$$\frac{1}{n!}\frac{d^{n+1}}{dx^{n+1}}g(x) = f(x)$$

問 17.6 次の不等式を示しなさい．
$$\frac{2}{3}n^{3/2} < \sqrt{1}+\sqrt{2}+\cdots+\sqrt{n} < \frac{2}{3}(1+n)^{3/2}$$

問 17.7 次の不等式を示しなさい．
$$\frac{\pi}{4} < \int_0^1 \sqrt{1-x^4}\, dx < \frac{\sqrt{2}\pi}{4}$$

問 17.8 $n > 2$ のとき次の不等式を示しなさい．
$$\frac{1}{2} < \int_0^{1/2} \frac{1}{\sqrt{1-x^n}}\, dx < \frac{\pi}{6}$$

問 17.9 次の極限を求めなさい．

(1) $\displaystyle\lim_{a\to\infty} a\int_0^1 \frac{1}{x^2+a^2}\, dx$ (2) $\displaystyle\lim_{a\to\infty}\int_0^{\pi/2} e^{-a^2 \sin x}\, dx$

問 17.10 $f(x)$ は $[0,1]$ で連続，$f(x) > 0$ とする．このとき次の不等式を示しなさい．
$$\int_0^1 f(x)\, dx \cdot \int_0^1 \frac{1}{f(x)}\, dx \geq 1$$

第 18 章
定積分の計算

定積分に関する便利な公式をまとめ，よく用いられる定積分を紹介します．

18.1　基本公式 I

不定積分における置換積分 (13.2 節) や部分積分 (13.3 節) は定積分でも有効です．

定理 18.1　(1) $f(x)$ は $I = [a,b]$ で連続，$\phi(t)$ は $[\alpha, \beta]$ で C^1 級とし，その値域が I に含まれるとする．$a = \phi(\alpha)$, $b = \phi(\beta)$ のとき

$$\int_a^b f(x)\,dx = \int_\alpha^\beta f(\phi(t))\phi'(t)\,dt$$

(2) $f(x)$ は $I = [a,b]$ で C^1 級，$g(x)$ は I で連続とする．g の不定積分を $G(x)$ とすると

$$\int_a^b f(x)g(x)\,dx = \Big[f(x)G(x)\Big]_a^b - \int_a^b f'(x)G(x)\,dx$$

証明　(1) $F(x)$ を f の不定積分とすると，$F(\phi(t))$ は $f(\phi(t))\phi'(t)$ の不定積分です．微分して確かめてください．よって

$$\int_\alpha^\beta f(\phi(t))\phi'(t)\,dt = \Big[F(\phi(t))\Big]_\alpha^\beta = F(\phi(\beta)) - F(\phi(\alpha))$$
$$= F(b) - F(a) = \int_a^b f(x)\,dx$$

(2) 積の微分公式から $(fG)' = f'G + fG' = f'G + fg$ となり

$$\int_a^b (f'(x)G(x) + f(x)g(x))\, dx = \Big[f(x)G(x)\Big]_a^b$$

です. 左辺を積分の線形性によって 2 つの積分の和に分け, 第 1 項を右辺に移項すれば求める結果を得ます. □

例 18.2 $\displaystyle\int_0^a \sqrt{a^2 - x^2}\, dx\ (a > 0)$ を求めなさい.

$x = a\sin t,\ t \in \left[0, \dfrac{\pi}{2}\right]$ とします. $dx = \cos t\, dt$ ですから

$$\int_0^a \sqrt{a^2 - x^2}\, dx = a^2 \int_0^{\pi/2} \cos^2 t\, dt = \frac{a^2}{2}\int_0^{\pi/2} (1 + \cos 2t)\, dt$$
$$= \frac{a^2}{2}\Big[t + \frac{\sin 2t}{2}\Big]_0^{\pi/2} = \frac{\pi a^2}{4}$$

例 18.3 $\displaystyle\int_0^{\pi/4} \cos^2 x \sin x\, dx$ を求めなさい.

$t = \cos x,\ t \in \left[\dfrac{\sqrt{2}}{2}, 1\right]$ とすると, $dt = -\sin x\, dx$ です. よって

$$\int_0^{\pi/4} \cos^2 x \sin x\, dx = \int_1^{\sqrt{2}/2} t^2(-dt) = \Big[\frac{t^3}{3}\Big]_{\sqrt{2}/2}^1 = \frac{1}{3}\Big(1 - \frac{\sqrt{2}}{4}\Big)$$

例 18.4 $\displaystyle\int_0^{\pi/2} x \sin x\, dx$ を求めなさい.

$$\int_0^{\pi/2} x \sin x\, dx = \Big[x(-\cos x)\Big]_0^{\pi/2} - \int_0^{\pi/2} 1 \cdot (-\cos x)\, dx$$
$$= \Big[\sin x\Big]_0^{\pi/2} = 1$$

例 18.5 $\displaystyle\int_1^e \log x\, dx$ を求めなさい.

$$\int_1^e \log x\, dx = \Big[x \log x\Big]_1^e - \int_1^e x \cdot \frac{1}{x}\, dx = e - \Big[x\Big]_1^e = e - (e - 1) = 1$$

18.2 基本公式 II

次の公式は定積分の計算をしばしば軽減します．いずれの場合も置換積分や定義域を分割した後の置換積分により容易に示されます．確かめてください．

定理 18.6 $f(x)$ は積分区間で連続とする．

(1) $\displaystyle\int_{-a}^{a} f(x)\,dx = \int_{0}^{a} (f(x) + f(-x))\,dx$

(2) $f(x) = f(-x)$ （偶関数）ならば $\displaystyle\int_{-a}^{a} f(x)\,dx = 2\int_{0}^{a} f(x)\,dx$

(3) $f(x) = -f(-x)$ （奇関数）ならば $\displaystyle\int_{-a}^{a} f(x)\,dx = 0$

(4) $\displaystyle\int_{0}^{a} f(x)\,dx = \int_{0}^{a} f(a-x)\,dx$

(5) $\displaystyle\int_{0}^{\pi} f(\sin x)\,dx = 2\int_{0}^{\pi/2} f(\sin x)\,dx$

(6) $\displaystyle\int_{-\pi/2}^{\pi/2} f(\cos x)\,dx = 2\int_{0}^{\pi/2} f(\cos x)\,dx$

(7) $\displaystyle\int_{0}^{\pi/2} f(\sin x, \cos x)\,dx = \int_{0}^{\pi/2} f(\cos x, \sin x)\,dx$

例 18.7 $\displaystyle\int_{-1}^{1} |x|\,dx$ を求めなさい．

(2) より $\displaystyle\int_{-1}^{1} |x|\,dx = 2\int_{0}^{1} x\,dx = 2\left[\frac{x^2}{2}\right]_{0}^{1} = 1$

例 18.8 $\displaystyle\int_{-\pi/4}^{\pi/4} \frac{1}{1+\sin x}\,dx$ を求めなさい．

(2), (3) を用います．

$$\int_{-\pi/4}^{\pi/4} \frac{1}{1+\sin x}\,dx = \int_{-\pi/4}^{\pi/4} \frac{1-\sin x}{\cos^2 x}\,dx = 2\int_{0}^{\pi/4} \frac{1}{\cos^2 x}\,dx$$
$$= 2\Big[\tan x\Big]_{0}^{\pi/4} = 2$$

例 18.9 $\int_0^{\pi/2} \dfrac{\cos x}{\cos x + \sin x}\, dx$ を求めなさい．

この積分の半分に (7) を用います．

$$\int_0^{\pi/2} \frac{\cos x}{\cos x + \sin x}\, dx$$
$$= \frac{1}{2}\int_0^{\pi/2} \frac{\cos x}{\cos x + \sin x}\, dx + \frac{1}{2}\int_0^{\pi/2} \frac{\sin x}{\cos x + \sin x}\, dx$$
$$= \frac{1}{2}\int_0^{\pi/2} 1\, dx = \frac{\pi}{4}$$

例 18.10 $\int_0^{\pi} (a\cos^2 x + b\sin^2 x)\, dx$ を求めなさい．

$\cos^2 x = 1 - \sin^2 x$ に注意すると (5), (7) より

$$\int_0^{\pi} (a\cos^2 x + b\sin^2 x)\, dx = 2\int_0^{\pi/2} (a\cos^2 x + b\sin^2 x)\, dx$$
$$= \int_0^{\pi/2} (a\cos^2 x + b\sin^2 x)\, dx + \int_0^{\pi/2} (a\sin^2 x + b\cos^2 x)\, dx$$
$$= (a+b)\int_0^{\pi/2} 1\, dx = \frac{(a+b)\pi}{2}$$

18.3 よく現れる定積分

例 18.11 $n = 0, 1, 2, \cdots$ に対して

$$\int_0^{\pi/2} \sin^n x\, dx = \int_0^{\pi/2} \cos^n x\, dx$$
$$= \begin{cases} \dfrac{n-1}{n}\cdot\dfrac{n-3}{n-2}\cdots\dfrac{3}{4}\cdot\dfrac{1}{2}\cdot\dfrac{\pi}{2} & n \text{ が偶数} \\ \dfrac{n-1}{n}\cdot\dfrac{n-3}{n-2}\cdots\dfrac{4}{5}\cdot\dfrac{2}{3} & n \text{ が奇数} \end{cases}$$
$$= \begin{cases} \dfrac{(n-1)!!}{n!!}\cdot\dfrac{\pi}{2} & n \text{ が偶数} \\ \dfrac{(n-1)!!}{n!!} & n \text{ が奇数} \end{cases}$$

となることを示しなさい.

　$n!!$ は 2 つとびに $n(n-2)(n-4)\cdots$ と下がる階乗で n が偶数のときは 2 まで, 奇数のときは 1 まで掛けます. ただし $0!! = (-1)!! = 1$ とします.

定理 18.6 (7) より $I_n = \int_0^{\pi/2} \sin^n x \, dx \ (n \geq 2)$ について示せば十分です.

$$\begin{aligned} I_n &= \int_0^{\pi/2} \sin^{n-1} x \sin x \, dx \\ &= \left[-\sin^{n-1} x \cos x \right]_0^{\pi/2} + (n-1) \int_0^{\pi/2} \sin^{n-2} x \cos^2 x \, dx \\ &= (n-1) \int_0^{\pi/2} \sin^{n-2} x (1 - \sin^2 x) \, dx = (n-1)(I_{n-2} - I_n) \end{aligned}$$

よって

$$I_n = \frac{n-1}{n} I_{n-2}$$

です. この漸化式を用いて n が偶数であれば $I_0 = \int_0^{\pi/2} 1 \, dx = \frac{\pi}{2}$ に, n が奇数であれば $I_1 = \int_0^{\pi/2} \sin x \, dx = \left[-\cos x \right]_0^{\pi/2} = 1$ に計算を帰着させることができ, 求める結果を得ます.

　より一般に次の公式が成り立ちます.

例 18.12　$n, m \in \mathbf{N}$ に対して

$$\int_0^{\pi/2} \sin^m x \cos^n x \, dx = \int_0^{\pi/2} \sin^n x \cos^m x \, dx$$

$$= \begin{cases} \dfrac{(m-1)!!(n-1)!!}{(m+n)!!} \cdot \dfrac{\pi}{2} & m, n \text{ が偶数} \\ \dfrac{(m-1)!!(n-1)!!}{(m+n)!!} & m, n \text{ の少なくとも一方が奇数} \end{cases}$$

となることを示しなさい.

この場合も $I_{m,n} = \int_0^{\pi/2} \sin^m x \cos^n x \, dx$ に関する漸化式を作ります.

$(\sin^m x \cos^{n-1} x)'$
$= m \sin^{m-1} x \cos x \cdot \cos^{n-1} x + (n-1) \sin^m x \cdot \cos^{n-2} x (-\sin x)$
$= m \sin^{m-1} x \cos^n x - (n-1) \sin^{m+1} x \cos^{n-2} x$
$= (m+n-1) \sin^{m-1} x \cos^n x - (n-1) \sin^{m-1} x \cos^{n-2} x$

に注意します. 最後の変形は第 2 項の $\sin^2 x$ を $1 - \cos^2 x$ に置き換えています. この式を用いると

$$I_{m,n} = \int_0^{\pi/2} \sin^m x \cos^{n-1} x \cos x \, dx$$
$$= \left[\sin^m x \cos^{n-1} x \cdot \sin x \right]_0^{\pi/2} - \int_0^{\pi} (\sin^m x \cos^{n-1} x)' \sin x \, dx$$
$$= -(m+n-1) I_{m,n} + (n-1) I_{m,n-2}$$

となります. よって

$$I_{m,n} = \frac{n-1}{m+n} I_{m,n-2}$$

です. 同様に $I_{m,n} = \frac{m-1}{m+n} I_{m-2,n}$ も得られます. n, m がともに偶数のときは, この漸化式で $I_{m,0} = I_m$ に帰着させ例 18.11 の公式を使います. n, m のいずれか一方が奇数のときは, その奇数にこの漸化式を用いて $I_{m,1} = \frac{1}{m}$ あるいは $I_{1,n} = \frac{1}{n}$ に帰着させます. いずれの場合も求める公式が得られます.

例 18.13 $n = 0, 1, 2, \cdots$ に対して

$$\int_0^{2\pi} \sin^n x \, dx = \int_0^{2\pi} \cos^n x \, dx = \begin{cases} 0 & n \text{ が奇数} \\ \dfrac{(n-1)!!}{n!!} 2\pi & n \text{ が偶数} \end{cases}$$

となることを示しなさい.

区間 $[0, 2\pi]$ を半分に分けて計算します.

$$\int_0^{2\pi} \sin^n x \, dx = \int_0^{\pi} \sin^n x \, dx + \int_{\pi}^{2\pi} \sin^n x \, dx$$
$$= \int_0^{\pi} \sin^n x \, dx + \int_0^{\pi} \sin^n(x+\pi) dx$$
$$= \int_0^{\pi} \sin^n x \, dx + (-1)^n \int_0^{\pi} \sin^n x \, dx$$

よって n が奇数のときは 0, n が偶数のときは

$$2\int_0^{\pi} \sin^n x \, dx = 4\int_0^{\pi/2} \sin^n x \, dx$$

となり例 18.11 より求める結果を得ます.

例 18.14 m, n を非負な整数とする. 次の定積分を求めなさい.

(1) $\displaystyle\int_0^{2\pi} \sin mx \sin nx \, dx = \int_0^{2\pi} \cos mx \cos nx \, dx = \begin{cases} \pi & m = n \\ 0 & m \neq n \end{cases}$

(2) $\displaystyle\int_0^{2\pi} \sin mx \cos nx \, dx = 0$

次の三角関数の積を和に直す公式を用います.

$$\sin A \sin B = -\frac{1}{2}(\cos(A+B) - \cos(A-B))$$
$$\sin A \cos B = \frac{1}{2}(\sin(A+B) + \sin(A-B))$$
$$\cos A \sin B = \frac{1}{2}(\sin(A+B) - \sin(A-B))$$
$$\cos A \cos B = \frac{1}{2}(\cos(A+B) + \cos(A-B))$$

例えば $m \neq n$ のとき

$$\int_0^{2\pi} \sin mx \sin nx \, dx = -\frac{1}{2}\int_0^{2\pi} (\cos((m+n)x) - \cos((m-n)x)) \, dx$$
$$= -\frac{1}{2}\left[\frac{\sin((m+n)x)}{m+n} - \frac{\sin((m-n)x)}{m-n}\right]_0^{2\pi} = 0$$

$m = n$ のとき

$$\int_0^{2\pi} (\sin mx)^2\, dx = -\frac{1}{2}\int_0^{2\pi} (\cos(2mx) - 1)\, dx = -\frac{1}{2}\left[\frac{\sin(2mx)}{2m} - x\right]_0^{2\pi} = \pi$$

です．他の場合も同様に得られます．

18.4 演習問題

問 18.1 次の定積分を求めなさい．

(1) $\displaystyle\int_0^{\pi/2} \frac{\cos^3 x}{\sqrt{\sin x}}\, dx$ (2) $\displaystyle\int_0^1 \sqrt{\frac{1-x}{1+x}}\, dx$

(3) $\displaystyle\int_1^2 \frac{(\log x)^3}{x}\, dx$ (4) $\displaystyle\int_0^{\pi/2} \frac{1}{a^2\sin^2 x + b^2\cos^2 x}\, dx,\ a,b>0$

(5) $\displaystyle\int_0^1 x^3 e^{x^2}\, dx$ (6) $\displaystyle\int_0^1 (\arcsin x)^4\, dx$

問 18.2 次の定積分を求めなさい．

(1) $\displaystyle\int_1^2 x^2 \log x\, dx$ (2) $\displaystyle\int_0^1 \sin(\log x)\, dx$ (3) $\displaystyle\int_0^{2\pi} |\sin x|\, dx$

問 18.3 次の定積分を求めなさい．

$$\int_0^{\pi/2} \frac{1}{4 + 5\cos x}\, dx$$

問 18.4 $f(x)$ が連続なとき次の式を示しなさい．

(1) $\displaystyle\int_0^a f(x)\, dx = \int_0^{a/2} (f(x) + f(a-x))\, dx$

(2) $\displaystyle\int_0^\pi x f(\sin x)\, dx = \frac{\pi}{2}\int_0^\pi f(\sin x)\, dx$

(3) $\displaystyle\int_0^{2\pi} f(a\sin x + b\cos x)\, dx = 2\int_{-\pi/2}^{\pi/2} f(\sqrt{a^2+b^2}\sin x)\, dx$

問 18.5 前問を用いて次の定積分を求めなさい．

(1) $\displaystyle\int_0^\pi x(\sin x)^3\, dx$ (2) $\displaystyle\int_0^{2\pi} \frac{1}{2 + \sin x + \cos x}\, dx$

問 **18.6** 次の定積分を求めなさい．
$$\int_0^\pi \frac{x \sin x}{1 + \cos^2 x}\,dx$$

問 **18.7** $f(x)$ が偶関数のとき次の式を示しなさい．
$$\int_{-a}^a \frac{1}{e^x + 1} f(x)\,dx = \int_0^a f(x)\,dx$$

問 **18.8** $\int_0^\pi \dfrac{\sin nx}{\sin x}\,dx$ を求めなさい．

問 **18.9** 次の定積分を求めなさい．

(1) $\displaystyle\int_0^{\pi/2} \sin^6 x \cos^2 x\,dx$ 　　(2) $\displaystyle\int_0^{2a} x^2 \sqrt{2ax - x^2}\,dx$

問 **18.10** $I_n = \displaystyle\int_0^{\pi/2} \sin^n\,dx$ とする．

(1) $nI_n I_{n-1} = \dfrac{\pi}{2}$ を示しなさい．

(2) 不等式
$$\int_0^{\pi/2} \sin^{2n+1} x\,dx < \int_0^{\pi/2} \sin^{2n} x\,dx < \int_0^{\pi/2} \sin^{2n-1} x\,dx$$
を示し，$\displaystyle\lim_{n\to\infty} nI_n^2 = \dfrac{\pi}{2}$ を示しなさい．

(3) $\displaystyle\lim_{n\to\infty} \dfrac{I_{2n}}{I_{2n+1}} = 1$ を示しなさい．

(4) 次の Wallis の公式を示しなさい．
$$\sqrt{\pi} = \lim_{n\to\infty} \frac{(n!)^2 2^{2n}}{\sqrt{n}(2n)!}$$

第 19 章
広義積分

 前節までは閉区間 $I = [a,b]$ で定義された連続関数の定積分を扱いました. ここでは I が閉区間でない場合や f が連続でない場合の定積分を考えます.

19.1 端点で定義されない場合

 区間 I が $(a,b]$ の場合を考えましょう. $f(x)$ は I で連続とします. このとき $I = (a,b]$ は閉区間でないので定積分の存在は保障されません. しかし十分小さな $\forall \varepsilon > 0$ に対して閉区間 $[a+\varepsilon, b]$ を考えれば, $f(x)$ はそこで連続で積分可能です (定理 16.3). このことから

$$\lim_{\varepsilon \to +0} \int_{a+\varepsilon}^{b} f(x)\, dx$$

が存在するとき

$$\int_{a}^{b} f(x)\, dx = \lim_{\varepsilon \to +0} \int_{a+\varepsilon}^{b} f(x)\, dx$$

と書くことにし, $f(x)$ は $I = (a,b]$ で広義積分可能とよびます.

 $[a,b)$, (a,b) の場合もそれぞれ同様に

$$\int_{a}^{b} f(x)\, dx = \lim_{\eta \to +0} \int_{a}^{b-\eta} f(x)\, dx$$

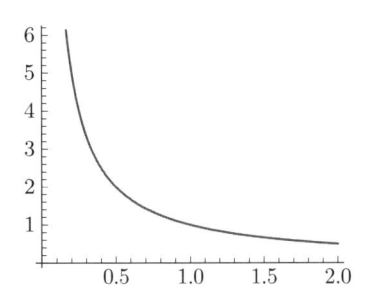

図 19.1　$x=0$ で定義されない例

$$\int_a^b f(x)\,dx = \lim_{\varepsilon\to+0,\eta\to+0}\int_{a+\varepsilon}^{b-\eta} f(x)\,dx$$

と定義します.

例 19.1　$\displaystyle\int_0^1 \frac{1}{x^\alpha}\,dx = \frac{1}{1-\alpha}$ ($\alpha<1$) を示しなさい.

$\alpha\le 0$ のときは $\dfrac{1}{x^\alpha}$ は $[0,1]$ で連続ですので今までどおりの計算です.

$$\int_0^1 \frac{1}{x^\alpha}\,dx = \frac{1}{-\alpha+1}\Big[x^{-\alpha+1}\Big]_0^1 = \frac{1}{1-\alpha}$$

$0<\alpha<1$ のときは $\dfrac{1}{x^\alpha}$ は $(0,1]$ で連続ですが $x=0$ では定義されていません (図 19.1). したがって広義積分を考えます. $-\alpha+1>0$ に注意すれば

$$\int_0^1 \frac{1}{x^\alpha}\,dx = \lim_{\varepsilon\to+0}\int_\varepsilon^1 \frac{1}{x^\alpha}\,dx = \lim_{\varepsilon\to+0}\frac{1}{-\alpha+1}\Big[x^{-\alpha+1}\Big]_\varepsilon^1$$
$$= \lim_{\varepsilon\to+0}\frac{1}{1-\alpha}(1-\varepsilon^{-\alpha+1}) = \frac{1}{1-\alpha}$$

例 19.2　$\displaystyle\int_a^b \frac{1}{\sqrt{b-x}}\,dx = 2\sqrt{b-a}$ を示しなさい.

被積分関数は $[a,b)$ で連続です.

$$\int_a^b \frac{1}{\sqrt{b-x}}\,dx = \lim_{\eta\to+0}\int_a^{b-\eta}\frac{1}{\sqrt{b-x}}\,dx = \lim_{\eta\to+0}\Big[-2\sqrt{b-x}\Big]_a^{b-\eta}$$

$$= \lim_{\eta \to +0} -2(\sqrt{\eta} - \sqrt{b-a}) = 2\sqrt{b-a}$$

19.2　無限区間の場合

区間 I が $[a, \infty)$ の場合を考えましょう．$f(x)$ は I で連続とします．このとき $I = [a, \infty)$ は有界な閉区間ではないので定積分の存在が保障されません．しかし十分大きな $\forall M > 0$ に対して閉区間 $[a, M]$ を考えれば，$f(x)$ はそこで連続で積分可能です (定理 16.3)．このことから

$$\lim_{M \to +\infty} \int_a^M f(x)\,dx$$

が存在するとき

$$\int_a^\infty f(x)\,dx = \lim_{M \to +\infty} \int_a^M f(x)\,dx$$

と書くことにし，$f(x)$ は $I = [a, \infty)$ で広義積分可能とよびます．

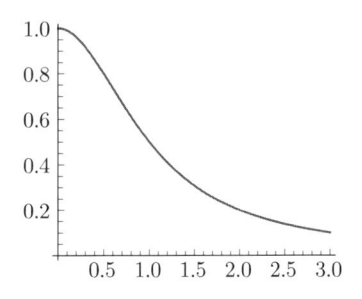

図 **19.2**　無限区間での広義積分

$(-\infty, b)$, $(-\infty, \infty)$ の場合もそれぞれ同様に

$$\int_{-\infty}^b f(x)\,dx = \lim_{N \to +\infty} \int_{-N}^b f(x)\,dx$$

$$\int_{-\infty}^\infty f(x)\,dx = \lim_{M \to +\infty, N \to +\infty} \int_{-N}^M f(x)\,dx \qquad (19.1)$$

と定義します．

例 19.3 $\int_1^\infty \dfrac{1}{x^\alpha}\,dx = \dfrac{1}{\alpha - 1}$ $(\alpha > 1)$ を示しなさい．

$\dfrac{1}{x^\alpha}$ は $[1, \infty)$ での連続ですが $[1, \infty)$ は無限区間です．したがって広義積分を考えます．$-\alpha + 1 < 0$ に注意すれば

$$\int_1^\infty \frac{1}{x^\alpha}\,dx = \lim_{M \to +\infty} \int_1^M \frac{1}{x^\alpha}\,dx = \lim_{M \to +\infty} \frac{1}{-\alpha + 1}\left[x^{-\alpha+1}\right]_1^M$$
$$= \lim_{M \to +\infty} \frac{1}{-\alpha + 1}(M^{-\alpha+1} - 1) = \frac{1}{\alpha - 1}$$

例 19.4 $\int_{-\infty}^b e^x\,dx = e^b$ を示しなさい．

被積分関数は $(-\infty, b)$ で連続です．

$$\int_{-\infty}^b e^x\,dx = \lim_{N \to +\infty} \int_{-N}^b e^x\,dx = \lim_{N \to +\infty} \left[e^x\right]_{-N}^b$$
$$= \lim_{N \to +\infty} (e^b - e^{-N}) = e^b$$

19.3 不連続関数の場合

$f(x)$ が $I = [a, b]$ で定義され $a < c < b$ なる c を除いて連続であるとします．このとき $f(x)$ は $[a, c), (c, b]$ で連続ですからそれぞれで広義積分を考えることができます．よって

$$\int_a^b f(x)\,dx = \lim_{\varepsilon \to +0} \int_a^{c-\varepsilon} f(x)\,dx + \lim_{\varepsilon' \to +0} \int_{c+\varepsilon'}^b f(x)\,dx \tag{19.2}$$

と定義します．さらに $f(x)$ が $[a, b]$ で有限個の不連続点を持つときも同様に定義できます．

例 19.5 $\int_{-1}^1 \log|x|\,dx = -2$ を示しなさい．

$\log x$ は $x = 0$ を除いて連続です．よって

$$\int_{-1}^1 \log|x|\,dx = \lim_{\varepsilon \to +0} \int_{-1}^{-\varepsilon} \log|x|\,dx + \lim_{\varepsilon' \to +0} \int_{+\varepsilon'}^1 \log x\,dx$$

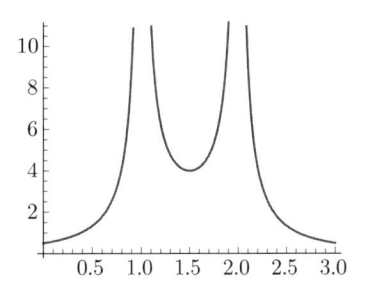

図 **19.3** 不連続点での広義積分

$$= \lim_{\varepsilon \to +0} \Big[x \log |x| - x \Big]_{-1}^{-\varepsilon} + \lim_{\varepsilon' \to +0} \Big[x \log x - x \Big]_{+\varepsilon'}^{1}$$
$$= \lim_{\varepsilon \to +0} (-\varepsilon \log \varepsilon + \varepsilon - 1) + \lim_{\varepsilon' \to +0} (-1 - \varepsilon' \log \varepsilon' + \varepsilon') = -2$$

定理 19.6 $f(x), g(x), h(x)$ が $I = [a, b]$ で定義され, それぞれ有限個の点を除いて連続とする. $f(x) \leq h(x) \leq g(x)$ であり $f(x), g(x)$ が I が広義積分可能であれば $h(x)$ も I で広義積分可能であり

$$\int_a^b f(x)\, dx \leq \int_a^b h(x)\, dx \leq \int_a^b g(x)\, dx$$

証明 $h(x)$ が小区間 $[a', c), (c, b']$ で連続で, c で不連続とします. ここで (19.2) を計算します. このとき $\displaystyle\lim_{\varepsilon \to +0} \int_{a'}^{c-\varepsilon} h(x)\, dx$ が存在することは, c へ左側から近づく任意の数列 $x_n \to c - 0$ に対して $\displaystyle\lim_{n \to \infty} \int_{a'}^{x_n} h(x)\, dx$ が収束することです (定理 3.2). このことは数列 $\displaystyle\int_{a'}^{x_n} h(x)\, dx$ が Cauchy 列, すなわち

$$\exists N > 0,\ \forall n, m \geq N \implies$$
$$\Big| \int_{a'}^{x_n} h(x)\, dx - \int_{a'}^{x_m} h(x)\, dx \Big| = \Big| \int_{x_n}^{x_m} h(x)\, dx \Big| < \gamma \quad (19.3)$$

となることです (定理 2.11). よって $h(x)$ が (19.3) を満たすことがいえれば, $\lim_{\varepsilon \to +0} \int_{a'}^{c-\varepsilon} h(x)\,dx$ の存在が示されます. ところで仮定から $f(x), g(x)$ は広義積分可能です. よってそれぞれ (19.3) を満たします. $f(x) \leq h(x) \leq g(x)$ より

$$\int_{x_n}^{x_m} f(x)\,dx \leq \int_{x_n}^{x_m} h(x)\,dx \leq \int_{x_n}^{x_m} g(x)\,dx$$

ですから容易に $h(x)$ も (19.3) を満たすことが分かります. $\lim_{\varepsilon \to +0} \int_{c+\varepsilon'}^{b} h(x)\,dx$ についても同様です. □

19.4 主値積分

(19.2) の右辺の ε と ε', (19.1) の右辺の N, M が異なっているところが大切です. 例えば

$$\begin{aligned}
\int_{-1}^{1} \frac{1}{x}\,dx &= \lim_{\varepsilon \to +0} \int_{-1}^{-\varepsilon} \frac{1}{x}\,dx + \lim_{\varepsilon' \to +0} \int_{\varepsilon'}^{1} \frac{1}{x}\,dx \\
&= \lim_{\varepsilon \to +0} \Bigl[\log |x|\Bigr]_{-1}^{-\varepsilon} + \lim_{\varepsilon' \to +0} \Bigl[\log x\Bigr]_{\varepsilon'}^{1} \\
&= \lim_{\varepsilon \to +0} \log \varepsilon - \lim_{\varepsilon' \to +0} \log \varepsilon'
\end{aligned}$$

となり極限は存在しませんが, $\varepsilon = \varepsilon'$ にとると

$$\begin{aligned}
\int_{-1}^{1} \frac{1}{x}\,dx &= \lim_{\varepsilon \to +0} \Bigl(\int_{-1}^{-\varepsilon} \frac{1}{x}\,dx + \int_{\varepsilon}^{1} \frac{1}{x}\,dx \Bigr) \\
&= \lim_{\varepsilon \to +0} \Bigl(\Bigl[\log |x|\Bigr]_{-1}^{-\varepsilon} + \Bigl[\log x\Bigr]_{\varepsilon}^{1} \Bigr) \\
&= \lim_{\varepsilon \to +0} (\log \varepsilon - \log \varepsilon) = 0
\end{aligned}$$

となります. この例のように (19.1) であえて $M = N$ あるいは (19.2) であえて $\varepsilon = \varepsilon'$ とすることが有効な場合があります. このような積分を主値積分といい vp $\int f(x)\,dx$ で表します. pv, p.v., v.p. などとも書かれます. 主値は英語で principal value, 仏語で valeur principale です. このとき (19.1) と (19.2)

は次のようになります.

$$\text{vp} \int_{-\infty}^{\infty} f(x)\, dx = \lim_{M \to \infty} \int_{-M}^{M} f(x)\, dx$$

$$\text{vp} \int_{a}^{b} f(x)\, dx = \lim_{\varepsilon \to +0} \int_{a}^{c-\varepsilon} f(x)\, dx + \int_{c+\varepsilon}^{b} f(x)\, dx$$

例 19.7　$f(x)$ が $I = [-a, a]$ で微分可能なとき, 次を示しなさい.

$$\text{vp} \int_{-a}^{a} \frac{f(x)}{x}\, dx = \int_{-a}^{a} \frac{f(x) - f(0)}{x}\, dx$$

上述の例と同様に $\text{vp} \int_{-a}^{a} \frac{1}{x}\, dx = 0$ です. よって

$$\text{vp} \int_{-a}^{a} \frac{f(x)}{x}\, dx = \text{vp} \int_{-a}^{a} \frac{f(x) - f(0)}{x}\, dx + \text{vp} \int_{-a}^{a} \frac{f(0)}{x}\, dx$$
$$= \text{vp} \int_{-a}^{a} \frac{f(x) - f(0)}{x}\, dx$$

となります. ここで $f(x)$ は微分可能ですから $\lim_{x \to 0} \frac{f(x) - f(0)}{x} = f'(0)$ となります. このことから $\frac{f(x) - f(0)}{x}$ は I で連続な関数となり最後の主値積分は通常の定積分になります.

19.5　Γ 関数と B 関数

例 19.8　$\Gamma(t) = \int_{0}^{\infty} e^{-x} x^{t-1}\, dx \ (t > 0)$ とします. この積分は広義積分可能なことを示しなさい.

$t > 1$ のときは

$$\Gamma(t) = \int_{0}^{\infty} e^{-x} x^{t-1}\, dx = \lim_{M \to +\infty} \int_{0}^{M} e^{-x} x^{t-1}\, dx$$
$$= \lim_{M \to +\infty} \left(\Big[-e^{-x} x^{t-1} \Big]_{0}^{M} + (t-1) \int_{0}^{M} e^{-x} t^{t-2}\, dx \right)$$
$$= (t-1)\Gamma(t-1)$$

に注意します. もし $\exists N \in \mathbf{N}, N < t \leq N+1$ であれば $\Gamma(t) = (t-1)\Gamma(t-1) = (t-1)\cdots(t-N)\Gamma(t-N)$ となり $\Gamma(t-N)$ が定義できれば $\Gamma(t)$ が定義できます. $0 < t-N \leq 1$ ですから $0 < t \leq 1$ に対して $\Gamma(t)$ の存在を示せば十分です. 積分区間を $(0,\infty) = (0,1] \cup (1,\infty)$ と分けて考えます. $(0,1]$ では

$$0 \leq e^{-x} x^{t-1} \leq x^{t-1}$$

です. $-(t-1) < 1$ に注意して定理 19.6 と例 19.1 を用いれば $e^{-x}x^{t-1}$ は $(0,1]$ で広義積分可能です. $(1,\infty)$ では

$$0 \leq e^{-x} x^{t-1} \leq e^{-x}$$

です. 定理 19.6 と例 19.4 を用いれば $e^{-x}x^{t-1}$ は $(1,\infty]$ でも広義積分可能です. よって $e^{-x}x^{t-1}$ は $(0,\infty)$ で広義積分可能となり $\Gamma(t), 0 < t \leq 1$ が定義できました. 例 19.8 で定義される関数を Γ 関数といいます.

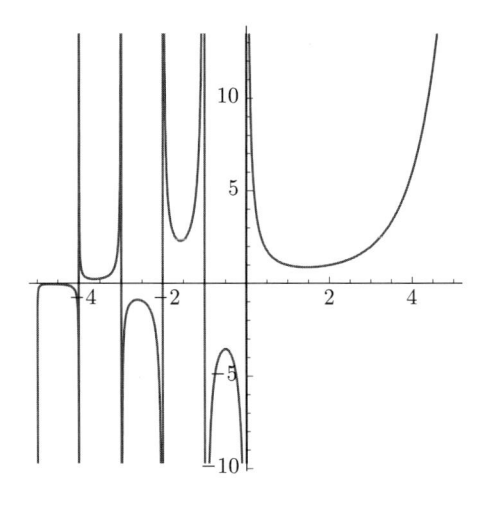

図 **19.4** $\Gamma(t)$

注意 19.1　$t > 0$ のとき $\Gamma(t+1) = t\Gamma(t)$ でした．$\Gamma(1) = \int_0^\infty e^{-x}\,dx = 1$ に注意すれば
$$\Gamma(n+1) = n! \quad (n \in \mathbf{N})$$
となります．

例 19.9　$B(p,q) = \int_0^1 x^{p-1}(1-x)^{q-1}\,dx\ (\ p, q > 0)$ とします．この積分は広義積分可能であることを示しなさい．

積分区間を $(0,1) = \left(0, \dfrac{1}{2}\right] \cup \left(\dfrac{1}{2}, 1\right)$ と分けて考えます．$0 < x \leq \dfrac{1}{2}$ のとき
$$0 \leq x^{p-1}(1-x)^{q-1} \leq Mx^{p-1}$$
なる $M > 0$ がとれます．よって $-(p-1) < 1$ に注意して定理 19.6 と例 19.1 を用いれば $x^{p-1}(1-x)^{q-1}$ は $\left(0, \dfrac{1}{2}\right]$ で広義積分可能です．$\dfrac{1}{2} < x < 1$ のときも
$$0 \leq x^{p-1}(1-x)^{q-1} \leq M(1-x)^{q-1}$$
となる $M > 0$ がとれます．よって $x = 1$ を端点として例 19.1 と同様の計算を行えば，$-(q-1) < 1$ より $(1-x)^{q-1}$ は $\left(\dfrac{1}{2}, 1\right)$ で広義積分可能です．定理 19.6 より $x^{p-1}(1-x)^{q-1}$ も $\left(\dfrac{1}{2}, 1\right)$ で広義積分可能です．よって $x^{p-1}(1-x)^{q-1}$ は $(0,1)$ で広義積分可能です．例 19.9 で定義される関数を Beta 関数といいます．

注意 19.2　$0 < a < b < 1$ に対して
$$\int_a^b x^{p-1}(1-x)^{q-1}\,dx = \dfrac{1}{p}\Big[x^p(1-x)^{q-1}\Big]_a^b - \dfrac{1-q}{p}\int_a^b x^p(1-x)^{q-2}\,dx$$
です．ここで $a \to +0, b \to 1-0$ とすれば
$$B(p,q) = \dfrac{q-1}{p} B(p+1, q-1)$$

となります．$B(p,1) = \int_0^1 x^{p-1}\,dx = \dfrac{1}{p}$ ですから

$$B(p,q) = \frac{(p-1)!(q-1)!}{(p+q-1)!} = \frac{\Gamma(p)\Gamma(q)}{\Gamma(p+q)} \quad (p,q \in \mathbf{N})$$

を得ます．

注意 19.3 適当な変数変換により次の形の定積分は Beta 関数で表されます．

$$\int_0^1 \frac{x^{p-1}(1-x)^{q-1}}{(ax+b(1-x))^{p+q}}\,dx = \frac{B(p,q)}{a^p b^q}, \quad p,q,a,b > 0,$$

$$\int_0^\infty \frac{x^{p-1}}{(1+x)^{p+q}}\,dx = B(p,q), \quad p,q > 0,$$

$$\int_0^\infty \frac{1}{x^p(1+x^\lambda)^q}\,dx = \frac{1}{\lambda} B\Big(q - \frac{1-p}{\lambda}, \frac{1-p}{\lambda}\Big), \quad p < 1,\ q,\lambda > 0,\ \lambda q > 1 - p$$

19.6 演習問題

問 19.1 次の定積分を求めなさい．

(1) $\displaystyle\int_0^1 \frac{1}{\sqrt{1-x}}\,dx$　　(2) $\displaystyle\int_0^1 \frac{1}{\sqrt{x(1-x)}}\,dx$　　(3) $\displaystyle\int_0^1 \sqrt{\frac{x}{1-x}}\,dx$

問 19.2 次の定積分を求めなさい．

(1) $\displaystyle\int_0^\infty xe^{-x^2}\,dx$　　(2) $\displaystyle\int_e^\infty \frac{1}{x(\log x)^{3/2}}\,dx$　　(3) $\displaystyle\int_1^\infty \frac{1}{x(1+x^2)}\,dx$

問 19.3 次の定積分を求めなさい．

(1) $\displaystyle\int_0^a \frac{x^2}{\sqrt{a^2-x^2}}\,dx$　　(2) $\displaystyle\int_0^{2a} \frac{x^2}{\sqrt{2ax-x^2}}\,dx$

問 19.4 次の定積分は発散することを示しなさい．

(1) $\displaystyle\int_0^1 \frac{1}{x^{3/2}}\,dx$　　(2) $\displaystyle\int_0^1 \frac{\log x}{x}\,dx$

問 19.5 次の定積分は発散することを示しなさい．

(1) $\displaystyle\int_1^\infty \frac{1}{1+x}\,dx$ (2) $\displaystyle\int_1^\infty \frac{1}{1+\log x}\,dx$

問 19.6 次の定積分を求めなさい．

$$\int_0^{\pi/2} \log(\sin x)\,dx = \int_0^{\pi/2} \log(\cos x)\,dx = -\frac{\pi}{2}\log 2 \text{ (Euler 積分)}$$

問 19.7 $a > 0$ のとき次の式を示しなさい．

(1) $\displaystyle\int_0^\infty e^{-ax}\cos bx\,dx = \frac{a}{a^2+b^2}$ (2) $\displaystyle\int_0^\infty e^{-ax}\sin bx\,dx = \frac{b}{a^2+b^2}$

問 19.8 $n \in \mathbf{N}$ に対して $I_n = \displaystyle\int_0^\infty x^n e^{-x^2}\,dx$ とする．

(1) $I_n = \dfrac{n-1}{2}I_{n-2}$ を示しなさい．

(2) $I_{2n+1} = \dfrac{n!}{2}$ を示しなさい．

問 19.9 $n \in \mathbf{N}$, $m > -1$ に対して $I_{m,n} = \displaystyle\int_0^1 x^m (\log x)^n\,dx$ とする．

(1) $I_{m,n} = -\dfrac{n}{m+1}I_{m,n-1}$ を示しなさい．

(2) $I_{m,n} = (-1)^n \dfrac{n!}{(m+1)^{n+1}}$ を示しなさい．

問 19.10 $\displaystyle\int_0^\infty \frac{\sin x}{x}\,dx$ は収束するが，$\displaystyle\int_0^\infty \left|\frac{\sin x}{x}\right|\,dx$ は発散することを示しなさい．

第 20 章
定積分の応用

定積分の応用として関数を用いて定義された図形の面積や体積を計算します. 図形の面積や体積の厳密な定義は参考文献で調べてください. ここでは図形から面積や体積の Riemann 和を考え, その極限値 (定積分で与えられる) として図形の面積や体積をとらえます. したがって関数は閉区間で定義された次のような連続関数あるいは C^1 級関数を扱います.

[1]　$y = f(x),\ a \leq x \leq b$

[2]　$\begin{cases} x = f(t) \\ y = g(t), \end{cases} \alpha \leq t \leq \beta$

[3]　$r = f(\theta),\ \alpha \leq \theta \leq \beta$

さらに面積や体積を表す定積分が前章の広義積分に拡張できるならば, 上述の区間を開区間や無限区間に, あるいは連続な f を不連続な関数に拡張します.

面積確定 : $\mathbf{R}^2$ の部分集合 S の面積をきちんと定義するには 2 変数関数の定積分が必要です. S の特性関数 χ_S を

$$\chi_S(x, y) = \begin{cases} 1 & (x, y) \in S \\ 0 & (x, y) \notin S \end{cases}$$

と定義します. $\chi_S(x,y)$ が 2 変数関数として積分可能なとき, S は面積が確定するといい, その積分値を S の面積とします. S がこの章で扱うような "きれいな" 図形であるときは S は面積確定であり, その面積は Riemann 和による極限値 — 1 変数の定積分の値と一致します.

20.1 Riemann 和を用いる面積

ここでは Riemann 和を用いた直感的な定義を与えます. 例えば $I = [a,b]$ で有界な非負関数を $f(x)$ とします. このとき I の分割 $\Delta : a = x_0 < x_1 < x_2 < \cdots < x_n = b$ に対する Riemann 和は (16.1) で定義され

$$R(f, \Delta, \{\xi_i\}) = \sum_{i=1}^{n} f(\xi_i)(x_i - x_{i-1})$$

でした. とくに $f(x)$ が I で連続なとき $\lim_{|\Delta| \to 0} R(f, \Delta, \{\xi_i\})$ が存在しその極限が $f(x)$ の I での定積分 $\int_a^b f(x)\,dx$ でした (定理 16.3). このときこの積分値は $x = a, b, y = 0, y = f(x)$ で囲まれる部分の面積と考えられます (図 16.1).

以下では図形を適当に細分したときの Riemann 和によって面積 (体積, 曲線の長さ) の近似を考え, その極限が存在すればその極限値を図形の面積 (体積, 曲線の長さ) とします. Riemann 和の構成に依らずに面積が定まることを示す必要がありますが, それには前述の面積確定の話が必要です.

定理 20.1 (1) 区間 $[a,b]$ で連続な関数 f, g が定義され, $f(x) \geq g(x)$ とする. このとき 2 直線 $x = a, b$ と $f(x), g(x)$ で囲まれる部分の面積 A は

$$A = \int_a^b (f(x) - g(x))\,dx$$

(2) 区間 $[\alpha, \beta]$ で連続な関数 f により曲線が $r = f(\theta)$, $\alpha \leq \theta \leq \beta$ と極座標で与えられている. 2 つの動径 $\theta = \alpha, \beta$ と曲線で囲まれる部分の面積 A は

$$A = \frac{1}{2} \int_\alpha^\beta f^2(\theta)\,d\theta$$

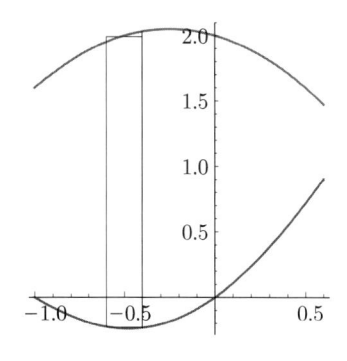

図 20.1 $f(x), g(x)$ と長方形

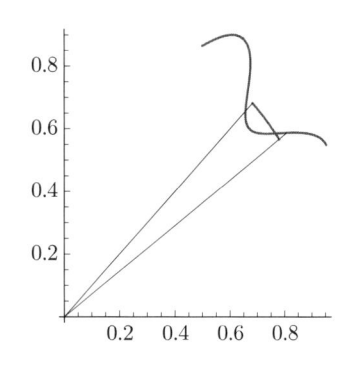

図 20.2 $r = f(\theta)$ と扇形

証明 (1) $I = [a,b]$ の分割 Δ を考え面積の近似を考えます．図 20.1 のように $x = x_i, x_{i-1}$, $f(x)$, $g(x)$ で囲まれる部分を $\dfrac{f(x_i) + f(x_{i-1})}{2} - \dfrac{g(x_i) + g(x_{i-1})}{2} = \dfrac{(f-g)(x_i) + (f-g)(x_{i-1})}{2}$ を高さとする小長方形で近似します．その面積は

$$\frac{(f-g)(x_i) + (f-g)(x_{i-1})}{2}(x_i - x_{i-1}) = (f-g)(\xi_i)(x_i - x_{i-1})$$

です．ここで $x_i < \xi_i < x_{i-1}$ は中間値の定理 (定理 4.12) より存在します．したがって面積の近似は Riemann 和 $R(f-g, \Delta, \{\xi_i\})$ で与えられました．$f - g$ は連続ですから $|\Delta| \to 0$ としたときの極限は $\displaystyle\int_a^b (f(x) - g(x))\, dx$ です．

(2) $I = [\alpha, \beta]$ を分割し面積を近似します．図 20.2 のように中心角が $\theta_{i-1} \leq \theta \leq \theta_i$ の部分を半径が $\dfrac{f(\theta_i) + f(\theta_{i-1})}{2}$ の小扇形で近似します．その面積は

$$\pi \left(\frac{f(\theta_i) + f(\theta_{i-1})}{2} \right)^2 \cdot \frac{\theta_i - \theta_{i-1}}{2\pi} = \frac{1}{2} f(\xi_i)^2 (\theta_i - \theta_{i-1})$$

となります．ここで $\theta_i < \xi_i < \theta_{i-1}$ は中間値の定理 (定理 4.12) より存在します．したがって面積の近似は Riemann 和 $R\left(\dfrac{f^2}{2}, \Delta, \{\xi_i\}\right)$ で与えられました．$\dfrac{f^2}{2}$ は連続ですから $|\Delta| \to 0$ としたときの極限は $\dfrac{1}{2}\displaystyle\int_\alpha^\beta f^2(\theta) d\theta$ です． □

例 20.2 楕円 $\dfrac{x^2}{a^2} + \dfrac{y^2}{b^2} = 1$ $(a, b > 0)$ で囲まれる図形の面積.
$y = \pm \dfrac{b}{a}\sqrt{a^2 - x^2}$ ですから

$$A = \frac{4b}{a}\int_0^a \sqrt{a^2 - x^2}\, dx = 4ab \int_0^{\pi/2} \cos^2\theta\, d\theta = 4ab \cdot \frac{\pi}{4} = \pi ab$$

となります. とくに $a = b$ とすれば円の面積の公式が得られます.

例 20.3 カルジオイド $r = a(1 + \cos\theta)$ $(a > 0)$ で囲まれる図形の面積

$$A = 2 \cdot \frac{1}{2}\int_0^\pi a^2(1 + \cos\theta)^2 d\theta = 2a^2 \int_0^{\pi/2}(1 + \cos^2\theta)d\theta = \frac{3}{2}\pi a^2$$

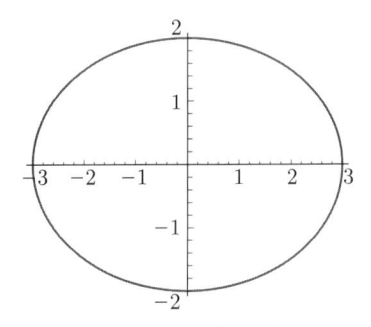

図 20.3 楕円 $\dfrac{x^2}{3^2} + \dfrac{y^2}{2^2} = 1$

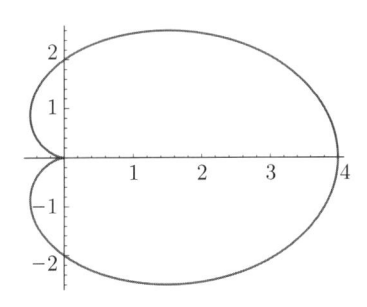

図 20.4 $r = 2(1 + \cos\theta)$

20.2 体積

定理 20.4 (1) 立体を x 軸に垂直な平面で切った切り口の面積を $A(x)$ とする. $A(x)$ が $[a, b]$ で連続であれば, 2 平面 $x = a, b$ で切り取られる立体の体積 V は

$$V = \int_a^b A(x)\, dx$$

で与えられる.

(2) 区間 $[a,b]$ で連続な関数 $f(x)$ が定義されている. x 軸, $x=a,b$, $f(x)$ で囲まれる図形を x 軸の周りに 1 回転させてできる回転体の体積 V は

$$V = \pi \int_a^b f^2(x)\, dx$$

で与えられる.

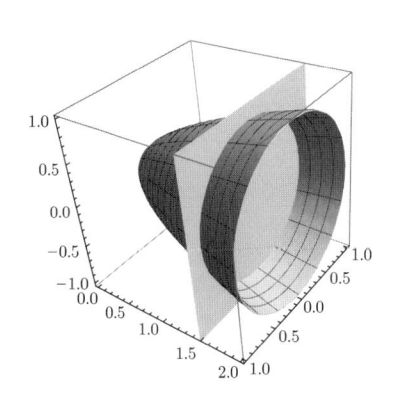

図 **20.5** 切り口 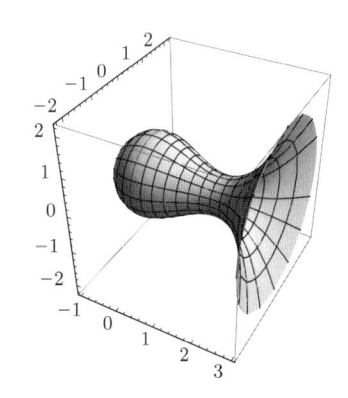 　　　　　　　　 図 **20.6** 回転体

証明 (1) $I=[a,b]$ の分割 Δ を考え体積を近似します. $x=x_i, x_{i-1}$ で切り取られる部分を,底面積を $\dfrac{A(x_i)+A(x_{i-1})}{2}$, 高さを $x_i - x_{i-1}$ とする立体で近似します. その体積は

$$\frac{A(x_i)+A(x_{i-1})}{2}(x_i - x_{i-1}) = A(\xi_i)(x_i - x_{i-1})$$

です. ここで $x_i < \xi_i < x_{i-1}$ は中間値の定理 (定理 4.12) より存在します. よって体積の近似は Riemann 和 $R(A, \Delta, \{\xi_i\})$ で与えられました. $A(x)$ は連続なので $|\Delta| \to 0$ としたときの極限は存在し, $\displaystyle\int_a^b A(x)\, dx$ です.

(2) 回転体の切り口の面積が $A(x) = \pi f(x)^2$ で与えられることから (1) より明らかです. □

例 20.5 半径 1 の円を底面にもつ直円柱がある. 円の中心を通り底面と $45°$ で交わる平面で円柱を切り取ったときの体積を求めよ.

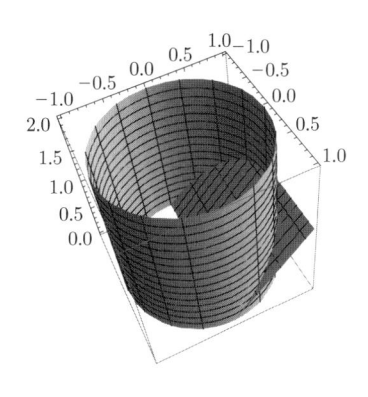

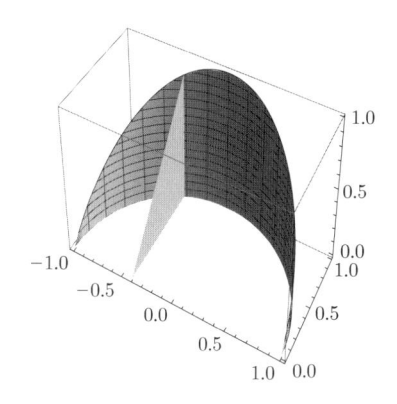

図 20.7 円柱と平面 **図 20.8** x 軸に垂直な平面

円の中心を原点とし，切り取る平面と底面の交線を x 軸にとります．すると切り取られる部分を x 軸に垂直な平面で切るとその切り口は直角二等辺三角形です (図 20.8)．その面積は $A(x) = \dfrac{1-x^2}{2}$ です．よって切り取られる部分の体積は

$$V = \frac{1}{2}\int_{-1}^{1}(1-x^2)\,dx = \frac{2}{3}$$

例 20.6 楕円体 $\dfrac{x^2}{a^2} + \dfrac{y^2}{b^2} + \dfrac{z^2}{c^2} = 1 \ (a,b,c > 0)$ で囲まれる図形の体積を求めよ．

x 軸に垂直な面での切り口は

$$\frac{y^2}{b^2\left(1-\dfrac{x^2}{a^2}\right)} + \frac{z^2}{c^2\left(1-\dfrac{x^2}{a^2}\right)} = 1$$

となります．したがって例 20.2 より $A(x) = \dfrac{\pi bc}{a^2}(a^2-x^2)$ です．よって

$$V = 2\int_{0}^{a}\frac{\pi bc}{a^2}(a^2-x^2)\,dx = \frac{4\pi abc}{3}$$

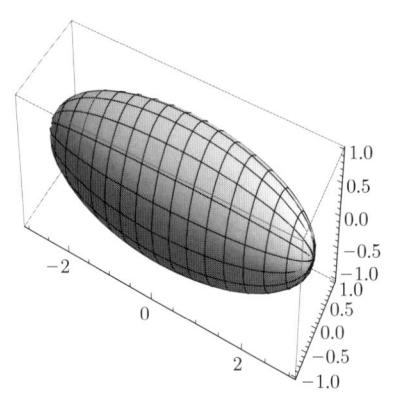

図 20.9　楕円体 $\dfrac{x^2}{3^2} + \dfrac{y^2}{2^2} + \dfrac{z^2}{1^2} = 1$

20.3　曲線の長さ

定理 20.7　(1) 区間 $[a,b]$ で C^1 級な関数 f により曲線が $y = f(x)$ ($a \leq x \leq b$) で定義されている. このとき曲線の長さ L は

$$L = \int_a^b \sqrt{1 + (f'(x))^2}\, dx$$

(2) 区間 $[\alpha, \beta]$ で C^1 級な関数 f, g により曲線が $x = f(t)$, $y = g(t)$ ($\alpha \leq t \leq \beta$) で定義されている. このとき曲線の長さ L は

$$L = \int_\alpha^\beta \sqrt{(f'(t))^2 + (g'(t))^2}\, dt$$

(3) 区間 $[\alpha, \beta]$ で C^1 級な関数 f により曲線が $r = f(\theta)$ ($\alpha \leq \theta \leq \beta$) と極座標で定義されている. このとき曲線の長さ L は

$$L = \int_\alpha^\beta \sqrt{(f(\theta))^2 + (f'(\theta))^2}\, d\theta$$

証明　(1) $I = [a,b]$ を分割し長さの近似を考えます. 図 20.10 のように曲線を折れ線で近似します. 点 $(x_i, f(x_i))$ を P_i とすれば

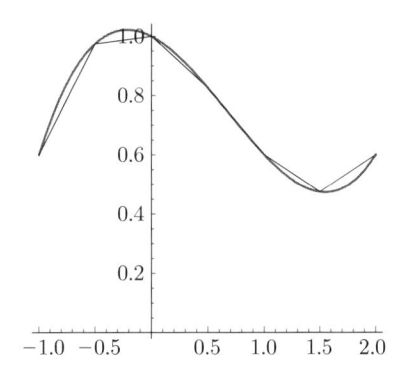

図 **20.10** 折れ線近似

$$\mathrm{P}_i\mathrm{P}_{i-1} = \sqrt{(x_i - x_{i-1})^2 + (f(x_i) - f(x_{i-1}))^2}$$
$$= \sqrt{1 + \Big(\frac{f(x_i) - f(x_{i-1})}{x_i - x_{i-1}}\Big)^2}(x_i - x_{i-1})$$
$$= \sqrt{1 + f'(\xi_i)^2}(x_i - x_{i-1})$$

となります．ここで最後の変形は平均値の定理 (定理 8.3) を用いて ξ_i を選んでいます．このことから曲線の長さの近似は Riemann 和 $R(\sqrt{1+(f')^2}, \Delta, \{\xi_i\})$ で与えられました．f が C^1 級であることから $\sqrt{1+(f')^2}$ は連続です．よって $|\Delta| \to 0$ としたときの極限は存在し，$\int_a^b \sqrt{1+(f'(x))^2}\,dx$ です．

(2) 媒介変数表示の微分 (定理 7.11) に注意すれば

$$\frac{dy}{dx} = \frac{g'(t)}{f'(t)}, \quad dx = f'(t)\,dt$$

です．したがって (1) より明らかです．

(3) 極座標 (r,θ) で表される点は直交座標で $(r\cos\theta, r\sin\theta)$ となります．よって $r = f(\theta)$ のとき，媒介変数による表示 $x = f(\theta)\cos\theta$, $y = f(\theta)\sin\theta$ が得られます．このとき $\frac{dx}{d\theta} = f'(\theta)\cos\theta - f(\theta)\sin\theta$, $\frac{dy}{d\theta} = f'(\theta)\sin\theta + f(\theta)\cos\theta$ です．したがって $\Big(\frac{dx}{d\theta}\Big)^2 + \Big(\frac{dy}{d\theta}\Big)^2 = (f'(\theta))^2 + (f(\theta))^2$ となり (2)

より求める結果を得ます. □

例 20.8 懸垂曲線 $f(x) = \dfrac{e^x + e^{-x}}{2}$ の $-a \leq x \leq a$ の部分の長さを求めよ.

$f'(x) = \dfrac{e^x - e^{-x}}{2}$ より $1 + f'(x)^2 = \left(\dfrac{e^x + e^{-x}}{2}\right)^2$ です. よって

$$L = 2\int_0^a \dfrac{e^x + e^{-x}}{2}\,dx = \left[e^x - e^{-x}\right]_0^a = e^a - e^{-a}$$

例 20.9 アステロイド $x^{2/3} + y^{2/3} = a^{2/3}$ $(a > 0)$ の長さを求めよ. $x = a\cos^3\theta$, $y = a\sin^3\theta$ $(0 \leq \theta \leq 2\pi)$ と媒介変数で表されます.

$$\left(\dfrac{dx}{d\theta}\right)^2 + \left(\dfrac{dy}{d\theta}\right)^2 = (-3a\cos^2\theta\sin\theta)^2 + (3a\sin^2\theta\cos\theta)^2$$
$$= 9a^2\cos^2\theta\sin^2\theta$$

ですから

$$L = 4\int_0^{\pi/2} 3a\sin\theta\cos\theta\,d\theta = 12a\left[\dfrac{\sin^2\theta}{2}\right]_0^{\pi/2} = 6a$$

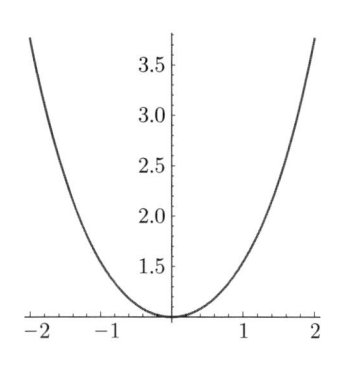

図 **20.11** $y = \dfrac{e^x + e^{-x}}{2}$

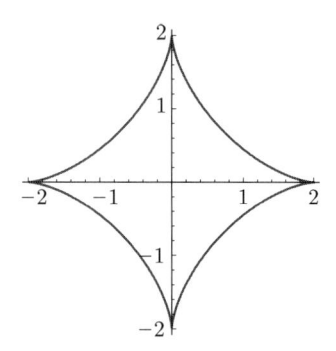

図 **20.12** $x^{2/3} + y^{2/3} = 2^{2/3}$

例 20.10 カルジオイド $r = a(1+\cos\theta)$ $(a > 0)$ の長さを求めよ．

$$L = 2\int_0^\pi \sqrt{a^2(1+\cos\theta)^2 + a^2(-\sin\theta)^2}d\theta$$
$$= 2a\int_0^\pi \sqrt{2(1+\cos\theta)}d\theta$$
$$= 4a\int_0^\pi \cos\frac{\theta}{2}\,d\theta = 8a\Big[\sin\frac{\theta}{2}\Big]_0^\pi = 8a$$

例 20.11 楕円 $\dfrac{x^2}{a^2} + \dfrac{y^2}{b^2} = 1$ $(a, b > 0)$ の長さを求めよ．

$x = a\cos\theta$, $y = b\sin\theta$ $(0 \leq \theta \leq 2\pi)$ と媒介変数で置き換えます．

$$L = \int_0^{2\pi} \sqrt{a^2\sin^2\theta + b^2\cos^2\theta}d\theta$$
$$= 4b\int_0^{\pi/2} \sqrt{1 - \left(1 - \left(\frac{a}{b}\right)^2\right)\sin^2\theta}\,d\theta$$
$$= 4b\int_0^1 \sqrt{\frac{1 - \left(1 - \left(\frac{a}{b}\right)^2\right)x^2}{1 - x^2}}\,dx$$

これは 15.4 節の楕円積分です．これ以上は計算できません．

20.4 演習問題

問 20.1 $y = x^3 - 3x$, $y = 2$ で囲まれる図形の面積を求めなさい．

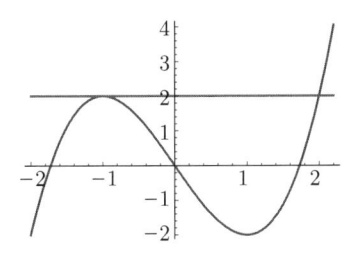

図 **20.13** $y = x^3 - 3x$, $y = 2$

問 20.2 サイクロイド $x = a(t - \sin t),\ y = a(1 - \cos t)\ (a > 0)$ の $0 \leq t \leq 2\pi$ の部分と x 軸で囲まれる図形の面積を求めなさい．

問 20.3 レムニスケート $r^2 = a^2 \cos 2\theta$ で囲まれる図形の面積を求めなさい．

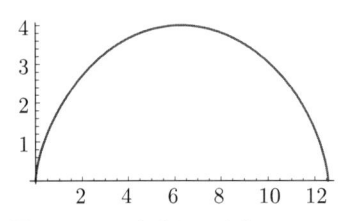

図 **20.14** サイクロイド $x = 2(t - \sin t), y = 2(1 - \cos t)$

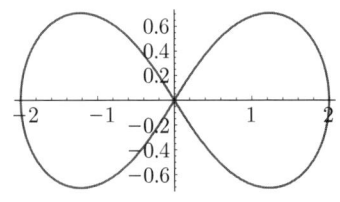

図 **20.15** レムニスケート $r^2 = 2^2 \cos 2\theta$

問 20.4 2つの楕円 $\dfrac{x^2}{a^2} + \dfrac{y^2}{b^2} = 1$ と $\dfrac{x^2}{b^2} + \dfrac{y^2}{a^2} = 1\ (0 < b < a)$ の共通部分の面積を求めなさい．

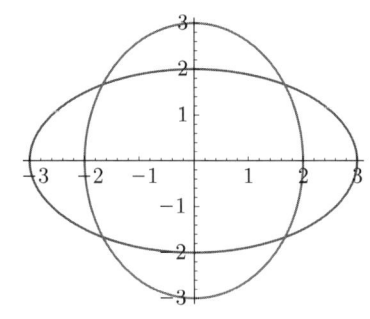

図 **20.16** $\dfrac{x^2}{3^2} + \dfrac{y^2}{2^2} = 1$ と $\dfrac{x^2}{2^2} + \dfrac{y^2}{3^2} = 1$

問 20.5 $\dfrac{x}{a} + \dfrac{y}{b} + \dfrac{z}{c} = 1\ (a, b, c > 0)$ と座標面で囲まれる立体の体積を求めなさい．

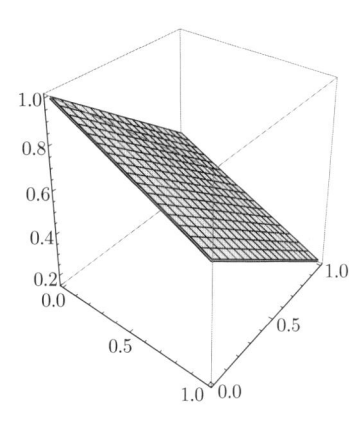

図 20.17 $\dfrac{x}{3}+\dfrac{y}{2}+\dfrac{z}{1}=1$

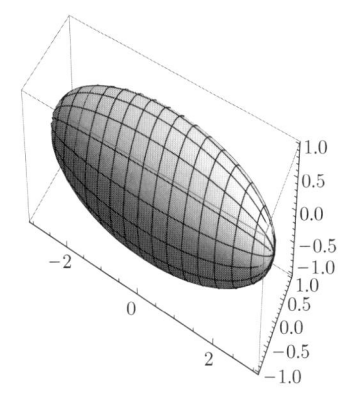

図 20.18 $\dfrac{x^2}{3^2}+\dfrac{y^2}{2^2}+\dfrac{z^2}{1^2}=1$

問 20.6 $\dfrac{x^2}{a^2}+\dfrac{y^2}{b^2}+\dfrac{z^2}{c^2}=1\ (a,b,c>0)$ で囲まれる立体の体積を求めなさい.

問 20.7 $x^{2/3}+y^{2/3}\leq a^{2/3}\ (a>0)$ を x 軸のまわりに回転してできる立体の体積を求めなさい.

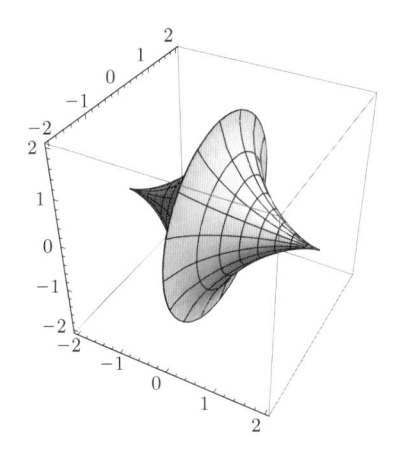

図 20.19 $x^{2/3}+y^{2/3}\leq 2^{2/3}$ の回転

問 **20.8** 放物線 $y^2 = 4x$ の $(0,0)$ から $(a, 2\sqrt{a})$ までの長さを求めなさい.

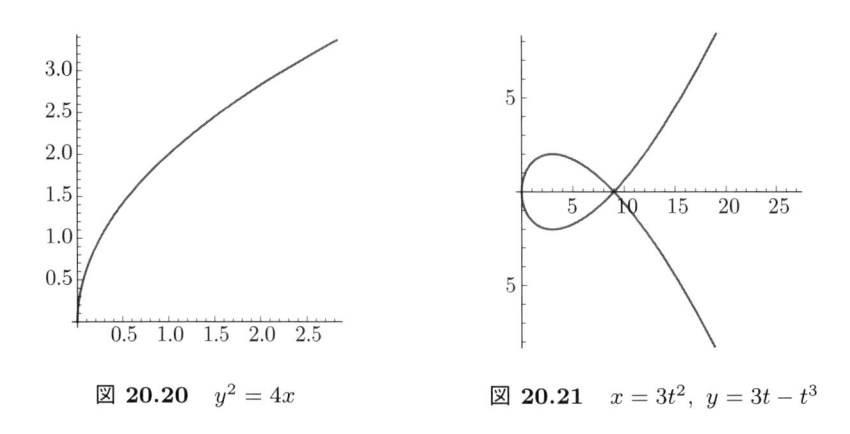

図 **20.20** $y^2 = 4x$

図 **20.21** $x = 3t^2$, $y = 3t - t^3$

問 **20.9** $x = 3t^2$, $y = 3t - t^3$ の自閉線 (曲線が有界閉領域を作ったときの周) の長さを求めなさい.

問 **20.10** うず線 $r = a\theta$ の $0 \leq \theta \leq \alpha$ の部分の長さを求めなさい.

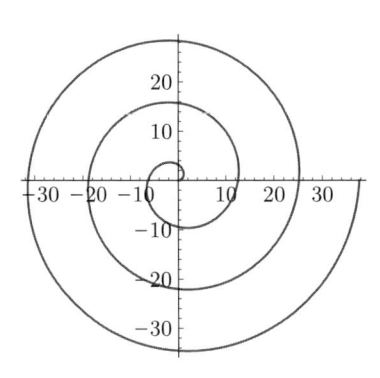

図 **20.22** うず線 $r = 2\theta$

第 21 章

1 階の微分方程式

$f(x)$ の不定積分 (原始関数) は微分して $f(x)$ になる関数で

$$y = \int f(x)\,dx + C$$

と表しました。$y' = f(x)$ です．このことを微分方程式の言葉で言い換えると微分方程式

$$y' - f(x) = 0 \tag{21.1}$$

の一般解は

$$y = \int f(x)\,dx + C \tag{21.2}$$

となります．C は任意定数です．この章では (21.1) を

$$F(x, y, y', \cdots, y^{(n)}) = 0 \tag{21.3}$$

と一般化します．(21.3) を n 階の微分方程式といいます．そしてこの方程式を満たす y を (21.2) のように不定積分を用いて探します．F がよい形をしていれば n 個の任意定数を含む一般解が得られます．一般解の任意定数に値を代入した解を特殊解といいます．さらに一般解と特殊解以外の解を特異解といいます (例 21.6)．このように不定積分を用いて微分方程式を解くことを求積法といいますが，必ずしも解けるとは限りません．むしろ F が特殊な形のときのみ解くことができます．この章では 1 階の微分方程式の求積法を紹介します．

21.1 変数分離形

次の形をした微分方程式を変数分離形といいます.
$$\frac{dy}{dx} = f(x)g(y)$$
これを解くには $\frac{1}{g(y)}\frac{dy}{dx} = f(x)$ と変形し両辺を x で積分します. このとき左辺は置換積分の公式 (13.2) より $\int \frac{1}{g(y)}\,dy + C$ になります. よって
$$\int \frac{1}{g(y)}\,dy = \int f(x)\,dx + C$$
です. 両辺に現れる任意定数を右辺にまとめています. 以上の過程を形式的に次のように書きます.
$$\frac{dy}{dx} = f(x)g(y)$$
$$\frac{1}{g(y)}\,dy = f(x)\,dx$$
$$\int \frac{1}{g(y)}\,dy = \int f(x)\,dx + C$$
$g(y)$ で割り算をしているので $g(y) = 0$ となるところ ($y = y_0$ としましょう) ではこの議論は使えません. しかし $y = y_0$ は微分方程式を満たすので, やはり解です.

例 21.1 $y' = \dfrac{2xy}{1+x^2}$ を解きなさい.

$$\frac{1}{y}\,dy = \frac{2x}{1+x^2}\,dx$$
$$\int \frac{1}{y}\,dy = \int \frac{2x}{1+x^2}\,dx$$
$$\log|y| = \log(1+x^2) + C$$
$$|y| = e^C(1+x^2)$$
$$y = \pm e^C(1+x^2)$$

となります．C が任意定数のとき $\pm e^C$ は 0 以外の実数です．ところで $y = 0$ も明らかに解です．以上のことから一般解は

$$y = k(1 + x^2) \quad (k \text{ は任意定数})$$

例 21.2 $y' = \tan y \tan x$ を解きなさい．

$$\frac{1}{\tan y} dy = \tan x \, dx$$

$$\int \frac{1}{\tan y} dy = \int \tan x \, dx$$

$$\log|\sin y| = -\log|\cos x| + C$$

$$|\sin y \cos x| = e^C$$

$$\sin y \cos x = \pm e^C$$

となります．$y = n\pi$ も解ですから

$$\sin y \cos x = k \quad (k \text{ は任意定数})$$

注意 21.1 上述の $\pm e^C$ の $\pm$ は (x, y) によって変化します．注意 14.1 で述べたように不定積分は局所的です．したがって不定積分を用いて得た微分方程式の解も局所的です．よって $\pm$ が大域的に定まる必要はありません．またこの例のように微分方程式の解はしばしば陰関数で表示されます．

陽関数と陰関数：$y = f(x)$ の形で与えられる関数を陽関数，$F(x, y) = 0$ の形で与えられる関数を陰関数といいます．x と y の対応が定まればよいのであって関数を陽関数に限る必要はありません．

21.2 同次形

次の形をした微分方程式を同次形といいます．

$$\frac{dy}{dx} = f\left(\frac{y}{x}\right)$$

これを解くには $\dfrac{y}{x} = u$，すなわち $y = ux$ とします．このとき $y' = u'x + u$ ですから微分方程式は

$$u'x + u = f(u)$$
$$u' = \frac{1}{x}(f(u) - u)$$

と変数分離形 (21.1 節) に帰着されます.

例 21.3 $2xy - (x^2 - y^2)y' = 0$ を解きなさい.

$$y' = \frac{2xy}{x^2 - y^2} = \frac{2 \cdot \dfrac{y}{x}}{1 - \left(\dfrac{y}{x}\right)^2}$$

ですから同次形です. $y = ux$ とすると

$$u'x + u = \frac{2u}{1 - u^2}$$
$$u' = \frac{1}{x} \frac{u(1 + u^2)}{1 - u^2}$$
$$\frac{1 - u^2}{u(1 + u^2)} du = \frac{1}{x} dx$$
$$\left(\frac{1}{u} - \frac{2u}{1 + u^2}\right) du = \frac{1}{x} dx$$
$$\int \left(\frac{1}{u} - \frac{2u}{1 + u^2}\right) du = \int \frac{1}{x} dx$$
$$\log|u| - \log(1 + u^2) = \log|x| + C$$
$$\log\left|\frac{u}{1 + u^2}\right| = \log|x| + C$$
$$\left|\frac{u}{1 + u^2}\right| = e^C |x|$$
$$\left|\frac{xy}{x^2 + y^2}\right| = e^C |x|$$

となります. よって $\pm e^C (x^2 + y^2) = y$ です. ただし式の変形で $u \neq 0$ ($y = 0$) を仮定しています. ところが明らかに $y = 0$ も解です. 以上のことから一般解は

$$k(x^2 + y^2) = y \quad (k \text{ は任意定数})$$

21.3　1 階線形

次の形をした微分方程式を 1 階線形といいます．
$$y' + P(x)y = Q(x)$$
この場合は解の公式があります．
$$y = e^{-\int P(x)\,dx}\left(C + \int e^{\int P(x)\,dx}Q(x)\,dx\right) \quad (C\text{ は任意定数})$$
です．直接この式を微分して解であることを確かめてください．次のようにしてもこの公式を導くことができます．v を $P(x)$ の不定積分として $u = ye^v$ とします．このとき
$$u' = y'e^v + ye^v v' = e^v(y' + Py) = e^v Q$$
です．よって $u = ye^v = \int e^v Q\,dx + C$ ですので $y = e^{-v}\left(\int e^v Q\,dx + C\right)$ となります．$v = \int P(x)\,dx + C'$ より
$$y = e^{-\int P(x)\,dx}e^{-C'}\left(e^{C'}\int e^{\int P(x)\,dx}Q\,dx + C\right)$$
$$= e^{-\int P(x)\,dx}\left(\int e^{\int P(x)\,dx}Q\,dx + e^{-C'}C\right)$$
となります．$e^{-C'}C$ は任意定数ですので改めて C とおき求める公式が得られました．

例 21.4　$y' + y = e^{-x}$ を解きなさい．

$P(x) = 1$, $Q(x) = x$ として公式に代入します．$\int P(x)\,dx = x$ ですから
$$y = e^{-x}\left(\int e^x e^{-x}\,dx + C\right) = e^{-x}(x + C)$$
$$y = e^{-x}(x + C) \quad (C\text{ は任意定数})$$

例 21.5　$y' + (\tan x)y = \sin 2x$ を解きなさい．

$P(x) = \tan x$, $Q(x) = \sin 2x$ とします．$\int P(x)\,dx = -\log|\cos x|$ です．注意 14.1, 注意 21.1 より $|\cos x| = \pm \cos x$ の場合をそれぞれ考えます．

$$y = \pm \cos x \Big(\int \frac{1}{\pm \cos x} 2\sin x \cos x \, dx + C \Big) = \cos x(-2\cos x + C)$$

$$y = -2\cos^2 x + C\cos x \quad (C \text{ は任意定数})$$

となります．

21.4 Bernoulli 形

次の形をした微分方程式を Bernoulli 形といいます．

$$y' + P(x)y = Q(x)y^n$$

とくに $n=0$ のときは 1 階線形，$n=1$ のときは変数分離形です．一般の $n \geq 2$ のときは $u = y^{1-n}$ と置換します．すると $u' = (1-n)y^{-n}y' = (1-n)uy'y^{-1}$ ですから上式の両辺を y で割った式は

$$\frac{1}{(1-n)u}u' + P(x) = Q(x)u^{-1}$$

$$u' + (1-n)P(x)u = (1-n)Q(x)$$

となり，1 階線形に帰着されます．ただし $y \neq 0$ でなくてはなりません．また $y=0$ は明らかに解です．

例 21.6 $xy' + y = x^2 y^2$ を解きなさい．

$y' + \dfrac{1}{x}y = xy^2$ ですから Bernoulli 形です．$u = y^{1-2} = y^{-1}$, $y \neq 0$ とします．$u' = -y^{-2}y' = -uy'y^{-1}$ ですから

$$-\frac{u'}{u} + \frac{1}{x} = xu^{-1}$$

$$u' - \frac{1}{x}u = -x$$

となります．$P(x) = -\dfrac{1}{x}$, $Q(x) = -x$ として公式にあてはめます．$\int P(x)dx = -\log|x|$ ですから $e^{-\int P(x)\,dx} = |x|$ です．注意 14.1, 注意 21.1 より $|x| = \pm x$ の場合をそれぞれ考えます．

$$u = \pm x\Big(\int (-x) \cdot \dfrac{1}{\pm x}\,dx + C\Big) = x(-x + C)$$

よって $y^{-1} = x(-x + C)$ です．$y = 0$ も解ですから微分方程式の解は

$$1 = xy(-x + C) \quad (C \text{ は任意定数}), \quad y = 0$$

です．$y = 0$ は特異解です．

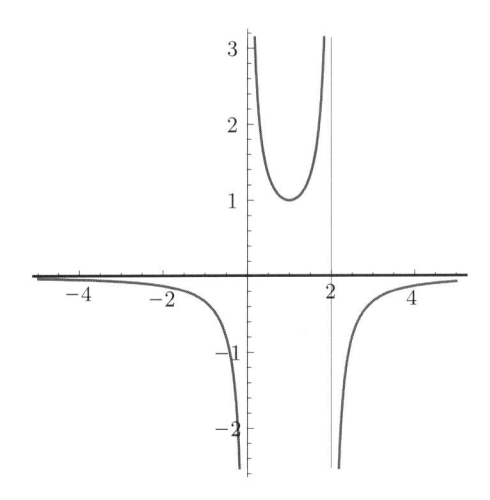

図 21.1　$C = 2$ の解と $y = 0$

注意 21.2　関数は $y = f(x)$ と表してきましたが微分方程式の解ごとに，例えば $y = f(x)$, $y_1 = g(x)$, $y_2 = h(x)$ と書いていては大変です．そこで $y = y(x)$, $y_1 = y_1(x)$, $y_2 = y_2(x)$ と表すと便利です．問 21.6～問 21.8 や次章ではこの表記を用います．

21.5　演習問題

問 21.1　次の微分方程式を解きなさい．

(1) $y' = 2y$　　(2) $y' = \dfrac{y-3}{x^2 y}$　　(3) $(1-x^2)y' = x(y^2+1)$

問 21.2　次の微分方程式を解きなさい．

(1) $(2x+y) + (x+2y)y' = 0$　　(2) $x^2 - y^2 + 2xyy' = 0$
(3) $y' = \dfrac{\sqrt{x^2+y^2}+y}{x}$

問 21.3　次の微分方程式を解きなさい．

(1) $y' = (x+y)^2$　　(2) $(3x+y-2) + (x+y)y' = 0$

(ヒント：(1) $x+y=u$ と変数変換する．(2) x,y を 1 次変換して左辺第 1 項の定数項 -2 を消去する)

問 21.4　次の微分方程式を解きなさい．

(1) $xy' + y = x\log x$　(2) $y' + y\tan x = \sin 2x$　(3) $y' + y\cos x = e^{-\sin x}$

問 21.5　次の微分方程式を解きなさい．

(1) $y' + 2xy = 2x^3 y^3$　　(2) $xy' + y = x^2 y^3$　　(3) $xy' + y = y^2 \log x$

問 21.6　$y' + \dfrac{1+y^2}{1+x^2} = 0$ の解で $y(0)=1$ となるものを求めなさい．

問 21.7　$xy' + y = 2x(1+x^2)$ の解で $y(1)=0$ となるものを求めなさい．

問 21.8　$(x^2+2xy-y^2) + (y^2+2xy-x^2)y' = 0$ の解で $y(1)=1$ となるものはあるか．

問 21.9　$y' + y^2 + \dfrac{y}{x} - \dfrac{1}{x^2} = 0$ を $y = u + \dfrac{1}{x}$ と変数変換して解きなさい．

問 21.10　$y = xy' + (y')^2$ を両辺を微分することにより解きなさい．

第 22 章
線形微分方程式

$$y^{(n)} + P_1(x)y^{(n-1)} + \cdots + P_{n-1}(x)y' + P_n(x)y = R(x) \qquad (22.1)$$

の形をした微分方程式を n 階の線形微分方程式といいます．この章ではこの方程式の解の構造について調べます．微分作用素 L を

$$L = \frac{d^n}{dx^n} + P_1(x)\frac{d^{n-1}}{dx^{n-1}} + \cdots + P_{n-1}(x)\frac{d}{dx} + P_n(x)$$

と定めれば (22.1) は

$$L(y) = R(x)$$

と書けます．$R(x) \equiv 0$ のときを同次型，そうでないときを非同次型といいます．

22.1 解空間

微分方程式の解の全体を解空間といいます．同次形と非同次形の解空間の構造を調べましょう．

$$L(y) = y^{(n)} + P_1(x)y^{(n-1)} + \cdots + P_{n-1}(x)y' + P_n(x)y = 0 \qquad (22.2)$$

とします．もし y_1, y_2 がこの微分方程式の解であればその一次結合

$$y = c_1 y_1 + c_2 y_2$$

も (22.2) の解です. 実際, 定理 7.1 (1), (2) より $\dfrac{d}{dx}$ は線形作用素で, その合成 $\dfrac{d^m}{dx^m} = \left(\dfrac{d}{dx}\right) \circ \left(\dfrac{d}{dx}\right) \circ \cdots \circ \left(\dfrac{d}{dx}\right)$ も線形作用素です. $P_{n-m}(x)\dfrac{d^m}{dx^m}$ も線形作用素となりその一次結合である L は線形作用素です. よって

$$L(y) = L(c_1 y_1 + c_2 y_2)$$
$$= c_1 L(y_1) + c_2 L(y_2) = 0$$

となります. このことは $L(y) = 0$ の解空間

$$S(L) = \{y|\ L(y) = 0\}$$

が線形空間であることを意味します.

次に非同次の場合を考えてみましょう.

$$L(y) = R(x)$$

です. これを満たす解を 1 つ選び y_0 とします. y を他の解とすると $y - y_0$ は同次の解です. 実際

$$L(y - y_0) = L(y) - L(y_0) = R(x) - R(x) = 0$$

です. したがって $y = (y - y_0) + y_0 \in S(L) + y_0$ であることが分かります.

定理 22.1 L を線形微分作用素とする.
(1) $L(y) = 0$ の解空間 $S(L)$ は線形空間である.
(2) $L(y) = R(x)$ の解空間はその解の 1 つを y_0 とすれば $S(L) + y_0$ である.

22.2 Wronskian

前節で定義した $L(y) = 0$ の解空間 $S(L)$ の基底を探します. その準備として Wronski 行列式——Wronskian を定義します. $(n-1)$ 回微分可能な x の関数 $y_1, y_2, \cdots, y_n$ に対して次の行列式を Wronskian といいます. x の関数です.

$$W(y_1, y_2, \cdots, y_n) = \begin{vmatrix} y_1 & y_2 & \cdots & y_n \\ y_1' & y_2' & \cdots & y_n' \\ . & . & . & . \\ . & . & . & . \\ . & . & . & . \\ y_1^{(n-1)} & y_2^{(n-1)} & \cdots & y_n^{(n-1)} \end{vmatrix}$$

以下では L を区間 $I = [a, b]$ で考え, $P_1(x), P_2(x), \cdots, P_n(x)$ は I で連続とします. さらに $y_1, y_2, \cdots, y_n$ を $S(L)$ の解とし, $W(y_1, y_2, \cdots, y_n)$ を簡単のため

$$W(x) = W(y_1, y_2, \cdots, y_n)(x)$$

と書くことにします. 各 y_i は n 回微分可能ですから, $W(x)$ は微分可能な関数です. 行列式の定義に戻り $W(x)$ を微分すると積の微分公式から

$$W'(x) = \begin{vmatrix} y_1' & y_2' & \cdots & y_n' \\ y_1' & y_2' & \cdots & y_n' \\ . & . & . & . \\ . & . & . & . \\ . & . & . & . \\ y_1^{(n-1)} & y_2^{(n-1)} & \cdots & y_n^{(n-1)} \end{vmatrix} + \begin{vmatrix} y_1 & y_2 & \cdots & y_n \\ y_1'' & y_2'' & \cdots & y_n'' \\ . & . & . & . \\ . & . & . & . \\ . & . & . & . \\ y_1^{(n-1)} & y_2^{(n-1)} & \cdots & y_n^{(n-1)} \end{vmatrix}$$

$$+ \cdots + \begin{vmatrix} y_1 & y_2 & \cdots & y_n \\ y_1' & y_2' & \cdots & y_n' \\ . & . & . & . \\ . & . & . & . \\ y_1^{(n-2)} & y_2^{(n-2)} & . & y_n^{(n-2)} \\ y_1^{(n)} & y_2^{(n)} & \cdots & y_n^{(n)} \end{vmatrix} = \begin{vmatrix} y_1 & y_2 & \cdots & y_n \\ y_1' & y_2' & \cdots & y_n' \\ . & . & . & . \\ . & . & . & . \\ y_1^{(n-2)} & y_2^{(n-2)} & . & y_n^{(n-2)} \\ y_1^{(n)} & y_2^{(n)} & \cdots & y_n^{(n)} \end{vmatrix}$$

となります. 行に同じものがあれば行列式は 0 でした. ところで $L(y_i) = 0$ より

$$y_i^{(n)} = -P_1(x) y_i^{(n-1)} - P_2(x) y_i^{(n-2)} - \cdots - P_n(x) y_i$$

です．よってこれを最後の式に代入すれば

$$W'(x) = -P_1(x)W(x)$$

を得ます．これは変数分離形 (21.1) ですので

$$\frac{W'(x)}{W(x)} = -P_1(x)$$

として両辺を $[a,x]$ で積分します．$P_1(x)$ は I で連続ですから積分可能です．

$$\log|W(x)| - \log|W(a)| = -\int_a^x P_1(x)\,dx$$

です．よって

$$|W(x)| = |W(a)|e^{-\int_a^x P_1(x)dx}$$

が得られます．$e^{-\int_a^x P_1(x)\,dx} > 0$ に注意すれば，$W(x)$ は恒等的に 0 かあるいは決して 0 になりません．ところで $W(x)$ は連続ですから，このことは $W(x)$ と $W(a)$ が同符号であることを意味します．したがって

$$W(x) = W(a)e^{-\int_a^x P_1(x)dx}$$

です．

定理 22.2 L の係数 $P_1(x), P_2(x), \cdots, P_n(x)$ は $I = [a,b]$ で連続とし，$L(y) = 0$ の n 個の解を $y_1, y_2, \cdots, y_n$ とする．このとき Wronskian $W(x) = W(y_1, y_2, \cdots, y_n)(x)$ は

$$W(x) = W(a)e^{-\int_a^x P_1(x)\,dx}$$

で与えられる．とくに $W(x)$ は恒等的に 0 かあるいは決して 0 にならない．

22.3　解空間の基底

定理 22.3　線形作用素 L の係数 $P_1(x), P_2(x), \cdots, P_n(x)$ は $I = [a,b]$ で連続とし，$L(y) = 0$ の n 個の解を $y_1, y_2, \cdots, y_n$ とする．このとき次の 3 つ

は同値である.

(1) $y_1, y_2, \cdots, y_n$ は一次独立である
(2) $\forall x \in I, W(x) = W(y_1, y_2, \cdots, y_n)(x) \neq 0$
(3) $\exists x_0 \in I, W(x_0) = W(y_1, y_2, \cdots, y_n)(x_0) \neq 0$

証明 $c_1 y_1 + c_2 y_2 + \cdots + c_n y_n = 0$ とします. このとき

$$c_1 y_1^{(k)} + c_2 y_2^{(k)} + \cdots + c_n y_n^{(k)} = 0, \ \ 0 \leq k \leq n-1$$

すなわち

$$\begin{pmatrix} y_1 & y_2 & \cdots & y_n \\ y_1' & y_2' & \cdots & y_n' \\ \cdot & \cdot & & \cdot \\ \cdot & \cdot & & \cdot \\ \cdot & \cdot & & \cdot \\ y_1^{(n-1)} & y_2^{(n-1)} & \cdots & y_n^{(n-1)} \end{pmatrix} \begin{pmatrix} c_1 \\ c_2 \\ \cdot \\ \cdot \\ \cdot \\ c_n \end{pmatrix} = \begin{pmatrix} 0 \\ 0 \\ \cdot \\ \cdot \\ \cdot \\ 0 \end{pmatrix}$$

です. このとき $W(x)$ は左辺の (n,n) 行列の行列式です. (2) $\Rightarrow$ (3) は明らかですので残りを示します.

(1) $\Rightarrow$ (2): 上の連立方程式は $\forall x \in I$ で自明な $c_1 = c_2 = \cdots = c_n = 0$ しか解をもちません. したがって $\forall x \in I$ で $W(x) \neq 0$ です.

(3) $\Rightarrow$ (1): $W(x_0) \neq 0$ とすると $W(x_0)$ は逆行列をもち $c_1 = c_2 = \cdots = c_n = 0$ となります. したがって $y_1, y_2, \cdots, y_n$ は一次独立です. □

注意 22.1 (2) $\Longleftrightarrow$ (3) は前の定理 22.2 からも明らかです.

定理 22.4 L の係数 $P_1(x), P_2(x), \cdots, P_n(x)$ は $I = [a,b]$ で連続とし, $L(y) = 0$ の n 個の一次独立な解を $y_1, y_2, \cdots, y_n$ とする. このとき

$$S(L) = \mathrm{Span}\{y_1, y_2, \cdots, y_n\}$$

証明 $\forall y \in S(L)$ に対して y が $y_1, y_2, \cdots, y_n$ の一次結合で書けることを示します. $W_0(x) = W(y_1, y_2, \cdots, y_n)(x)$ とし y_i を y で置き換えたものを

$$W_i(x) = W(y_1, y_2, \cdots, y, \cdots, y_n)(x) \quad (1 \leq i \leq n)$$

とします. 定理 22.2 より

$$W_i(x) = W_i(a) e^{-\int_a^x P_1(x)dx} \quad (0 \leq i \leq n)$$

です. また定理 22.3 より $\forall x \in I$, $W_0(x) \neq 0$ ですから, とくに $W_0(a) \neq 0$ です. ところで

$$0 = \begin{vmatrix} y & y_1 & y_2 & \cdots & y_n \\ y & y_1 & y_2 & \cdots & y_n \\ y' & y_1' & y_2' & \cdots & y_n' \\ \cdot & \cdot & \cdot & \cdot & \cdot \\ \cdot & \cdot & \cdot & \cdot & \cdot \\ \cdot & \cdot & \cdot & \cdot & \cdot \\ y^{(n-1)} & y_1^{(n-1)} & y_2^{(n-1)} & \cdots & y_n^{(n-1)} \end{vmatrix}$$

$$= yW_0(x) - y_1 W_1(x) + y_2 W_2(x) - \cdots + (-1)^n y_n W_n(x)$$

です. よって $e^{\int_a^x P_1(x)dx}$ を掛けて

$$0 = yW_0(a) - y_1 W_1(a) + y_2 W_2(a) - \cdots + (-1)^n y_n W_n(a)$$

となります. $W_0(a) \neq 0$ でしたから

$$y = \frac{W_1(a)}{W_0(a)} y_1 - \frac{W_2(a)}{W_0(a)} y_2 + \cdots + (-1)^{n+1} \frac{W_n(a)}{W_0(a)} y_n$$

となり求める結果が得られました. □

2 つの定理から

定理 22.5 $L(y) = 0$ の n 個の解 $y_1, y_2, \cdots, y_n$ が $\exists x_0 \in I = [a, b]$, $W(x_0) = W(y_1, y_2, \cdots, y_n)(x_0) \neq 0$ であれば, $y_1, y_2, \cdots, y_n$ は $S(L)$ の基底である.

22.4 演習問題

問 22.1 次の Wronskian を計算しなさい.

(1) $W(\sin x, \cos x)$ 　　(2) $W(1, x, x^2)$ 　　(3) $W(e^x, e^{2x}, e^{3x})$

問 22.2 $y''' - 2y'' - y' + 2y = 0$ は e^{kx} の形の解を持つ. 3 つの独立解を求め, 一般解を求めなさい.

問 22.3 $x^2 y'' + xy' - 4y = 0$ は x^k の形の解を持つ. 2 つの独立解を求め, 一般解を求めなさい.

問 22.4 $y''' - y' = 0$ は e^{kx} の形の解を持つ. $y(0) = 0$, $y'(0) = 1$, $y''(0) = 1$ となる解を求めなさい.

問 22.5 $x^2 y'' - xy' - 3y = 0$ は x^k の形の解を持つ. $y(1) = 0$, $y'(1) = 4$ となる解を求めなさい.

問 22.6 $H_n(x) = (-1)^n e^{x^2/2} \dfrac{d^n}{dx^n}(e^{-x^2/2})$ (Hermite 多項式) は $y'' - xy' + ny = 0$ の解であることを確かめなさい.

問 22.7 $L_n(x) = \dfrac{e^x}{n!} \dfrac{d^n}{dx^n}(x^n e^{-x})$ (Laguerre 多項式) は $xy'' + (1 - x)y' + ny = 0$ の解であることを確かめなさい.

問 22.8 $T_n(x) = \dfrac{(-1)^n}{(2n-1)!!} \sqrt{1 - x^2} \dfrac{d^n}{dx^n}(1 - x^2)^{n-1/2}$ (Tchebycheff の多項式) は $(1 - x^2)y'' - xy' + n^2 y = 0$ の解であることを確かめなさい. ($\cos\theta = x$ とすれば, $T_n(x) = \cos(n\theta)$ となる.)

問 22.9 $x^n y^{(n)} + a_1 x^{n-1} y^{(n-1)} + \cdots + a_n y = f(x)$ (Euler の方程式) は $x = e^t$ と変換することにより定数係数の場合に帰着されることを示しなさい.

問 22.10 $y'' + P_1(x)y' + P_2(x)y = 0$ の 1 つの解 $y_1(x)$ が見つかれば $y = y_1 u$ と変換することにより 1 階線形に帰着されることを示しなさい (階数低下法).

第 23 章

2 階定数係数線形微分方程式

　前章で線形微分方程式の解空間の構造を調べました．しかし具体的な解は求めていません．この章では線形微分作用素の係数が定数である場合，すなわち

$$y^{(n)} + p_1 y^{(n-1)} + \cdots + p_{n-1} y' + p_n y = R(x) \tag{23.1}$$

の場合に具体的な解を求めます．

23.1 同次型

　最初に定数係数同次線形微分方程式，すなわち

$$L(y) = y^{(n)} + p_1 y^{(n-1)} + \cdots + p_{n-1} y' + p_n y = 0 \tag{23.2}$$

の場合を考えます．係数が定数ですので前章の区間 $I = [a, b]$ は任意の区間で構いません．この方程式に対して n 次方程式

$$z^n + p_1 z^{n-1} + \cdots + p_{n-1} z + p_n = 0$$

を L の特性方程式といいます．このとき代数学の基本定理 (14.1 節) により，左辺は複素数の範囲で

$$(z - \alpha_1)^{m_1} (x - \alpha_2)^{m_2} \cdots (x - \alpha_k)^{m_k}$$

と因数分解ができます．$m_1 + m_2 + \cdots + m_k = n$ です．

定理 23.1 L の特性方程式が
$$(z-\alpha_1)^{m_1}(z-\alpha_2)^{m_2}\cdots(z-\alpha_k)^{m_k}=0$$
であるとき解空間 $S(L)$ の基底は
$$x^l e^{\alpha_i x}, \ 0\le l\le m_i-1, \ 1\le i\le k$$
で与えられる.

以下では $n=2$ のときに証明を与えます. 一般の場合も同様です. $n=2$ のとき定理は次のように書き換えられます.

定理 23.2 2 階線形作用素 $L=\dfrac{d^2}{dx^2}+p\dfrac{d}{dx}+q$ の特性方程式 $p(z)=z^2+pz+q$ の解を α,β とする. $L(y)=0$ の一般解は次の形で与えられる.

(1) $\alpha\ne\beta$ であれば
$$y=c_1 e^{\alpha x}+c_2 e^{\beta x} \qquad (c_1,c_2 は任意定数)$$

(2) $\alpha=\beta$ であれば
$$y=c_1 e^{\alpha x}+c_2 x e^{\alpha x} \qquad (c_1,c_2 は任意定数)$$

証明 (1) 最初に $e^{\alpha x}, e^{\beta x}$ が $L(y)=0$ の解であることを示します. $f(x)=e^{\alpha x}$ のとき, $f'(x)=\alpha e^{\alpha x}, f''(x)=\alpha^2 e^{\alpha x}$ です. したがって
$$L(e^{\alpha x})=(\alpha^2+p\alpha+q)e^{\alpha x}=p(\alpha)e^{\alpha x}=0$$
です. $e^{\beta x}$ も同様です. 次に 2 つの解の Wronskian が恒等的に 0 でないことを示します. これが示されれば定理 22.5 により求める結果を得ます.
$$W(e^{\alpha x},e^{\beta x})=\begin{vmatrix} e^{\alpha x} & e^{\beta x} \\ \alpha e^{\alpha x} & \beta e^{\beta x} \end{vmatrix}=(\beta-\alpha)e^{(\alpha+\beta)x}$$

よって $\alpha\ne\beta$ であれば $\forall x, W(x)\ne 0$ です.

(2) $e^{\alpha x}$ が解であることは (1) と同様です. $xe^{\alpha x}$ が解であることを示します. α は重解ですから $p(x)=(z-\alpha)^2$ となります. とくに $p'(x)=2z+p=$

$2(z-\alpha)$ より $p'(\alpha) = 2\alpha + p = 0$ です. よって

$$L(xe^{\alpha x}) = \Big(\alpha(2+\alpha x) + (1+\alpha x)p + xq\Big)e^{\alpha x}$$
$$= \Big((\alpha^2 + p\alpha + q)x + 2\alpha + p\Big)e^{\alpha x}$$
$$= (p(\alpha)x + p'(\alpha))e^{\alpha x} = 0$$

です. 次に 2 つの解の Wronskian が恒等的に 0 でないことを示します.

$$W(e^{\alpha x}, xe^{\alpha x}) = \begin{vmatrix} e^{\alpha x} & xe^{\alpha x} \\ \alpha e^{\alpha x} & (1+\alpha x)e^{\alpha x} \end{vmatrix} = e^{2\alpha x}$$

よって $\forall x, W(x) \neq 0$ です. 定理 22.5 により求める結果を得ます. □

例 23.3 次の微分方程式の一般解を求めなさい.

(1) $y'' + y' - 2y = 0$, (2) $y'' - 2y' + y = 0$, (3) $y'' + 2y + 4y = 0$

(1) 特性方程式は $z^2 + z - 2 = (z+2)(z-1) = 0$ です. よってその解は $1, -2$ です. 求める一般解は

$$y = c_1 e^x + c_2 e^{-2x}$$

となります.

(2) 特性方程式は $z^2 - 2z + 1 = (z-1)^2 = 0$ です. よってその解は 1 (重解) です. 求める一般解は

$$y = c_1 e^x + c_2 x e^x$$

となります.

(3) 特性方程式は $z^2 + 2z + 4 = 0$ です. よってその解は $-1 \pm \sqrt{3}i$ です. 求める一般解は

$$y = c_1 e^{(-1+\sqrt{3}i)x} + c_2 e^{(-1-\sqrt{3}i)x} = e^{-x}(c_1 e^{\sqrt{3}ix} + c_2 e^{-\sqrt{3}ix})$$

となります.

注意 23.1 Euler の公式 $e^{i\theta} = \cos\theta + i\sin\theta$ を用いれば (3) の一般解は
$$y = e^{-x}(d_1 \cos\sqrt{3}x + d_2 \sin\sqrt{3}x)$$
と書き換えることができます.

23.2 非同次型

この節では定数係数の 2 階線形非同次方程式を解いてみます. 定理 22.1 より 1 つ解を見つければ同次型を解いて一般解が得られます. ところがこの 1 つの解を見つけることが非常に大変です. 以下では幾つかの例を紹介します.

例 23.4 $y'' + 5y' - 6y = 6x + 1$ の一般解を求めなさい.

$y'' + 5y' - 6y = 0$ の一般解を求めます. 特性方程式は $p(z) = z^2 + 5z - 6 = (z-1)(z+6) = 0$ ですからその解は 1, -6 です. よって同次型の一般解は
$$y = c_1 e^x + c_2 e^{-6x}$$
です. 次に非同次型の解を 1 つ探します. $y = ax + b$ とすると, $y' = a$, $y'' = 0$ より
$$0 + 5a - 6(ax + b) = 6x + 1$$
$$-6ax + (5a - 6b) = 6x + 1$$
となります. よって $a = -1$, $b = -1$ となり、$y = -x - 1$ が非同次型の 1 つの解です. したがって非同次型の一般解は
$$y = c_1 e^x + c_2 e^{-6x} - x - 1$$
となります.

例 23.5 $y'' - 4y' + 4y = e^x$ の一般解を求めなさい.

$y'' - 4y' + 4y = 0$ の一般解を求めます. 特性方程式は $p(z) = z^2 - 4z + 4 = (z-2)^2 = 0$ ですからその解は 2 (重解) です. よって同次型の一般解は
$$y = c_1 e^{2x} + c_2 x e^{2x}$$

です．次に非同次型の解を 1 つ探します．$y = ae^x$ とすると，$y' = y'' = e^x$ より

$$(a - 4a + 4a)e^x = e^x$$

となります．よって $a = 1$ となり，$y = e^x$ が非同次型の 1 つの解です．したがって非同次型の一般解は

$$y = c_1 e^{2x} + c_2 x e^{2x} + e^x$$

となります．

例 23.6 $y'' + 3y' + 2y = \sin x$ の一般解を求めなさい．

$y'' + 3y' + 2y = 0$ の一般解を求めます．特性方程式は $p(z) = z^2 + 3z + 2 = (z+2)(z+1) = 0$ ですからその解は $-1, -2$ です．よって同次型の一般解は

$$y = c_1 e^{-x} + c_2 e^{-2x}$$

です．次に非同次型の解を 1 つ探します．$y = a \sin x + b \cos x$ とすると，$y' = a \cos x - b \sin x$, $y'' = -a \sin x - b \cos x$ より

$$(-a - 3b + 2a) \sin x + (-b + 3a + 2b) \cos x = \sin x$$
$$(a - 3b) \sin x + (3a + b) \cos x = \sin x$$

となります．よって $a = \dfrac{1}{10}$, $b = -\dfrac{3}{10}$ となり，$y = \dfrac{1}{10} \sin x - \dfrac{3}{10} \cos x$ が非同次型の 1 つの解です．したがって非同次型の一般解は

$$y = c_1 e^{-x} + c_2 e^{-2x} + \frac{1}{10} \sin x - \frac{3}{10} \cos x$$

となります．

例 23.7 $y'' + y = \sin x$ の一般解を求めなさい．

$y'' + y = 0$ の一般解を求めます．特性方程式は $p(z) = z^2 + 1 = 0$ ですからその解は $\pm i$ です．よって同次型の一般解は

$$y = c_1 e^{ix} + c_2 e^{-ix} = d_1 \cos x + d_2 \sin x$$

です．次に非同次型の解を 1 つ探します．$y = a\sin x + b\cos x$ として前と同様にすると左辺が 0 になってしまいうまく行きません．$\sin x, \cos x$ が同次型の解だからです．そこで $y = x(a\sin x + b\cos x)$ としてみます．$y' = (a\sin x + b\cos x) + x(a\cos x - b\sin x)$, $y'' = 2(a\cos x - b\sin x) + x(-a\sin x - b\cos x)$ です．よって

$$2(a\cos x - b\sin x) = \sin x$$

となります．これより $a = 0$, $b = -\dfrac{1}{2}$ となり，$y = -\dfrac{1}{2}x\cos x$ が非同次型の 1 つの解です．したがって非同次型の一般解は

$$y = c_1 e^{ix} + c_2 e^{-ix} - \frac{1}{2}x\cos x = d_1\cos x + d_2\sin x - \frac{1}{2}x\cos x$$

となります．

例 23.8 $y'' - 2y' + y = e^x$ の一般解を求めなさい．

$y'' - 2y' + y = 0$ の一般解を求めます．特性方程式は $p(z) = z^2 - 2z + 1 = (z-1)^2 = 0$ ですからその解は 1 (重解) です．よって同次型の一般解は

$$y = c_1 e^x + c_2 x e^x$$

です．次に非同次型の解を 1 つ探します．$y = ae^x$ として前と同様にすると左辺が 0 になりうまく行きません．axe^x としてもやはりだめです．e^x, xe^x が同次型の解だからです．そこで $y = ax^2 e^x$ としてみます．$y' = a(2x + x^2)e^x$, $y'' = a(2 + 4x + x^2)e^x$ です．よって

$$2ae^x = e^x$$

となります．これより $a = \dfrac{1}{2}$ となり，$y = \dfrac{1}{2}x^2 e^x$ が非同次型の 1 つの解です．したがって非同次型の一般解は

$$y = c_1 e^x + c_2 x e^x + \frac{1}{2}x^2 e^x$$

となります．

注意 23.2 2つの n 階線形非同次方程式

$$L(y) = R_1(x), \quad L(y) = R_2(x)$$

の解をそれぞれ y_1, y_2 とすると

$$L(y_1 + y_2) = R_1(x) + R_2(x)$$

となります．よって $y_1 + y_2$ は線形非同次方程式 $L(y) = R_1(x) + R_2(x)$ の解です．

例 23.9 $y'' - 2y' + y = 1 + x + e^{2x}$ の一般解を求めなさい．

$y'' - 2y' + y = 0$ の一般解を求めます．特性方程式は $p(z) = z^2 - 2z + 1 = (z-1)^2 = 0$ ですからその解は 1 (重解) です．よって同次型の一般解は

$$y = c_1 e^x + c_2 x e^x$$

です．次に非同次型の解 y を 1 つ探します．

（ⅰ）$y'' - 2y' + y = 1 + x$ の解を探します．$y = ax + b$ とすると

$$-2a + ax + b = x + 1$$

です．よって $a = 1, b = 3$ となり，$y = x + 3$ が $y'' - 2y' + y = x + 1$ の 1 つの解です．

（ⅱ）$y'' - 2y' + y = e^{2x}$ の解を 1 つ探します．$y = ae^{2x}$ とすると

$$(4a - 4a + a)e^{2x} = e^{2x}$$

です．よって $a = 1$ となり，$y = e^{2x}$ が $y'' - 2y' + y = e^{2x}$ の 1 つの解です．

したがって注意 23.2 より求める非同次型の一般解は

$$y = c_1 e^x + c_2 x e^x + x + 3 + e^{2x}$$

となります．

23.3　演習問題

問 23.1　次の微分方程式の一般解を求めなさい．

(1) $y'' + y' - 2y = 0$　　(2) $y'' + 5y' - 6y = 0$　　(3) $y'' - 4y' + 3y = 0$

問 23.2　次の微分方程式の一般解を求めなさい．

(1) $y'' - 2y' + y = 0$　　(2) $y'' - 6y' + 9y = 0$　　(3) $y'' - 10y' + 25y = 0$

問 23.3　次の微分方程式の一般解を求めなさい．

(1) $y'' + y' + 2y = 0$　　(2) $y'' + 2y' + 3y = 0$　　(3) $y'' + y' + y = 0$

問 23.4　$y'' - 2y' - 8y = 0$ の解で $y(0) = 1,\ y'(0) = 1$ を満たすものを求めなさい．

問 23.5　$y'' + 4y' + 4y = 0$ の解で $y(0) = 0,\ y'(0) = 1$ を満たすものを求めなさい．

問 23.6　$y'' - 2y' - 3y = x^2$ の一般解を求めなさい．

問 23.7　$y'' - 2y' - 3y = \sin x$ の一般解を求めなさい．

問 23.8　$y'' - 6y' + 9y = e^{3x}$ の一般解を求めなさい．

問 23.9　$y'' - 4y = \cos 2x$ の一般解を求めなさい．

問 23.10　$y'' - 5y' + 6y = e^{2x} + e^{4x}$ の一般解を求めなさい．

第 24 章
微分方程式と現象

時間とともに変化する自然現象や社会現象——温度や人口などは時間 t を変数とする関数 $y = f(t)$ で記述されます．そして多くの場合，$f(t)$ はある微分方程式を満たします．現象に対して微分方程式を求め，その解が現象と一致した場合，私たちはその現象が解明されたと認識します．この章では 1 階の微分方程式や 2 階線形微分方程式で記述される現象を紹介します．

24.1　指数増大・指数減少

ある量が，指数関数にしたがって変化するとき，増大であれば指数増大，減少であれば指数減少といいます．ねずみ算，細菌の増殖，核分裂などは指数増大ですし，放射性元素の崩壊 (問 24.1)，熱の冷却 (問 24.2) などは指数減少です．これらは変化する割合 y' がその時点の y の値に比例します．すなわち

$$y' = ay$$

と書けます．変数分離形 (21.1 節) ですから容易に解けて

$$y = ke^{at}$$

です．$t = 0$ とすると $y(0) = k$ です．よって

$$y = y(0)e^{at}$$

となります．$a > 0$ であれば指数増大，$a < 0$ であれば指数減少です．

図 **24.1** 指数増大

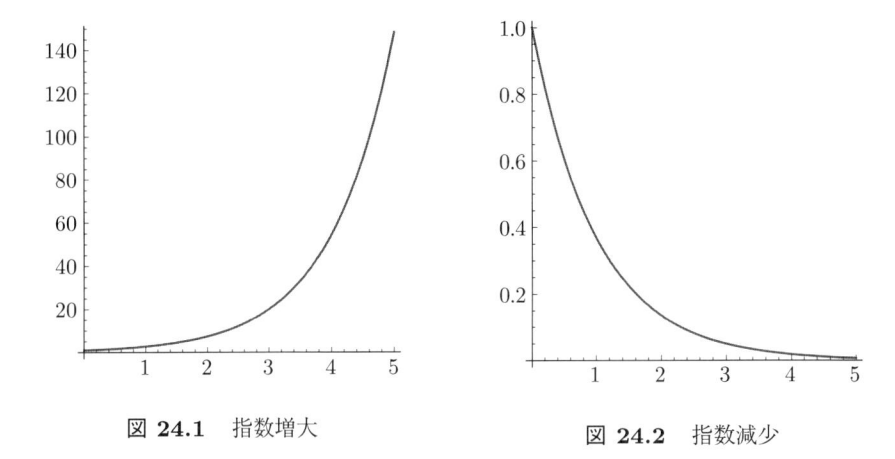

図 **24.2** 指数減少

24.2 成長曲線

初期の段階では急激に増加するものの時間が経つにつれて頭打ちになる現象を考えましょう．人間の身長や携帯電話の売れ行きなどがあります．前節の指数増大を表わす微分方程式を

$$y' = ay(b - y)$$

と変えます．ただし $a > 0$, $b > y(0) > 0$ とします．すると y が b に比べて小さいときは方程式は $y' = aby$ に近いので，解は指数増大です．しかし y が増えて b に近づくと $(b - y)$ が 0 に近づき，傾き y' は 0 に近づきます．すなわちグラフは x 軸に平行な線 $y = b$ に近づき，$y = b$ で頭打ちになります．実際に解くと

$$\frac{1}{y(b-y)} dy = a dt$$

$$\frac{1}{b} \int \left(\frac{1}{y} + \frac{1}{b-y} \right) dy = \int a dt$$

$$\log \left| \frac{y}{b-y} \right| = abt + C$$

となり

$$\frac{y}{b-y} = k e^{abt}$$

です. $t=0$ とすると $\dfrac{y(0)}{b-y(0)} = k$ が得られます. したがって

$$y = \dfrac{be^{abt}}{\dfrac{b-y(0)}{y(0)} + e^{abt}}$$

となります. この解の曲線を成長曲線といいます.

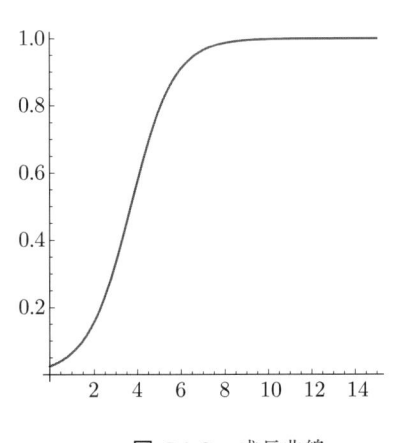

図 **24.3** 成長曲線

24.3 ばねの運動と共振

振幅の小さな振り子 (問 24.4) やばねの運動 (問 24.5) は 2 階の定数係数線形微分方程式

$$y'' + py' + qy = f(t)$$

で記述されます. ばねの運動を詳しく調べてみましょう. ここで py' は空気抵抗など速度に比例して働く力, qy はばね本来の力 ($q \neq 0$), $f(t)$ は外力です. 最初に抵抗も外力も無い場合を考えてみます.

（ⅰ）$y'' + qy = 0$ の場合

特性方程式は $z^2 + q = 0$ です.

(a) $q > 0$ のとき：$q = \alpha^2$, $\alpha > 0$ と置けば，その解は $\pm \alpha i$ です．したがって
$$y = c_1 e^{\alpha i t} + c_2 e^{-\alpha i t} = d_2 \cos(\alpha t) + d_2 \sin(\alpha t)$$
です．y は周期的な運動になります．

(b) $q < 0$ のとき：$q = -\alpha^2$, $\alpha > 0$ と置けば，特性方程式の解は $\pm \alpha$ です．したがって $y = c_1 e^{\alpha t} + c_2 e^{-\alpha t}$ です．現実のばねの運動が指数増大することはありませんから $c_1 = 0$ です．この場合の解は
$$y = c e^{-\alpha t}$$
となります．ばねは急速に減衰します．

(ii) $y'' + py' + qy = 0$ の場合

速度に比例する抵抗を加えました．特性方程式の 2 つの解を α, β とすると
$$z^2 + pz + q = (z - \alpha)(z - \beta)$$
となります．$q \neq 0$ より $\alpha, \beta \neq 0$ です．

(a) $p^2 - 4q > 0$ のとき：α, β は実数解です．
$$y = c_1 e^{\alpha t} + c_2 e^{\beta t}$$
です．現実の運動は指数増大しませんから，$\alpha > 0$ ならば $c_1 = 0$, $\beta > 0$ ならば $c_2 = 0$ でなくてはなりません．また α, β の少なくとも 1 つは負の値です．いづれにせよ，ばねの運動は指数減少です．

(b) $p^2 - 4q = 0$ のとき：α は重解です．したがって
$$y = c_1 e^{\alpha t} + c_2 t e^{\alpha t}$$
です．このとき $\alpha < 0$ でなくてはなりません．指数減少に t の 1 次式が掛かる可能性がありますが，やはり急速に減衰します．

(c) $p^2 - 4q < 0$ のとき：α, β は複素数解で共役です．$\alpha = u + iv$, $\beta = u - iv$ とすれば
$$y = e^{ut}(c_1 e^{vit} + c_2 e^{-vit}) = e^{ut}(d_1 \cos(vt) + d_2 \sin(vt))$$

です. $u < 0$ でなくてはなりません. この場合は解は周期関数 × 指数減少です.

以上のように外力が無い場合, ばねの運動は

(1) 指数減少
(2) 周期
(3) 指数減少 × t の 1 次式
(4) 指数減少 × 周期

に分類されます (図 24.4).

(iii) $y'' + py' + qy = f(t)$ の場合

外力 $f(t)$ をを加えました. 例えば外力として $f(t) = \sin t$ としてみます. すると前節の例 23.7 のように $y'' + py' + qy = 0$ が $\sin t$ を解に持つとき, $y'' + py' + qy = f(t)$ の解に $t\sin t$ や $t\cos t$ の形が現れます. よって新たな解の形として

(5) 周期 × t の 1 次式

が現れます (図 24.5). (1)〜(4) の解が有界なのに対して, この解は有界ではありません. 現実にはばねの破断につながります. このような特定の外力により, 非有界な解が現れる現象は共振・共鳴と呼ばれます. 調音で使う音叉, わずかな振動で大きく揺れる橋, 地震で壊れやすい建物などはこの現象が関係しています.

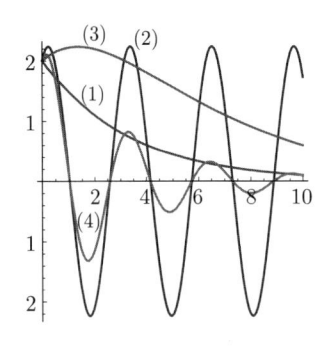

図 24.4　有界な解

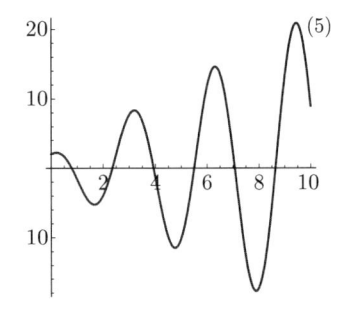

図 24.5　非有界な解

24.4 戦争モデル

Lanchester は第一次世界大戦の航空機の損害数を調べて, 次のような戦争モデルを考えました. A 国, B 国の兵力をそれぞれ $x(t), y(t)$ とします. また兵器の能力をそれぞれ $\beta > 0$, $\alpha > 0$ とします. もし戦争が起こると兵力は減少します. Lanchester は近代戦においてその減少の割合は兵器をもった相手の兵力に比例すると考えました. すなわち

$$\begin{cases} x'(t) = -\alpha y(t) \\ y'(t) = -\beta x(t) \end{cases}$$

です. このように微分方程式を連立させたものを微分方程式系といいます. 複雑のようですが, この場合は

$$x''(t) = -\alpha y'(t) = \alpha\beta x(t)$$

と定数係数の 2 階線形微分方程式に帰着されます. したがって

$$x(t) = c_1 e^{\sqrt{\alpha\beta}t} + c_2 e^{-\sqrt{\alpha\beta}t}, \ x(0) = c_1 + c_2 \tag{24.1}$$

となります. $y(t)$ も c_1, c_2 を変えた形になります. 兵力が指数増大することはないので $c_1 = 0$ としたいのですが, この場合はできません. 何故かというと t が大きくならないうちに戦争が終わる可能性があるからです.

A国が戦争に勝つ条件を求めてみましょう. 最初の式から

$$2\beta x x' = 2\alpha y y'$$

です. よって

$$\int_0^t 2\beta x x' dt = \int_0^t 2\alpha y y' dt$$
$$\beta(x^2(t) - x^2(0)) = \alpha(y^2(t) - y^2(0))$$

となります. これを Lanchester の 2 次法則といいます. ここで戦争が引き分けになる条件を求めてみます. 引き分けということは, ある時刻 t_0 で両国の兵士が共に全滅してしまうことです. すなわち $x(t_0) = y(t_0) = 0$ です. 上の式で $t = t_0$ とすれば $\beta x(0)^2 = \alpha y(0)^2$ となります. これより良い条件であれば

その国は勝ちます. したがって A 国が勝つ条件は

$$x(0) > \sqrt{\frac{\alpha}{\beta}}\, y(0)$$

となります. この Lanchester の戦争モデルは Koopman によって拡張され, それに基づくいくつかの企業戦略が得られています.

24.5 生態系のモデル

第 1 次世界大戦後に Lotka と Volterra はアドリア海の鮫と小魚の漁獲量を調査しました. そして 2 種の個体数が次のような微分方程式系で表わされることに気がつきます. その解の形状から生態系を競争系・共生系・捕食系と分類しました.

$$\begin{cases} x'(t) = \alpha x(t) + a x(t)^2 + b x(t) y(t) \\ y'(t) = \beta y(t) + c x(t) y(t) + d y(t)^2 \end{cases}$$

$b, c > 0$ のとき, 相手の存在はお互いの個体数の増加につながります. この場合が共生系です. 逆に $b, c < 0$ のとき, 相手の存在はお互いの個体数の減少につながります. 競争系です. b, c の符号に正負が混じるときが捕食系です. 食べられる方はすぐに滅んでしまいそうですが, 食べる方も餌がなくては生きていけません. ここに周期解が現れます.

以下では $\alpha > 0$, $a = 0$, $\beta < 0$, $d = 0$ としてみましょう. もし 2 種が影響し合わなければ ($b = c = 0$), 24.1 節で調べたように $x(t)$ は指数増大し, $y(t)$ は指数減少します. 小魚と鮫です. ここで $b < 0, c > 0$ として影響し合うとします. 小魚は鮫に食べられ, 鮫は小魚を食べる. 例えば

$$\begin{cases} x'(t) = 0.5 x(t) - 0.4 x(t) y(t) \\ y'(t) = -3.7 y(t) + 0.5 x(t) y(t), \end{cases} \quad x(0) = 8,\ y(0) = 0.4$$

とします. するとグラフのような周期解が現れ自然界のバランスが保たれます.

図 **24.6** 周期解

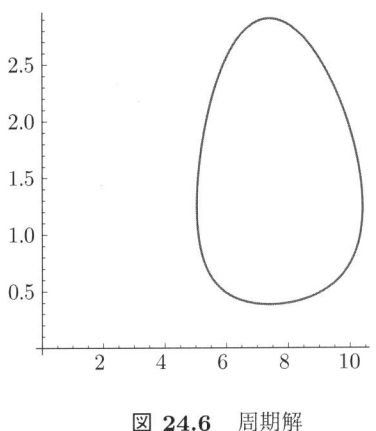

24.6 演習問題

問 24.1 放射性元素の量の減少速度はその量に比例します. 時刻 t における量を $y(t)$ とすれば $y' = -ay$ $(a > 0)$ です. ラジウムが最初の量の半分になる期間 (半減期) はおよそ 1600 年です. 最初から 400 年後には何パーセントの量になるでしょうか.

問 24.2 大気中で物体の温度が冷える速さは, 物体の温度と気温との差に比例します. 今気温を 20 度とします. ある物体が 100 度から 80 度に下がるのに 20 分かかりました. 40 度まで下がるにはあと何分かかるでしょうか.

問 24.3 重力のもとでの自由落下速度は $v'(t) = g$ (g は重力加速度) です. 落下する距離を求めなさい. また速度に比例する空気抵抗があると抵抗は速度に比例し $v'(t) = g - \dfrac{k}{m}v$ となります. $v(0) = 0$ のとき落下する距離を求めなさい.

問 24.4 質量 m のおもりを長さ l の紐で吊るし振り子を作ります. 時刻 t における振り子の鉛直方向からの角度を $\theta = \theta(t)$ とします. このとき振り子の変位は $x = l\theta$ となり, 加速度は $\dfrac{d^2 x}{dt^2} = l\dfrac{d^2 \theta}{dt^2}$ です. よって運動方程式

は $ml\dfrac{d^2\theta}{dt^2} = -mg\sin\theta$ です．振幅が小さいとき，$\sin\theta$ は θ で近似できるので，$ml\dfrac{d^2\theta}{dt^2} = -mg\theta$ となります．振幅が小さいときの振り子の周期を求めなさい．

問 24.5　Hooke の法則によれば，ばねが x だけ伸びたときの復元力は $-kx$ です．質量 m のおもりを鉛直に吊るしたばねに付けて上下運動をさせます．速度に比例する空気抵抗があるときの変位 $x(t)$ の微分方程式を求めなさい．

問 24.6　抵抗 R，インダクタンス L，容量 C，起電力 $E = E(t)$ の直列回路に流れる電流を $I = I(t)$ とします．このとき Kirchhoff の法則により $LI'' + RI' + \dfrac{1}{C}I = E'$ が成り立ちます．$R^2 < \dfrac{4L}{C}$，E が一定のとき流れる電流 $I(t)$ を求めなさい．

問 24.7　前問の 24.4, 24.5, 24.6 節において速度に比例する抵抗がないときの微分方程式は $y'' + a^2 y = b(t)$，$a \neq 0$ の形です．ここに外力 $-b(t) + k\sin bx$ が加わった場合を考えます．$y'' + a^2 y = k\sin bx$ の特殊解を求め，共振・共鳴の起こる条件を求めなさい．

問 24.8　24.4 節の戦争モデルにおいて $x(t)$，$y(t)$ の具体形 (24.1) から直接 Lanchester の 2 次法則を導きなさい．

問 24.9　近代戦において相手の国より性能が 2 倍よい武器を手にすれば，相手の何パーセントの初期兵力で勝つことができるか．

問 24.10　近代戦に対して槍と刀の一騎打ちにおいては，損害は兵器の能力のみに依存します．

$$\begin{cases} x'(t) = -\alpha \\ y'(t) = -\beta \end{cases}$$

このときの A 国の勝つ条件を求めなさい．

演習問題の解答

第 1 章

答 1.1 $\forall \varepsilon > 0, \forall n \geq N$ に対して $\left|\dfrac{n+2}{n+1} - 1\right| < \varepsilon$ となる N を求める. $n > \dfrac{1}{\varepsilon} - 1$ より $N = \left[\dfrac{1}{\varepsilon}\right]$ とすればよい. よって $\forall \varepsilon > 0$ に対して $N = \left[\dfrac{1}{\varepsilon}\right]$ とすれば, $\forall n \geq N \Longrightarrow \left|\dfrac{n+2}{n+1} - 1\right| < \varepsilon$.

答 1.2 $\forall M > 0, \forall n \geq N$ に対して $n^2 > M$ となる N を求める. $n > \sqrt{M}$ より $N = [\sqrt{M}] + 1$ とすればよい. よって $\forall M > 0$ に対して $N = [\sqrt{M}] + 1$ とすれば, $\forall n \geq N \Longrightarrow n^2 > M$.

答 1.3 (1) $-\infty$ (2) $\dfrac{1}{3}$ (3) $+\infty$ (4) 0 (5) 1 (6) 0

(1) $\dfrac{2n^2 - 3n^3}{4 + n^2} = \dfrac{2 - 3n}{4/n^2 + 1}$

(2) $\dfrac{1^2 + 2^2 + \cdots + n^2}{n^3} = \dfrac{1}{n^3} \dfrac{n(n+1)(2n+1)}{6} = \dfrac{1}{6}\left(1 + \dfrac{1}{n}\right)\left(2 + \dfrac{1}{n}\right)$

(3) $\sqrt{2} > 1$ (4) $\left|\dfrac{\sin n}{n}\right| \leq \dfrac{1}{n}$

(5) $(\sqrt{n^2 + n + 1} - \sqrt{n^2 - n + 1}) \cdot \dfrac{\sqrt{n^2 + n + 1} + \sqrt{n^2 - n + 1}}{\sqrt{n^2 + n + 1} + \sqrt{n^2 - n + 1}}$
$= \dfrac{2n}{\sqrt{n^2 + n + 1} + \sqrt{n^2 - n + 1}} = \dfrac{2}{\sqrt{1 + 1/n + 1/n^2} + \sqrt{1 - 1/n + 1/n^2}}$

(6) $\sqrt{n+1} \to \infty$.

答 1.4 $b_k = \log a_k$ とし求める数列の対数をとると $\dfrac{1}{n}(b_1 + b_2 + \cdots + b_n)$. 例題 1.11 よりこの極限は $\displaystyle\lim_{n \to \infty} b_n = \log \alpha$. よって求める数列の極限は α.

答 1.5 $a_0 = 1, b_k = \dfrac{a_k}{a_{k-1}}$ とすると $\sqrt[n]{a_n} = \sqrt[n]{b_1 b_2 \cdots b_n}$.

問 1.4 よりこの極限は $\displaystyle\lim_{n\to\infty} b_n = \lim_{n\to\infty} \frac{a_n}{a_{n-1}} = \alpha$.

答 1.6 仮定より $\exists \gamma, \exists N, \forall n \geq N, \left|\dfrac{a_{n+1}}{a_n}\right| < \gamma < 1$ となる. よって $|a_{n+1}| < \gamma |a_n| < \gamma^{n-N+1}|a_N|$. $n \to \infty$ として求める結果が得られる.

答 1.7 (1) 1 (2) 1 (3) 0 (4) 0

(1) 問 1.5 で $a_n = a$ とする. (2) 問 1.5 で $a_n = n$ とする.

(3) $\left|\dfrac{a_{n+1}}{a_n}\right| = \dfrac{a}{n+1} \to 0$. 問 1.6 を用いる.

(4) $\left|\dfrac{a_{n+1}}{a_n}\right| = \left|\dfrac{n+1}{n}a\right| \to |a| < 1$. 問 1.6 を用いる.

答 1.8 極限 α があれば $\alpha = \dfrac{2}{3}\alpha + 1$ を解いて $\alpha = 3$ となる.

$$a_{n+1} - 3 = \frac{2}{3}a_n - 2 = \frac{2}{3}(a_n - 3)$$

$\dfrac{2}{3} < 1$ に注意して定理 1.13 より極限は存在する.

答 1.9 極限 α があれば $\alpha > 0$ で, $\alpha = \sqrt{2\alpha + 3}$ を解いて $\alpha = 3$ となる. $a_n \geq \sqrt{3}$ より

$$a_{n+1} - 3 = \sqrt{2a_n + 3} - 3 = \frac{2a_n - 6}{\sqrt{2a_n + 3} + 3} \leq \frac{2}{3}(a_n - 3)$$

$\dfrac{2}{3} < 1$ に注意して定理 1.13 より極限は存在する.

答 1.10 $b_n = \dfrac{a_{n+1}}{a_n}$ とする. a_n の漸化式より $b_{n+1} = \dfrac{1}{b_n} + 1$ となる. よって極限 α があれば $\alpha > 0$ で, $\alpha = \dfrac{1}{\alpha} + 1$ である. $\alpha^2 - \alpha - 1 = 0$ を解いて $\alpha = \dfrac{1+\sqrt{5}}{2}$ となる. $b_n \geq 1$ より

$$|b_{n+1} - \alpha| = \left|\frac{1}{b_n} + 1 - \left(\frac{1}{\alpha} + 1\right)\right| = \left|\frac{\alpha - b_n}{\alpha b_n}\right| \leq \frac{1}{\alpha}|b_n - \alpha|$$

$\dfrac{1}{\alpha} < 1$ に注意して定理 1.13 より極限は存在する.

第 2 章

答 2.1

A	$\inf A$	$\sup A$	$\min A$	$\max A$
(1)	0	2	×	2
(2)	-1	1	×	×
(3)	-1	$\dfrac{1}{2}$	-1	$\dfrac{1}{2}$
(4)	$-\sqrt{2}$	$\sqrt{2}$	×	×

答 2.2

$$\frac{a_1+a_2+\cdots+a_{n+1}}{n+1} - \frac{a_1+a_2+\cdots+a_n}{n}$$
$$= \frac{n(a_1+a_2+\cdots+a_{n+1})-(n+1)(a_1+a_2+\cdots+a_n)}{n(n+1)}$$
$$= \frac{-(a_1+a_2+\cdots+a_n)+na_{n+1}}{n(n+1)}$$
$$\geq \frac{-na_n+na_{n+1}}{n(n+1)} = \frac{a_{n+1}-a_n}{n+1} \geq 0$$

答 2.3 相加・相乗平均から $a_{n+1} = \dfrac{a_n+b_n}{2} \geq \sqrt{a_n b_n} = b_{n+1}$. このとき

$$a_{n+1}-a_n = \frac{a_n+b_n}{2}-a_n = \frac{b_n-a_n}{2} \leq 0,$$
$$b_{n+1}-b_n = \sqrt{a_n b_n}-b_n = \frac{b_n(a_n-b_n)}{\sqrt{a_n b_n}+b_n} \geq 0$$

より $\{a_n\}$ は単調減少列, $\{b_n\}$ は単調増加列である. とくに

$$b_1 \leq b_2 \leq \cdots \leq b_n \leq a_n \leq \cdots \leq a_2 \leq a_1$$

であるから定理 2.2 より $\displaystyle\lim_{n\to\infty} a_n = \alpha$, $\displaystyle\lim_{n\to\infty} b_n = \beta$ が存在する. $\alpha = \dfrac{\alpha+\beta}{2}$ となり $\alpha = \beta$ である.

答 2.4 相加・相乗平均の関係から $a_{n+1} = \dfrac{1}{2}\left(a_n + \dfrac{a}{a_n}\right) \geq \sqrt{a}$. 下に有界.

$$a_{n+1} - a_n = \frac{1}{2}\left(a_n + \frac{a}{a_n}\right) - a_n = \frac{1}{2}\left(\frac{a}{a_n} - a_n\right) = \frac{1}{2a_n}\left(a - a_n^2\right) \leq 0$$

より $\{a_n\}$ は単調減少列．よって定理 2.2 より $\lim_{n\to\infty} a_n = \alpha$ が存在する．
$\alpha = \frac{1}{2}\left(\alpha + \frac{a}{\alpha}\right)$ より $\alpha = \sqrt{a}$ である．

答 2.5 $a_n = \frac{1}{n}$ とする．$n \geq m$ のとき $|a_n - a_m| = \left|\frac{n-m}{nm}\right| \leq \frac{1}{m}$.
$\forall \varepsilon > 0$, $N = \left[\frac{1}{\varepsilon}\right] + 1$ とすれば $\forall n \geq m \geq N$, $|a_n - a_m| \leq \frac{1}{m} \leq \frac{1}{N} < \varepsilon$.

答 2.6 $a_{2n} - a_{2n+1} = \left(1 + \frac{1}{2n}\right) - \left(-1 + \frac{1}{2n+1}\right) = 2 + \frac{1}{2n} - \frac{1}{2n+1} \geq 2$

答 2.7 (1) e^2 (2) $\frac{1}{e}$

(1) $\left(1 + \frac{1}{n^2+n}\right)^{2n^2+1} = \left(\left(1 + \frac{1}{n^2+n}\right)^{n^2+n}\right)^{\frac{2n^2+1}{n^2+n}}$ と変形する．

(2) $\left(1 - \frac{1}{n}\right)^n = \frac{1}{\left(1 - \frac{1}{n}\right)^{-n}}$ に注意し，分母を $\left(1 - \frac{1}{n}\right)^{-n} = \left(\frac{n}{n-1}\right)^n$

$= \left(1 + \frac{1}{n-1}\right)^n = \left(1 + \frac{1}{n-1}\right)^{n-1}\left(1 + \frac{1}{n-1}\right)$ とする．

答 2.8 $a_n = \frac{n!}{n^n}$ とすると $\frac{a_{n+1}}{a_n} = \left(\frac{n}{n+1}\right)^n = \frac{1}{\left(1 + \frac{1}{n}\right)^n}$ となり

$n \to \infty$ のとき $\frac{1}{e} < 1$ に近づく．問 1.6 を用いる．

答 2.9 前問の計算と問 1.5 を用いる．

答 2.10 $-\frac{1}{2}(x^2 - 1) = x$ とすると $x^2 + 2x - 1 = 0$．
よって $x = -1 \pm \sqrt{2}$ である．$0 < x < 1$ より $x = -1 + \sqrt{2}$．

第 3 章

答 3.1 $\forall \varepsilon > 0$ に対して, $0 < |x-1| < \delta$ ならば $|x^2 + 2 - 3| < \varepsilon$ となる $\delta > 0$ を探す. $0 < \delta < 1$ として一般性を失わない.

$$|x^2 - 1| < |(x-1)(x+1)| < \delta(\delta + 2) < 3\delta$$

であるから $3\delta = \varepsilon$ とすればよい. このとき

$$\forall \varepsilon > 0,\ \delta = \frac{\varepsilon}{3},\ 0 < |x-1| < \delta \implies |x^2 + 2 - 3| < 3\delta = \varepsilon.$$

答 3.2 $\forall \varepsilon > 0$ に対して, $0 < |x - 0| < \delta$ ならば $|\sqrt{|x|} - 0| < \varepsilon$ となる $\delta > 0$ を探す. $\sqrt{|x|} < \sqrt{\delta}$ であるから $\sqrt{\delta} = \varepsilon$ とすればよい. このとき

$$\forall \varepsilon > 0,\ \delta = \varepsilon^2,\ 0 < |x| < \delta \implies |\sqrt{|x|} - 0| < \sqrt{\delta} = \varepsilon.$$

答 3.3 $\exists \varepsilon > 0,\ \forall \delta > 0,\ \exists x \in I,\ 0 < |x - x_0| < \delta,\ |f(x) - \alpha| \geq \varepsilon$.

答 3.4 $\exists \{x_n\} \subset I,\ \lim_{n \to \infty} x_n = x_0,\ \lim_{n \to \infty} f(x) \neq f(\alpha)$.

答 3.5 前問を用いる. $x_n = \dfrac{1}{2n\pi},\ y_n = \dfrac{1}{2n\pi + \pi/2}$ とし, $z_1 = x_1,\ z_2 = y_1,\ z_3 = x_2,\ z_4 = y_2,\ z_5 = x_3, \cdots$ なる数列を考える. $\lim_{n \to \infty} z_n = 0$ となる. しかし $\sin\left(\dfrac{1}{x_n}\right) = 0,\ \sin\left(\dfrac{1}{y_n}\right) = 1$ より $\lim_{n \to \infty} \sin\left(\dfrac{1}{z_n}\right)$ は存在しない.

答 3.6 (1) 0 (2) -2 (3) 0 (4) $\dfrac{1}{2}$

(1) $\dfrac{x^2 - 6x + 9}{x - 3} = \dfrac{(x-3)^2}{x-3} = x - 3$ (2) $\dfrac{2x^2 - 3}{-x^2 + 1} = \dfrac{2 - 3/x^2}{-1 + 1/x^2}$

(3) $\sqrt{x+1} - \sqrt{x} = (\sqrt{x+1} - \sqrt{x}) \dfrac{\sqrt{x+1} + \sqrt{x}}{\sqrt{x+1} + \sqrt{x}} = \dfrac{1}{\sqrt{x+1} + \sqrt{x}}$

(4) 前問と同様に $\sqrt{x}(\sqrt{x+1} - \sqrt{x}) = \dfrac{\sqrt{x}}{\sqrt{x+1} + \sqrt{x}} = \dfrac{1}{\sqrt{1 + 1/x} + 1}$

答 3.7 (1) $\dfrac{1}{3}$ (2) 2 (3) $\cos a$ (4) $\dfrac{b}{a}$

(1) $\dfrac{\sin x}{\sin 3x} = \dfrac{\sin x}{x} \cdot \dfrac{3x}{\sin 3x} \cdot \dfrac{1}{3}$

(2) $\dfrac{x\sin x}{1-\cos x} = \dfrac{x\sin x}{1-\cos x} \cdot \dfrac{1+\cos x}{1+\cos x} = \dfrac{x}{\sin x}(1+\cos x)$

(3) $\dfrac{\sin(x+a)-\sin a}{x} = \dfrac{2\cos(x/2+a)\sin(x/2)}{x}$

(4) $\dfrac{\tan(bx)}{\tan(ax)} = \dfrac{\sin(bx)\cos(ax)}{\cos(bx)\sin(ax)} = \dfrac{\sin(bx)}{bx} \cdot \dfrac{ax}{\sin(ax)} \cdot \dfrac{\cos(ax)}{\cos(bx)} \cdot \dfrac{b}{a}$

答 3.8 (1) 1 (2) e (3) e^{ab} (4) $\dfrac{1}{a}$

(1) $\dfrac{\log(1+x+x^2)}{\sin x} = \dfrac{\log(1+x+x^2)}{x+x^2} \cdot \dfrac{x}{\sin x} \cdot \dfrac{x+x^2}{x}$

(2) $\displaystyle\lim_{x\to-\infty}\left(1+\dfrac{1}{x}\right)^x = \lim_{x\to\infty}\left(1-\dfrac{1}{x}\right)^{-x}$ に注意する.

$\left(1-\dfrac{1}{x}\right)^{-x} = \dfrac{1}{\left(1-\dfrac{1}{x}\right)^x} = \left(\dfrac{x}{x-1}\right)^x = \left(\left(1+\dfrac{1}{x-1}\right)^{x-1}\right)^{x/(x-1)}$

(3) $(1+ax)^{b/x} = \left((1+ax)^{1/ax}\right)^{ab}$

(4) $\dfrac{\log x - \log a}{x-a} = \dfrac{\log\left(\dfrac{x}{a}\right)}{a\left(\dfrac{x}{a}-1\right)} = \dfrac{\log(1+h)}{ah}$ $(h\to 0)$

答 3.9 $a_n = \dfrac{(n+1)^\alpha}{e^n}$ とする. $\left|\dfrac{a_{n+1}}{a_n}\right| = \left(\dfrac{n+2}{n+1}\right)^\alpha \dfrac{1}{e} \to \dfrac{1}{e} < 1$
$(n\to\infty)$ より問 1.6 から $\displaystyle\lim_{n\to\infty} a_n = 0$ となる. $x>1$ に対して $n\in\mathbf{N}$ を
$n\le x\le n+1$ にとれば, $x\to\infty$ のとき $n\to\infty$ である. よって
$0 < \dfrac{x^\alpha}{e^x} \le \dfrac{(n+1)^\alpha}{e^n} \to 0$ $(n\to\infty)$ となり求める結果を得る.

答 3.10 (1) $+\infty$ (2) 0 (3) $+\infty$

(1) $\log x = t$ とすると, $\dfrac{x^\alpha}{\log x} = \dfrac{e^{t\alpha}}{t} = \alpha\dfrac{e^{t\alpha}}{t\alpha}$. ここで前問を用いる.

(2) $\dfrac{1}{x} = t$ とすると, $x^\alpha \log x = \dfrac{-\log t}{t^\alpha}$. ここで (1) を用いる.

(3) $e^{1/x} = t$ とすると, $x = \dfrac{1}{\log t}$. よって $x^\alpha e^{1/x} = \dfrac{t}{(\log t)^\alpha} = \left(\dfrac{t^{1/\alpha}}{\log t}\right)^\alpha$.
ここで (1) を用いる.

第 4 章

答 4.1 $\forall \varepsilon > 0$ に対して, $|x-1| < \delta$ ならば $|f(x) - f(1)| < \varepsilon$ となる δ を探す. このとき $0 < \delta < 1$ として一般性を失わない. $|f(x) - f(1)|$ $= |x^2 + 3 - 4| = |x^2 - 1| = |(x-1)(x+1)| < \delta(\delta + 1 + 1) < 3\delta$ より $3\delta = \varepsilon$ とすればよい. したがって

$$\forall \varepsilon > 0,\ \delta = \frac{\varepsilon}{3},\ |x-1| < \delta \implies |f(x) - f(1)| < 3\delta = \varepsilon.$$

答 4.2 $\forall x_0 \in [0,1]$ とする. $\forall \varepsilon > 0$ に対して, $|x - x_0| < \delta$ ならば $|f(x) - f(x_0)| < \varepsilon$ となる δ を探す. このとき $0 < \delta < 1$ として一般性を失わない. $|f(x) - f(x_0)| = |x^2 + 3 - (x_0^2 + 3)| = |x^2 - x_0^2| = |(x - x_0)(x + x_0)| < 2\delta$ より $2\delta = \varepsilon$ とすればよい. したがって

$\forall x_0 \in [0,1],\ \forall \varepsilon > 0,\ \delta = \dfrac{\varepsilon}{2},\ |x - x_0| < \delta \implies |f(x) - f(x_0)| < 2\delta = \varepsilon.$

答 4.3 前問の δ は x_0 に依らない. したがって

$\forall \varepsilon > 0,\ \delta = \dfrac{\varepsilon}{2},\ \forall x_0,\ \forall x \in [0,1],\ |x - x_0| < \delta \Longrightarrow |f(x) - f(x_0)| < 2\delta = \varepsilon.$

答 4.4 $\lim_{h \to 0} \dfrac{\sin h}{h} = 1$ より $\exists C > 0,\ \forall h \in \mathbf{R},\ \left|\dfrac{\sin h}{h}\right| \leq C$ に注意する. $\forall x_0 \in I = (0,1)$ とする. x_0 での連続性を示すために $\forall \varepsilon > 0,\ |x - x_0| < \delta$ ならば $|f(x) - f(x_0)| < \varepsilon$ となる δ を探す. このとき $0 < \delta < \dfrac{x_0}{2}$ として一般性を失わない.

$$|f(x) - f(x_0)| = \left|\sin\left(\frac{1}{x}\right) - \sin\left(\frac{1}{x_0}\right)\right|$$
$$= \left|2\cos\left(\frac{1}{2}\left(\frac{1}{x} + \frac{1}{x_0}\right)\right)\sin\left(\frac{1}{2}\left(\frac{1}{x} - \frac{1}{x_0}\right)\right)\right| \leq 2\left|\sin\left(\frac{x - x_0}{2xx_0}\right)\right|$$
$$= \left|\sin\left(\frac{x - x_0}{2xx_0}\right) \cdot \frac{2xx_0}{x - x_0} \cdot \frac{x - x_0}{xx_0}\right| < \frac{C\delta}{(x_0 - \delta)x_0} < \frac{2C\delta}{x_0^2}.$$

よって $\dfrac{2C\delta}{x_0^2} = \varepsilon$ とすればよい. したがって

$\forall x_0 \in I, \forall \varepsilon > 0, \delta = \dfrac{\varepsilon x_0^2}{2C},\ |x - x_0| < \delta \Longrightarrow |f(x) - f(x_0)| < \dfrac{2C\delta}{x_0^2} = \varepsilon.$

よって $(0,1)$ の各点で連続である. $x_n = \dfrac{1}{2n\pi},\ y_m = \dfrac{1}{2m\pi + \pi/2}$ とする.

$\forall \delta > 0$ に対して, n, m が十分大きいとき $|x_n - x_m| < \delta$ とできる. しかし $|f(x_n) - f(x_m)| = |0 - 1| = 1$ となるので (4.6) が成り立たない. よって $(0, 1)$ で一様連続でない.

答 4.5 (1) Yes (2) No (3) Yes (4) No (5) No (6) Yes

(1) $f(0) = 0$, $|f(x) - f(0)| \leq |x|^2 \to 0 \ (x \to 0)$

(2) $f(0) = 1$, $x_n = \dfrac{1}{\sqrt{n}}$ とすると, $x_n \to 0$, $n \sin^2 \dfrac{\pi}{\sqrt{n}} = \pi^2 \cdot \left(\dfrac{\sin(\pi/\sqrt{n})}{\pi/\sqrt{n}}\right)^2 \to \pi^2$ より $f(x_n) \to \dfrac{1}{1 + \pi^2}$. よって $\lim_{x \to 0} f(x) = f(0)$ は成り立たない.

(3) $f(0) = 1$, $|f(x) - f(0)| \leq |x| \to 0 \ (x \to 0)$

(4) $f(0) = 1$, $x_n = \dfrac{1}{2n\pi + \pi/2}$ とすると, $x_n \to 0$, $f(x_n) = 0$. よって $\lim_{x \to 0} f(x) = f(0)$ は成り立たない.

(5) $f(0) = 0$, $x_n = \dfrac{1}{n}$ とすると, $x_n \to 0$, $f(x_n) = e^n \to \infty \ (n \to \infty)$. よって $\lim_{x \to 0} f(x) = f(0)$ は成り立たない.

(6) $f(0) = 1$. $x \to 0$ とするので, $|x| \leq \dfrac{1}{2}$ として一般性を失わない. このとき $|f(x) - f(0)| \leq \left|\dfrac{x}{1+x}\right| \leq 2|x| \to 0 \ (x \to 0)$.

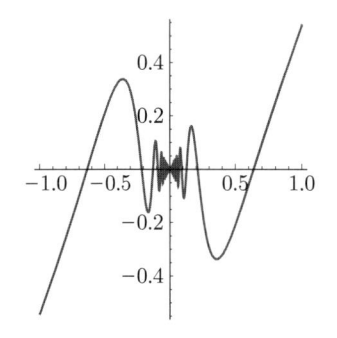

図 4.7 (4) のグラフ

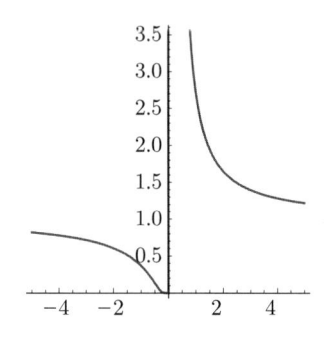

図 4.8 (5) のグラフ

答 4.6 $n, m \in \mathbf{Z}, m \neq 0$ に対して $f\left(\dfrac{n}{m}\right) = f(1)\dfrac{n}{m}$ が示せれば, $x \in \mathbf{Q}$ に対して求める関係式が得られる. このとき f の連続性により $x \in \mathbf{R}$ に対して $f(x) = f(1)x$ となる.

$x = y = 0$ として $f(0) = 2f(0)$. よって $f(0) = 0$. $x = y$ とすると $f(2x) = 2f(x)$ である. さらに $f(3x) = f(x+2x) = f(x) + f(2x) = 3f(x)$ となる. これを繰り返せば

$$f(nx) = nf(x), \quad n \in \mathbf{N}$$

この式で $x = 1$ とすれば $f(n) = f(1)n$ である. $f(x+y) = f(x) + f(y)$ で $x = 1, y = -1$ とすれば $0 = f(0) = f(1) + f(-1)$. よって $f(-1) = -f(1)$. 上の関係式で $x = -1$ とすれば, $f(-n) = nf(-1) = -nf(1)$. 以上のことから $n \in \mathbf{Z}, f(n) = f(1)n$. 上の関係式で $x = \pm\dfrac{1}{n}, n \in \mathbf{N}$ とすると $f(\pm 1) = nf\left(\pm\dfrac{1}{n}\right)$ となり, $f\left(\pm\dfrac{1}{n}\right) = f(1)\left(\pm\dfrac{1}{n}\right)$. さらに上の関係式で $x = \dfrac{1}{m}, m \in \mathbf{Z}$ とすると, $n \in \mathbf{N}$ に対して, $f\left(\dfrac{n}{m}\right) = nf\left(\dfrac{1}{m}\right) = f(1)\dfrac{n}{m}$ を得る. $n, m \in \mathbf{Z}, m \neq 0$ に対して求める関係式が得られた.

答 4.7 $||f(x)| - |f(x_0)|| \leq |f(x) - f(x_0)|$ より明らか.

答 4.8 $\max\{f(x), g(x)\} = \dfrac{|f(x) - g(x)|}{2} + \dfrac{f(x) + g(x)}{2}$

$\min\{f(x), g(x)\} = -\dfrac{|f(x) - g(x)|}{2} + \dfrac{f(x) + g(x)}{2}$

と書けることに注意し, 定理 4.7 と前問を用いる.

答 4.9 $f(x) = \dfrac{2}{3}x \sin x - 1$ とする. $f(0) = -1 < 0$, $f\left(\dfrac{\pi}{2}\right) = \dfrac{\pi}{3} - 1 > 0$, $f(\pi) = -1 < 0$ より, 中間値の定理を $\left[0, \dfrac{\pi}{2}\right], \left[\dfrac{\pi}{2}, \pi\right]$ で用いる.

答 4.10 $x \to \pm\infty$ のとき, $f(x) \to \pm\infty$ となるので, 十分大きな $M > 0$ をとれば $f(M) > 0, f(-M) < 0$ である. よって $[-M, M]$ で中間値の定理を用いればよい.

第 5 章

答 5.1 $y=f(x)$ が I で 1 対 1 のとき, 逆関数 f^{-1} は x,y を入れ替えて得られる. f の値域が f^{-1} の定義域となる.

(1) $f(x) = \dfrac{1}{2}(x+5)$, $I = \mathbf{R}$

(2) $f(x) = \dfrac{-b+\sqrt{b^2-4(c-x)}}{2}$, $I = \left[c-\dfrac{b^2}{4}, \infty\right)$

(3) $f(x) = x^{1/3}$, $I = (0, \infty)$ (4) $f(x) = \log(x-\sqrt{x^2-1})$, $I = [1, \infty)$

答 5.2 (1) $-\dfrac{\pi}{2}$ (2) $\dfrac{3}{4}\pi$ (3) 0 (4) $\dfrac{\pi}{3}$ (5) 0 (6) $\dfrac{\pi}{3}$

答 5.3 (1) $\arcsin \dfrac{4}{5} = \alpha$, $\arcsin \dfrac{5}{13} = \beta$ とする. $0 < \alpha, \beta < \dfrac{\pi}{2}$ に注意. $\sin \alpha = \dfrac{4}{5}$, $\cos \alpha = \dfrac{3}{5}$, $\sin \beta = \dfrac{5}{13}$, $\cos \beta = \dfrac{12}{13}$ である. よって
$$\cos(\alpha + \beta) = \cos\alpha\cos\beta - \sin\alpha\sin\beta = \dfrac{3}{5}\cdot\dfrac{12}{13} - \dfrac{4}{5}\cdot\dfrac{5}{13} = \dfrac{16}{65}.$$

(2) $\arcsin \dfrac{1}{3} = \alpha$, $\arccos \dfrac{1}{3} = \beta$ とする. $0 < \alpha, \beta < \dfrac{\pi}{2}$ に注意. $\sin \alpha = \dfrac{1}{3}$, $\cos \alpha = \dfrac{2\sqrt{2}}{3}$, $\sin \beta = \dfrac{2\sqrt{2}}{3}$, $\cos \beta = \dfrac{1}{3}$ である. よって
$$\sin(2\alpha - \beta) = \sin 2\alpha \cos\beta - \cos 2\alpha \sin\beta$$
$$= 2\dfrac{1}{3}\cdot\dfrac{2\sqrt{2}}{3}\cdot\dfrac{1}{3} - \left(2\left(\dfrac{2\sqrt{2}}{3}\right)^2 - 1\right)\cdot\dfrac{2\sqrt{2}}{3} = -\dfrac{10\sqrt{2}}{27}.$$

答 5.4 (1) $y = (-1)^n(-n\pi + x)$, $-\dfrac{\pi}{2} + n\pi \le x \le \dfrac{\pi}{2} + n\pi$. $\sin y = \sin x$, $-\dfrac{\pi}{2} \le y \le \dfrac{\pi}{2}$ に注意. $-\dfrac{\pi}{2} + 2n\pi \le x \le \dfrac{\pi}{2} + 2n\pi$ のとき $\sin x = \sin(x - 2n\pi)$ より $y = x - 2n\pi$. $-\dfrac{\pi}{2} + (2n+1)\pi \le x \le \dfrac{\pi}{2} + (2n+1)\pi$ のとき $\sin x = \sin(-x + (2n+1)\pi)$ より $y = -x + (2n+1)\pi$.

(2) $y = x$, $-1 \le x \le 1$.

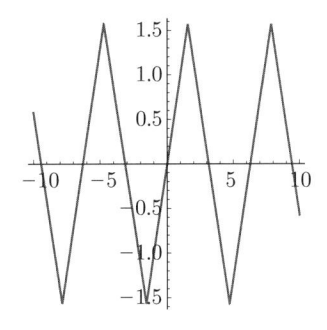

図 **5.9** 5.4 (1) のグラフ

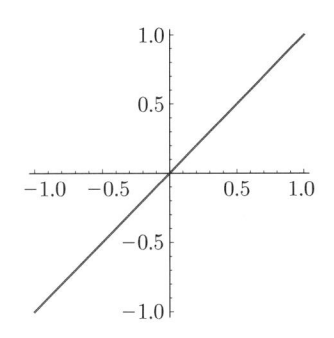

図 **5.10** 5.4 (2) のグラフ

答 5.5 (1) $\arcsin x = \alpha$ とする. $-\dfrac{\pi}{2} \leq \alpha \leq \dfrac{\pi}{2}$. $\cos\left(\dfrac{\pi}{2} - \alpha\right) = \sin \alpha = x$, $0 \leq \dfrac{\pi}{2} - \alpha \leq \pi$ より, $\dfrac{\pi}{2} - \alpha = \arccos x$. よって求める式を得る.

(2) $\arctan \dfrac{1}{4} = \alpha$, $\arctan \dfrac{3}{5} = \beta$ とする. $\tan \alpha = \dfrac{1}{4}$, $\tan \beta = \dfrac{3}{5}$ より

$$\tan(\alpha + \beta) = \dfrac{\tan \alpha + \tan \beta}{1 - \tan \alpha \tan \beta} = \dfrac{\dfrac{1}{4} + \dfrac{3}{5}}{1 - \dfrac{1}{4} \cdot \dfrac{3}{5}} = 1.$$

$0 < \alpha, \beta < \dfrac{\pi}{2}$ より $0 < \alpha + \beta < \pi$ である. よって $\alpha + \beta = \dfrac{\pi}{4}$ である.

(3) 逆三角関数の値域に注意する. $\sin \dfrac{4\pi}{5} = \sin \dfrac{\pi}{5}$ より, $\arcsin\left(\sin \dfrac{4\pi}{5}\right) = \arcsin\left(\sin \dfrac{\pi}{5}\right) = \dfrac{\pi}{5}$, $\arccos\left(\cos \dfrac{4\pi}{7}\right) = \dfrac{4\pi}{7}$. よって

$$\arcsin\left(\sin \dfrac{4\pi}{5}\right) + \arccos\left(\cos \dfrac{4\pi}{7}\right) = \dfrac{\pi}{5} + \dfrac{4\pi}{7} = \dfrac{27}{35}\pi.$$

答 5.6 $y = 2^x$ の逆関数は $y = \dfrac{\log x}{\log 2}$, $I = (0, \infty)$. $y = 2^{-x}$ の逆関数は $y = -\dfrac{\log x}{\log 2}$, $I = (0, \infty)$.

答 5.7 $y = \log_3 x$ の逆関数は $y = x^{3x}$, $I = \mathbf{R}$. $y = \log_{1/3} x$ の逆関数は $y = 3^{-x}$, $I = \mathbf{R}$.

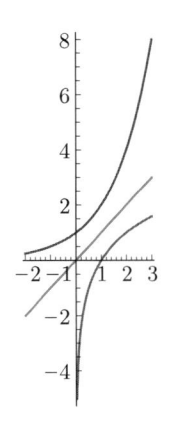

図 **5.11**　2^x と逆関数

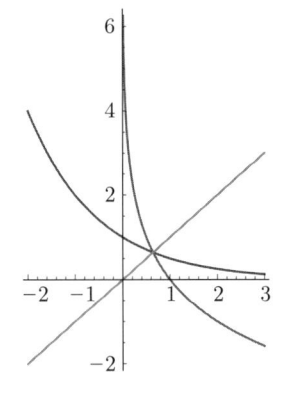

図 **5.12**　2^{-x} と逆関数

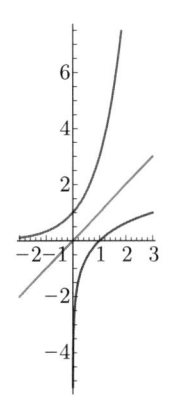

図 **5.13**　$\log_3 x$ と逆関数

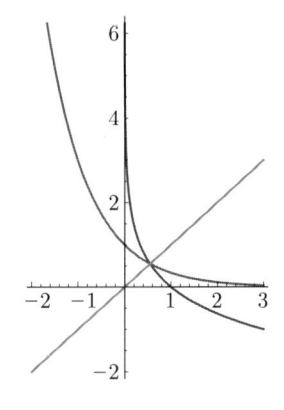

図 **5.14**　$\log_{1/3} x$ と逆関数

答 5.8　(1) $e^{x \log a} = e^{\log a^x} = a^x$　(2) $e^{\alpha \log x} = e^{\log x^\alpha} = x^\alpha$

答 5.9　(1) $\operatorname{arcsinh} x = \log(x + \sqrt{x^2 + 1}), \quad I = (-\infty, \infty)$
(2) $\operatorname{arccosh} x = \log(x + \sqrt{x^2 - 1}), \quad I = [1, \infty)$
(3) $\operatorname{arctanh} x = \dfrac{1}{2} \log \left(\dfrac{1+x}{1-x} \right), \quad I = (-1, 1)$

答 5.10　$\alpha = \dfrac{q}{p}$ とすれば, x^α は $y^p - x^q = 0$ の解である.

第 6 章

答 6.1 (1) No (2) Yes (3) No (4) Yes

(1) $\dfrac{1+|x|-1}{x-0} = \dfrac{|x|}{x}$ は $x \to 0$ のとき極限が定まらない．
$f'_+(0) = 1,\ f'_-(0) = -1$

(2) $\dfrac{x\sqrt{|x|} - 0}{x-0} = \sqrt{|x|} \to 0\ (x \to 0)$. よって $f'(0) = 0$.

(3) $\dfrac{x\sin\left(\dfrac{1}{x}\right) - 0}{x - 0} = \sin\left(\dfrac{1}{x}\right)$ は $x \to 0$ のとき極限が定まらない．
0 へ収束する数列として $x_n = \dfrac{1}{2n\pi},\ x'_n = \dfrac{1}{2n\pi + \pi/2}$ を考えてみよ．

(4) $\left|\dfrac{x^2\sin\left(\dfrac{1}{x}\right) - 0}{x - 0}\right| = \left|x\sin\left(\dfrac{1}{x}\right)\right| \leq |x| \to 0\ (x \to 0)$. よって $f'(0) = 0$.

答 6.2 $f(x) = \begin{cases} x^2\sin\left(\dfrac{1}{x}\right) & x \neq 0 \\ 0 & x = 0 \end{cases}$ とすると微分可能．実際 $x \neq 0$ では微分でき，$x = 0$ のときは答 6.1 (4) より $f'(0) = 0$ である．よって

$f'(x) = \begin{cases} 2x\sin\left(\dfrac{1}{x}\right) - \cos\left(\dfrac{1}{x}\right) & x \neq 0 \\ 0 & x = 0 \end{cases}$ となる．答 6.1 (3) と同様の 0 に収束する数列 x_n, x'_n を考えると $f'(x)$ は $x = 0$ で連続でない．

答 6.3 $\dfrac{f(x_0+h) - f(x_0-h)}{h} = \dfrac{f(x_0+h) - f(x_0)}{h} + \dfrac{f(x_0-h) - f(x_0)}{-h}$
$\to f'(x_0) + f'(x_0) = 2f'(x_0)\ (h \to 0)$.

答 6.4 (6.5) より $f(x_0+h) = f(x_0) + f'(x_0)h + o(h),\ f(x_0-k) = f(x_0) - f'(x_0)k + o(k)\ (h, k \to 0)$ となる．このとき
$$\dfrac{f(x_0+h) - f(x_0-k)}{h+k} = f'(x_0) + \dfrac{o(h) + o(k)}{h+k}.$$
ここで $h, k \to +0$ とすれば $\left|\dfrac{o(h)}{h+k}\right| \leq \left|\dfrac{o(h)}{h}\right| \to 0,\ \left|\dfrac{o(k)}{h+k}\right| \leq \left|\dfrac{o(k)}{k}\right| \to 0$.

より求める結果を得る.

答 6.5　$f'(0) = 1$ より接線 $y = x$, 法線 $y = -x$.

答 6.6　$f'(1) = 4$ より接線 $y = 4x - 4$, 法線 $y = -\dfrac{1}{4}x + \dfrac{1}{4}$.

答 6.7　$y = \dfrac{x^2}{4a} - b$ より $y' = \dfrac{x}{2a}$. $\left(x_0, \dfrac{x_0^2}{4a} - b\right)$ での接線は $y = \dfrac{x_0}{2a}(x - x_0) + \dfrac{x_0^2}{4a} - b$. 法線は $x_0 \neq 0$ のとき, $y = -\dfrac{2a}{x_0}(x - x_0) + \dfrac{x_0^2}{4a} - b$, $x_0 = 0$ のとき, $x = 0$. $x_0 \neq 0$ のとき法線が $(0,0)$ を通ると $2a + \dfrac{x_0^2}{4a} - b = 0$. $b > 2a > 0$ より 2 つの解を持つ. よって原点を通る法線は 3 本となる.

答 6.8　$\displaystyle\lim_{x \to \pm 0} \dfrac{\sqrt{x^2 + x^4} - 0}{x - 0} = \pm \lim_{x \to 0} \sqrt{1 + x^2} = \pm 1$.
右接線は $y = x$, 左接線は $y = -x$ となる.

答 6.9　(1) $\dfrac{\tan x}{x} = \dfrac{1}{\cos x} \cdot \dfrac{\sin x}{x} \to 1 \ (x \to 0)$

(2) $\dfrac{\cos x - \left(1 + \dfrac{x^2}{2}\right)}{x^2} = \dfrac{2\sin^2 \dfrac{x}{2} - \dfrac{x^2}{2}}{x^2} = \dfrac{1}{2}\left(\dfrac{\sin \dfrac{x}{2}}{\dfrac{x}{2}}\right)^2 - \dfrac{1}{2} \to 0 \ (x \to 0)$

(3) $\dfrac{e^x - (1 + x)}{x} = \dfrac{e^x - 1}{x} - 1 \to 0 \ (x \to 0)$ (例 3.8)

(4) $|\sin x| \leq 1$

答 6.10　(1) $\dfrac{x^3 - 3x^4}{x^3} \to 1 \ (x \to 0)$. 3 位の無限小.

(2) $\dfrac{\sqrt{1+x} - \sqrt{1-x}}{x} = \dfrac{2}{\sqrt{1+x} + \sqrt{1-x}} \to 1 \ (x \to 0)$. 1 位の無限小.

(3) $1 - \cos(\cos x - 1) = 2\sin^2\left(\dfrac{1 - \cos x}{2}\right) = 2\sin^2\left(\sin^2 \dfrac{x}{2}\right)$
$= 2\dfrac{\sin^2\left(\sin^2 \dfrac{x}{2}\right)}{\left(\sin^2 \dfrac{x}{2}\right)^2} \cdot \dfrac{\left(\sin \dfrac{x}{2}\right)^4}{\left(\dfrac{x}{2}\right)^4} \cdot \dfrac{x^4}{16}$ より, $\dfrac{1 - \cos(\cos x - 1)}{x^4} \to \dfrac{1}{8} \ (x \to 0)$.
4 位の無限小.

第 7 章

答 7.1

(1) $6x\cos(3x^2)$ (2) $\dfrac{1+6x^2}{2\sqrt{1+x+2x^3}}$ (3) $\dfrac{e^x}{\cos^2(1+e^x)}$

(4) $\dfrac{2\tan x}{\cos^2 x}$ (5) $-\dfrac{\sin(\log(1+x))}{1+x}$ (6) $-\tan x$

答 7.2

(1) $\dfrac{x(3x^2+2a^2)}{\sqrt{x^2+a^2}}$ (2) $\dfrac{e^x(a^2-x^2-x)}{\sqrt{a^2-x^2}}$ (3) $\arcsin x + \dfrac{x}{\sqrt{1-x^2}}$

(4) $\arctan x + \dfrac{x}{1+x^2}$ (5) $\sin^{m-1}x\cos^{n-1}x(m\cos^2 x - n\sin^2 x)$

(6) $e^{ax}(a\sin bx + b\cos bx)$

答 7.3

(1) $\dfrac{x^2(x^2+3)}{(1+x^2)^2}$ (2) $\dfrac{ad-bc}{(cx+d)^2}$ (3) $-\dfrac{1}{x^2\sqrt{1+x^2}}$ (4) $-\dfrac{2e^x}{(1+e^x)^2}$

答 7.4 $y=\arctan x$ とすると $\tan y = x$. 両辺を x で微分すると $\dfrac{1}{\cos^2 y}y' = 1$. よって $y' = \cos^2 y = \dfrac{1}{1+x^2}$.

答 7.5 $y = \log(x+\sqrt{x^2-1})$ とすると $y \geq 0$ で $e^y = x+\sqrt{x^2-1}$. このとき $e^y + e^{-y} = 2x$, すなわち $\cosh y = x$. 両辺を x で微分すると $\sinh y \cdot y' = 1$. よって $y \geq 0$ に注意して $y' = \dfrac{1}{\sinh y} = \dfrac{1}{\sqrt{x^2-1}}$.

答 7.6 $\dfrac{dy}{dx} = -\dfrac{3a\sin^2 t \cos t}{3a\cos^2 t \sin t} = -\tan t$

答 7.7 $\dfrac{dy}{dx} = \dfrac{e^t \cos(2t) - 2e^t\sin(2t)}{e^t\sin(2t) + 2e^t\cos(2t)} = \dfrac{\cos(2t) - 2\sin(2t)}{\sin(2t) + 2\cos(2t)}$

答 7.8 (2) 以外は対数微分で求める.

(1) $\log y = x\log x,\ \dfrac{y'}{y} = \log x + 1,\ y' = x^x(\log x + 1)$

(2) $\dfrac{e^{\sqrt{x}}}{2\sqrt{x}}$

(3) $\log y = \dfrac{\log x}{x}$, $\dfrac{y'}{y} = -\dfrac{\log x}{x^2} + \dfrac{1}{x^2}$, $y' = x^{1/x}\dfrac{1-\log x}{x^2}$

(4) $\log y = \sinh x \log x$, $\dfrac{y'}{y} = \cosh x \log x + \dfrac{\sinh x}{x}$,
$y' = x^{\sinh x}\left(\cosh x \log x + \dfrac{\sinh x}{x}\right)$

(5) $\log y = \arcsin x \log x$, $\dfrac{y'}{y} = \dfrac{\log x}{\sqrt{1-x^2}} + \dfrac{\arcsin x}{x}$,
$y' = x^{\arcsin x}\left(\dfrac{\log x}{\sqrt{1-x^2}} + \dfrac{\arcsin x}{x}\right)$

答 7.9 $f'(-x) = \lim_{h \to 0} \dfrac{f(-x+h) - f(-x)}{h}$
$= -\lim_{h \to 0} \dfrac{f(x-h) - f(x)}{-h} = -f'(x)$

答 7.10 $(f_1 g_2 - f_2 g_1)' = f_1' g_2 + f_1 g_2' - f_2' g_1 - f_2 g_1'$
$= (f_1' g_2 - f_2 g_1') + (f_1 g_2' - f_2' g_1)$
$= \begin{vmatrix} f_1' & g_1' \\ f_2 & g_2 \end{vmatrix} + \begin{vmatrix} f_1 & g_1 \\ f_2' & g_2' \end{vmatrix}$
$= (f_1' g_2 - f_2' g_1) + (f_1 g_2' - f_2 g_1')$
$= \begin{vmatrix} f_1' & g_1 \\ f_2' & g_2 \end{vmatrix} + \begin{vmatrix} f_1 & g_1' \\ f_2 & g_2' \end{vmatrix}$

第 8 章

答 8.1 $g(x) = e^{-\lambda x} f(x)$ と置く. $g(a) = g(b) = 0$. Rolle の定理が使えて, $\exists x_0 \in (a,b)$, $g'(x_0) = 0$ となる. $g'(x) = e^{-\lambda x}(-\lambda f(x) + f'(x))$ より $f'(x_0) = \lambda f(x_0)$ となる.

答 8.2

(1) $\dfrac{f(1) - f(0)}{1 - 0} = \dfrac{2 - 1}{1 - 0} = 1$, $f'(x) = 1$. I の各点で満たされる.

(2) $\dfrac{f(2) - f(0)}{2 - 0} = \dfrac{5 - (-3)}{2 - 0} = 4$, $f'(x) = 2x + 2$. よって $x_0 = 1$.

(3) $\dfrac{f(\pi/2) - f(0)}{\pi/2 - 0} = \dfrac{1 - 0}{\pi/2} = \dfrac{2}{\pi}$, $f'(x) = \cos x$. よって $x_0 = \arccos\left(\dfrac{2}{\pi}\right)$.

(4) $\dfrac{f(e) - f(1)}{e - 1} = \dfrac{1 - 0}{e - 1} = \dfrac{1}{e - 1}$, $f'(x) = \dfrac{1}{x}$. よって $x_0 = e - 1$.

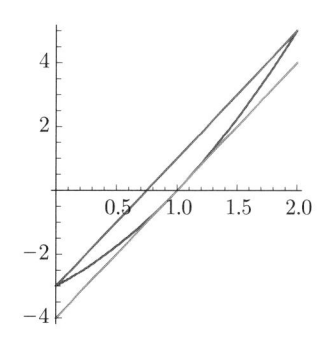

図 **8.15** (2) のグラフ

図 **8.16** (3) のグラフ

答 8.3 (1) $\dfrac{f(2) - f(1)}{g(2) - g(1)} = \dfrac{5 - 2}{16 - 1} = \dfrac{1}{5}$, $\dfrac{f'(x)}{g'(x)} = \dfrac{2x}{4x^3} = \dfrac{1}{2x^2}$. よって $x_0 = \dfrac{\sqrt{10}}{2}$. (2) $\dfrac{f(2) - f(0)}{g(2) - g(0)} = \dfrac{e^2 - 1}{e^4 - 1} = \dfrac{1}{e^2 + 1}$, $\dfrac{f'(x)}{g'(x)} = \dfrac{e^x}{2e^{2x}} = \dfrac{1}{2e^x}$. よって $x_0 = \log\left(\dfrac{e^2 + 1}{2}\right)$.

答 8.4 $\phi(x) = \begin{vmatrix} f(a) & g(a) & h(a) \\ f(b) & g(b) & h(b) \\ f(x) & g(x) & h(x) \end{vmatrix}$ とする. $\phi(a) = \phi(b) = 0$. Rolle の

定理から $\exists x_0 \in (a,b)$, $\phi'(x_0) = 0$ となる. $\phi'(x) = \begin{vmatrix} f(a) & g(a) & h(a) \\ f(b) & g(b) & h(b) \\ f'(x) & g'(x) & h'(x) \end{vmatrix}$

より求める結果を得る.

答 8.5 前問で $h(x) \equiv 1$ とすると $\begin{vmatrix} f(a) & g(a) & 1 \\ f(b) & g(b) & 1 \\ f'(x_0) & g'(x_0) & 0 \end{vmatrix} = 0$. これより

$f'(x_0)(g(a)-g(b)) - g'(x_0)(f(a)-f(b)) = 0$, $\dfrac{f(b)-f(a)}{g(b)-g(a)} = \dfrac{f'(x_0)}{g'(x_0)}$ を得る. $h(x) \equiv 1$, $g(x) = x$ とすれば平均値の定理となる.

答 8.6 $\forall x, \forall x_0 \in (a,b)$, $x < x_0$ に対して平均値の定理を用いると $\exists \xi \in (x, x_0)$, $\dfrac{f(x_0)-f(x)}{x_0-x} = f'(\xi) = 0$ となり $f(x) = f(x_0)$ を得る.

答 8.7 $f(x) > 0$ とし $h = \dfrac{g}{f}$ とおく. $h' = \dfrac{g'f - gf'}{f^2} = 0$ となる. 前問より $\exists c$, $h = c$ となり $g = cf$. $g(x) > 0$ のときは $h = f/g$ を考える.

答 8.8 $g(x) = x - f(x)$ とする. 平均値の定理を用いると

$$\exists \xi,\ g(x) = x - f(0) - (f(x) - f(0))$$
$$= x - f(0) - f'(\xi)x = x(1 - f'(\xi)) - f(0).$$

このとき $1 - f'(\xi) > 1 - |f'(\xi)| \geq 1 - \gamma > 0$ に注意. ここで $R > \dfrac{|f(0)|}{1-\gamma} \geq 0$ をとる. $x < -R$ のとき,
$g(x) < -R(1 - f'(\xi)) - f(0) < -R(1-\gamma) - f(0) < -|f(0)| - f(0) \leq 0$,
$x > R$ のとき,
$g(x) > R((1 - f'(\xi)) - f(0) > R(1-\gamma) - f(0) > |f(0)| - f(0) \geq 0$.
よって中間値の定理から $\exists x_0, g(x_0) = 0$, すなわち $f(x_0) = x_0$ となる.

($g'(x) = 1 - f'(x) \geq 1 - |f'(x)| \geq 1 - \gamma > 0$ より g は狭義単調増加関数 (第 11 章). よって中間値の定理を満たす x_0 は一意である.)

答 8.9 (1) 与式 $= \displaystyle\lim_{x \to 0} \frac{1 - \dfrac{1}{x+1}}{2x} = \lim_{x \to 0} \frac{1}{2(x+1)} = \frac{1}{2}$

(2) 与式 $= \displaystyle\lim_{x \to 0} \frac{\dfrac{1}{\cos^2 x} - 1}{3x^2} = \lim_{x \to 0} \frac{2\dfrac{\sin x}{\cos^3 x}}{6x} = \lim_{x \to 0} \frac{1}{3} \frac{1}{\cos^3 x} \cdot \frac{\sin x}{x} = \frac{1}{3}$

(3) 与式 $= \displaystyle\lim_{x \to 0} \frac{x^2 - \sin^2 x}{x^2 \sin^2 x} = \lim_{x \to 0} \frac{x + \sin x}{x} \cdot \frac{x - \sin x}{x^3} \cdot \left(\frac{x}{\sin x}\right)^2 = \frac{1}{3}$

(4) 与式 $= \displaystyle\lim_{x \to 0} 2\frac{\cos x}{\cos 2x} \cdot \frac{\sin 2x}{\sin x} = 4 \lim_{x \to 0} \frac{\cos x}{\cos 2x} \cdot \frac{\sin 2x}{2x} \cdot \frac{x}{\sin x} = 4$

答 8.10 対数をとって極限を考える.

(1) $\displaystyle\lim_{x \to +0} x(\log x) = \lim_{x \to +0} \frac{\log x}{\dfrac{1}{x}} = \lim_{x \to +0} (-x) = 0$. 求める極限は $e^0 = 1$.

(2) $\displaystyle\lim_{x \to +\infty} \frac{\log x}{x} = \lim_{x \to +\infty} \frac{1}{x} = 0$. 求める極限は $e^0 = 1$.

(3) $\displaystyle\lim_{x \to \infty} \frac{\log\left(\dfrac{\pi}{2} - \arctan x\right)}{x} = \lim_{x \to \infty} \frac{-\dfrac{1}{1+x^2}}{\dfrac{\pi}{2} - \arctan x} = \lim_{x \to \infty} \frac{\dfrac{2x}{(1+x^2)^2}}{-\dfrac{1}{1+x^2}}$

$= -\displaystyle\lim_{x \to \infty} \frac{2x}{1+x^2} = 0$. 求める極限は $e^0 = 1$.

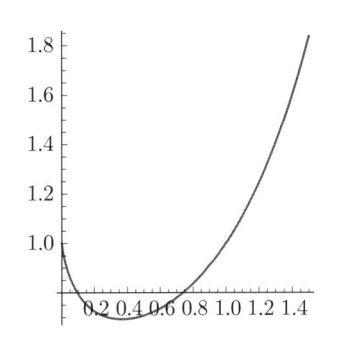

図 8.17 x^x のグラフ

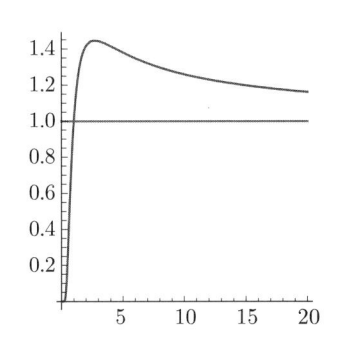

図 8.18 $x^{1/x}$ のグラフ

第 9 章

答 9.1 (1) $\dfrac{x^3}{1-x} = -x^2 - x - 1 + \dfrac{1}{1-x}$. $y' = -2x - 1 + \dfrac{1}{(1-x)^2}$,
$y'' = -2 + \dfrac{2}{(1-x)^3}$, $y^{(n)} = \dfrac{n!}{(1-x)^{n+1}}$ $(n \geq 3)$

(2) $\dfrac{ax+b}{cx+d} = \dfrac{a}{c} + \dfrac{bc-ad}{c}\dfrac{1}{cx+d}$. $y^{(n)} = \dfrac{(-1)^n(bc-ad)n!c^{n-1}}{(cx+d)^{n+1}}$ $(n \geq 1)$

(3) $y' = \log|x| + 1$, $y^{(n)} = \dfrac{(-1)^{n-2}(n-2)!}{x^{n-1}}$ $(n \geq 2)$

(4) $\sin^2 x = \dfrac{1 - \cos 2x}{2}$. $y^{(n)} = 2^{n-1} \cos\left(2x + \dfrac{n\pi}{2}\right)$ $(n \geq 1)$

答 9.2 $y^{(n)} = (\sqrt{2})^n e^x \sin\left(x + \dfrac{n\pi}{4}\right)$: 数学的帰納法で示す. $n = 1$ のとき, $y' = e^x(\sin x + \cos x) = \sqrt{2}e^x \sin\left(x + \dfrac{\pi}{4}\right)$. $n = k$ のとき成り立つとすると, $y^{(k+1)} = (y^{(k)})' = (\sqrt{2})^k e^x \left(\sin\left(x + \dfrac{k\pi}{4}\right) + \cos\left(x + \dfrac{k\pi}{4}\right)\right)$
$= (\sqrt{2})^{k+1} e^x \sin\left(x + \dfrac{(k+1)\pi}{4}\right)$. よって $n = k+1$ のときも成立する.

答 9.3 (1) $y^{(n)} = x^2 a^x (\log a)^n + {}_nC_1 2x a^x (\log a)^{n-1} + {}_nC_2 2a^x (\log a)^{n-2}$
$= a^x (\log a)^{n-2}(x^2(\log a)^2 + 2nx \log a + n(n-1))$

(2) $y^{(n)} = x^3 e^{-x}(-1)^n + {}_nC_1 3x^2 e^{-x}(-1)^{n-1} + {}_nC_2 6x e^{-x}(-1)^{n-2} + {}_nC_3 6 e^{-x}(-1)^{n-3}$
$= e^{-x}(-1)^n(x^3 - 3nx^2 + 3n(n+1)x - n(n-1)(n-2))$

(3) $\dfrac{1}{x^2 - a^2} = \dfrac{1}{2a}\left(\dfrac{1}{x-a} - \dfrac{1}{x+a}\right)$. $y^{(n)} = \dfrac{(-1)^n n!}{2a}\left(\dfrac{1}{(x-a)^{n+1}} - \dfrac{1}{(x+a)^{n+1}}\right)$

(4) $(1-x^2)^n = (1+x)^n(1-x)^n$. $y^{(n)} = \sum_{k=0}^{n} {}_nC_k ((1+x)^n)^{(n-k)}((1-x)^n)^{(k)}$
$= \sum_{k=0}^{n} (-1)^k ({}_nC_k)^2 n!(1+x)^k(1-x)^{n-k}$

答 9.4 $f(x) = 3 + 5(x-1) + 4(x-1)^2 + 4(x-1)^3 + (x-1)^4$

答 9.5 $f^{(n)}(x) = 2^n \sin\left(2x + \dfrac{n\pi}{2}\right)$.

$$f(x) = \sum_{k=0}^{\infty} \frac{2^k}{k!} \sin\left(\frac{k\pi}{2}\right) x^k = 2x - \frac{(2x)^3}{3!} + \frac{(2x)^5}{5!} + \cdots.$$

答 9.6 $e^x = e \cdot e^{x-1} = e\left(1 + (x-1) + \frac{(x-1)^2}{2!} + \frac{(x-1)^3}{3!} + \cdots\right)$

答 9.7 $\cos^2 x = \dfrac{1+\cos 2x}{2}$ より $f^{(n)}(x) = 2^{n-1}\cos\left(2x + \dfrac{n\pi}{2}\right)$.
よって $f(x) = \dfrac{1}{2} + \sum_{k=0}^{\infty} \dfrac{2^{k-1}}{k!} \cos\left(\dfrac{k\pi}{2}\right) x^k = \dfrac{1}{2}\left(2 - \dfrac{(2x)^2}{2!} + \dfrac{(2x)^4}{4!} - \cdots\right).$

答 9.8 $g(x) = (x-x_0)(x-x_0-h)f(x_0-h) - 2(x-x_0-h)(x-x_0+h)f(x_0) + (x-x_0+h)(x-x_0)f(x_0+h) - 2h^2 f(x)$ とする．このとき $g(x_0+h) = g(x_0) = g(x_0-h) = 0$ に注意する．Rolle の定理より $\exists \xi_1 \in (x_0-h, x_0)$, $g(\xi_1) = 0$ および $\exists \xi_2 \in (x_0, x_0+h)$, $g'(\xi_2) = 0$ となる．再び Rolle の定理を用いれば $\exists \xi \in (\xi_1, \xi_2)$, $g''(\xi) = 0$ となる．$g''(x) = 2f(x_0-h) - 4f(x_0) + 2f(x_0+h) - 2h^2 f''(x)$ より求める結果を得る．

答 9.9 1 次までの Taylor 展開を 2 度繰り返すと，$f(x_0+h) = f(x_0) + hf'(x_0+\theta h) = f(x_0) + h(f'(x_0) + \theta h f''(x_0 + \theta\theta' h)) = f(x_0) + hf'(x_0) + \theta h^2 f''(x_0 + \theta\theta' h)$. 一方，2 次までの Taylor 展開より $f(x_0+h) = f(x_0) + hf'(x_0) + \dfrac{h^2}{2} f''(x_0 + \theta'' h)$. よって $\theta = \dfrac{f''(x_0 + \theta'' h)}{2f''(x_0 + \theta\theta' h)}$. $h \to 0$ とすると f'' の連続性と $f''(x_0) \neq 0$ から求める結果を得る．

答 9.10 2 次と 1 次までの Taylor 展開より，$f(x_0+h) = f(x_0) + hf'(x_0) + \dfrac{h^2}{2!} f''(x_0 + \theta h) = f(x_0) + hf'(x_0) + \dfrac{h^2}{2}(f''(x_0) + \theta h f'''(x_0 + \theta'\theta h))$. 一方，3 次までの Taylor 展開より $f(x_0+h) = f(x_0) + hf'(x_0) + \dfrac{h^2}{2} f''(x_0) + \dfrac{h^3}{3!} f'''(x_0 + \theta'' h)$ となる．よって $\theta = \dfrac{f'''(x_0 + \theta'' h)}{3f'''(x_0 + \theta\theta' h)}$. $h \to 0$ とすると f''' の連続性と $f'''(x_0) \neq 0$ から $\lim_{h\to 0} \theta = \dfrac{1}{3}$ を得る．

第 10 章

答 10.1 $\sin 2x = 2x - \dfrac{(2x)^3}{3!} + \dfrac{(2x)^5}{5!} - \cdots + (-1)^n \dfrac{(2x)^{2n+1}}{(2n+1)!} + \cdots$

答 10.2 $\sqrt{1+x^2} = 1 + \dfrac{x^2}{2} + \dfrac{\frac{1}{2}\left(\frac{1}{2}-1\right)x^4}{2} + \cdots$
$= 1 + \dfrac{1}{2}x^2 - \dfrac{1}{2 \cdot 4}x^4 + \cdots + (-1)^{n-1}\dfrac{1 \cdot 3 \cdots (2n-3)}{2 \cdot 4 \cdots 2n}x^{2n} + \cdots$

答 10.3 $\log\left(\dfrac{1+x}{1-x}\right) = 2\left(x + \dfrac{x^3}{3} + \dfrac{x^5}{5} + \cdots + \dfrac{x^{2n+1}}{2n+1} + \cdots\right)$

答 10.4 $e^x + e^{-x} = 2\left(1 + \dfrac{x^2}{2!} + \dfrac{x^4}{4!} + \cdots + \dfrac{x^{2n}}{(2n)!} + \cdots\right)$

答 10.5 $e^x + \log(1-x) = 1 - \dfrac{x^3}{6} - \dfrac{5}{24}x^4 + \cdots$

答 10.6 $\log(1 + \sin x) = x - \dfrac{x^2}{2} + \dfrac{x^3}{6} - \dfrac{x^4}{12} + \cdots$
$\log(1 + \sin x) = \sin x - \dfrac{\sin^2 x}{2} + \dfrac{\sin^3 x}{3} - \cdots$ に $\sin x = x - \dfrac{x^3}{3!} + \cdots$ を代入.

答 10.7 $\sqrt{1 - x + x^2} = 1 - \dfrac{x}{2} + \dfrac{3x^2}{8} + \dfrac{3x^3}{16} + \cdots$
$\sqrt{1 - x + x^2} = \sqrt{1 - (x - x^2)}$ と変形する.

答 10.8 $\dfrac{(1+x)^{1/x}}{e} = 1 - \dfrac{x}{2} + \dfrac{11x^2}{24} - \dfrac{7x^3}{16} + \cdots$
$(1+x)^{1/x} = e^{\frac{1}{x}\log(1+x)} = e^{1 - \frac{x}{2} + \frac{x^2}{3} - \frac{x^3}{4} + \cdots} = e \cdot e^{-\frac{x}{2} + \frac{x^2}{3} - \frac{x^3}{4} + \cdots}$ と変形.

答 10.9 $(1-x)^{1/5} = 1 - \dfrac{x}{5} - \dfrac{2}{25}x^2 + \cdots$ より $\sqrt[5]{30} = 2\left(1 - \dfrac{1}{16}\right)^{1/5}$
$\approx 2\left(1 - \dfrac{1}{5} \cdot \dfrac{1}{16} - \dfrac{2}{25} \cdot \left(\dfrac{1}{16}\right)^2\right) = 1.97438\cdots$ ($\sqrt[5]{30} = 1.97435\cdots$).

答 10.10 $\sqrt{1+x} = 1 + \dfrac{x}{2} - \dfrac{x^2}{8(\sqrt{1+\theta x})^3}$. 誤差は $\left|\dfrac{x^2}{8(\sqrt{1+\theta x})^3}\right| \leq \dfrac{x^2}{8}$.

第 11 章

答 11.1　$f'(x) = -\dfrac{2x}{(1+x^2)^2} < 0$ $(x \in I)$ より単調減少．

答 11.2　$f'(x) = \dfrac{x\cos x - \sin x}{x^2}$．$g(x) = x\cos x - \sin x$ とする．$g(0) = 0$, $g'(x) = -x\sin x < 0$ $(x \in I)$．よって $g(x)$ は単調減少で $g(x) < 0$ となる．ゆえに $f'(x) < 0$ となり $f(x)$ は単調減少．

答 11.3　$g(x) = \dfrac{f(x) - f(c)}{x - c}$．$g'(x) = \dfrac{f'(x)(x-c) - f(x) + f(c)}{(x-c)^2}$．
ここで $h(x) = f'(x)(x-c) - f(x) + f(c)$ とすると，$h(c) = 0$, $h'(x) = f''(x)(x-c)$．$f''(x)$ の仮定より $h(x)$ は $x > c$ で単調増加，$x < c$ で単調減少となる．$h(c) = 0$ より $h(x) > 0$ $(x \neq c)$ であることが分かる．よって $g'(x) > 0$ $(x \neq c)$ となり $g(x)$ は単調増加となる．

答 11.4　$g(x) = \dfrac{f(x)}{x}$ とする．平均値の定理より $g(x) = \dfrac{f(x) - f(0)}{x - 0} = f'(\xi)$, $\xi \in [0, x]$．$g(0)$ は存在し $g(x)$ は I 上で連続．$g'(x) = \dfrac{f'(x)x - f(x)}{x^2}$．
$h(x) = f'(x)x - f(x)$ とすると，$h'(x) = f''(x) > 0$ より $h(x)$ は単調増加．$h(0) = 0$ より $h(x) > 0$, $x \in (0, a]$．よって $g'(x) > 0$, $x \in (0, a]$ となり $g(x)$ は $(0, a]$ で単調増加．$g(x)$ は I で連続なので I で単調増加となる．

答 11.5　証明の前に 2 つの不等式 (a), (b) を示す．
(a) $\sin x < x$, $x \in (0, \infty)$
$x > 1$ のときは明らか．$0 < x \leq 1 < \dfrac{\pi}{2}$ のとき $f(x) = x - \sin x$ とすると $f'(x) = 1 - \cos x > 0$．よって $f(x)$ は単調増加．$f(0) = 0$ より $f(x) > 0$．
(b) $\cos x > 1 - \dfrac{x^2}{2}$, $x \in (0, \infty)$
$f(x) = \cos x - 1 + \dfrac{x^2}{2}$ とすると (a) より $f'(x) = -\sin x + x > 0$．よって $f(x)$ は単調増加．$f(0) = 0$ より $f(x) > 0$．

(1) $f(x) = \sin x - x + \dfrac{\pi}{6}x^3$ とする．(b) より $f'(x) = \cos x - 1 + \dfrac{x^2}{2} > 0$.

よって $f(x)$ は単調増加. $f(0) = 0$ より $f(x) > 0$ となる.

(2) $f(x) = x - \log(1+x)$ とすると $f'(x) = 1 - \dfrac{1}{1+x} = \dfrac{x}{1+x} > 0$.
よって $f(x)$ は単調増加. $f(0) = 0$ より $f(x) > 0$ となる.

(3) $f(x) = e^{-x} - 1 + x$ とすると $f'(x) = -e^{-x} + 1 > 0$.
よって $f(x)$ は単調増加. $f(0) = 0$ より $f(x) > 0$ となる.

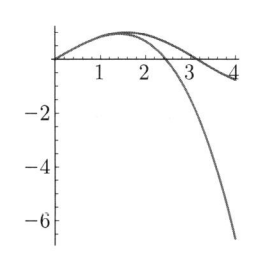

図 **11.19** $\sin x, x - \dfrac{x^3}{6}$ 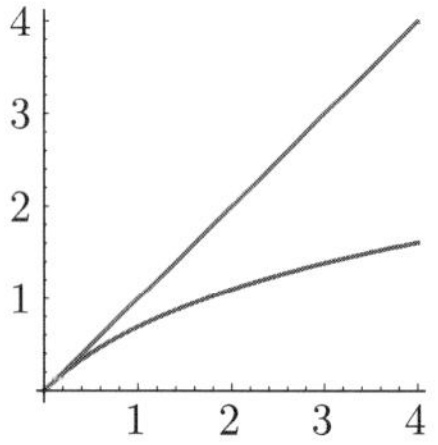   図 **11.20** $x, \log(1+x)$ 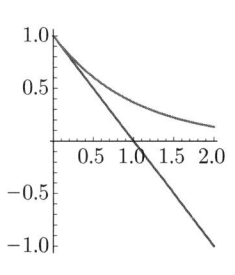   図 **11.21** $e^{-x}, 1-x$

答 11.6 $f(x) = \dfrac{\pi - x}{4} - \arctan\sqrt{1-x}$ とおく.
$f'(x) = -\dfrac{1}{4} + \dfrac{1}{2(2-x)\sqrt{1-x}} = \dfrac{-(2-x)\sqrt{1-x} + 2}{4(2-x)\sqrt{1-x}} > 0 \ (0 < x < 1)$.
よって $f(x)$ は単調増加. $f(0) = 0$ より $f(x) > 0 \ (0 < x < 1)$ となる.
$x = 1$ のときも $f(1) = \dfrac{\pi - 1}{4} > 0$ より成立する.

答 11.7 $f(x) = \log(ax) - x$ とすると $f'(x) = \dfrac{1}{x} - 1 = \dfrac{1-x}{x}$, $f''(x) = -\dfrac{1}{x^2}$. よって $x = 1$ で極大で極大値 $f(1) = \log a - 1$. よって $f(x)$ が正の値をとる場合がある必要十分条件は $\log a - 1 > 0$, すなわち $a > e$ となる.

答 11.8 (1) $f'(x) = 2(x-1)(x-2)(2x-3)$.
$x = 1, 2$ で極小で極小値は 0, $x = \dfrac{3}{2}$ で極大で極大値は $\dfrac{1}{16}$.
(2) $f'(x) = \dfrac{1 - 2x - x^2}{(1+x^2)^2}$. $x^2 + 2x - 1 = (x - (-1+\sqrt{2}))(x - (-1-\sqrt{2}))$.

$x = -1-\sqrt{2}$ で極小で極小値は $\dfrac{1-\sqrt{2}}{2}$, $x = -1+\sqrt{2}$ で極大で極大値は $\dfrac{1+\sqrt{2}}{2}$.

(3) $f(x) = x(x-1)(x-2)$ とすると
$f'(x) = 3x^2 - 6x + 2 = 3\Big(x - \dfrac{3-\sqrt{3}}{3}\Big)\Big(x - \dfrac{3+\sqrt{3}}{3}\Big)$.
$|f(x)|$ は $x = \dfrac{3 \pm \sqrt{3}}{3}$ で極大で極大値 $\dfrac{2\sqrt{3}}{9}$, $x = 0, 1, 2$ で極小で極小値 0.

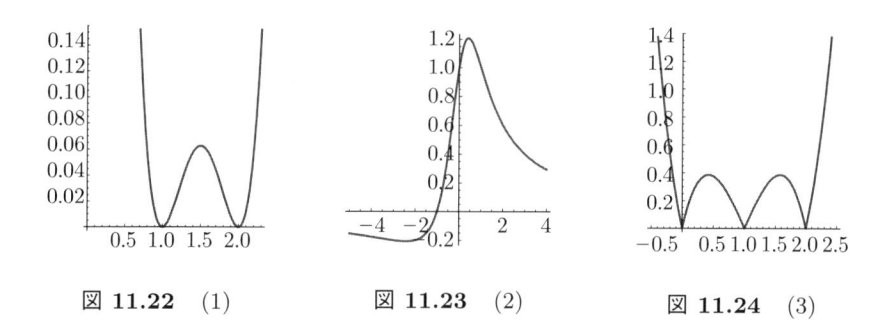

図 11.22 (1)　　図 11.23 (2)　　図 11.24 (3)

答 11.9

(1) $f'(x) = 1 - 2\cos x$. よって $f'(x) = 0$ となるのは $x = \pm\dfrac{\pi}{3} + 2n\pi$.
$0 < x < 2\pi$ では $\dfrac{\pi}{3}, \dfrac{5\pi}{3}$ である. $x = \dfrac{\pi}{3}$ で極小で極小値は $\dfrac{\pi}{3} - \sqrt{3}$,
$x = \dfrac{5\pi}{3}$ で極大で極大値は $\dfrac{5\pi}{3} + \sqrt{3}$.

(2) $f'(x) = e^x - e^{-x} - 2\sin x$, $f''(x) = e^x + e^{-x} - 2\cos x > 0$
$(x \neq 0)$. よって $f'(x)$ は単調増加. よって $f'(x) = 0$ となるのは $x = 0$ に限る. $f'''(x) = e^x - e^{-x} + 2\sin x$, $f^{(4)}(x) = e^x + e^{-x} + 2\cos x$ より, $f'(0) = f''(0) = f'''(0) = 0$, $f^{(4)}(0) = 4 > 0$. $x = 0$ で極小で極小値 4.

(3) $f'(x) = -e^{-x}(\cos x + \sin x)$. よって $f'(x) = 0$ となるのは
$x = \dfrac{3\pi}{4} + n\pi$. $0 < x < 2\pi$ では $\dfrac{3\pi}{4}, \dfrac{7\pi}{4}$ である. $x = \dfrac{3\pi}{4}$ で極小で極小値

は $-e^{-3\pi/4}\dfrac{\sqrt{2}}{2}$, $x = \dfrac{7\pi}{4}$ で極大で極大値は $e^{-7\pi/4}\dfrac{\sqrt{2}}{2}$.

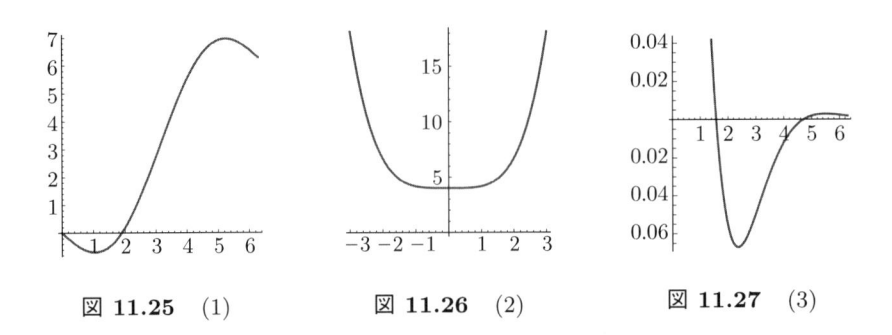

図 11.25 (1)　　図 11.26 (2)　　図 11.27 (3)

答 11.10

(1) $f'(x) = 1 + \dfrac{x}{\sqrt{x^2 + a^2}}$, $f''(x) = \dfrac{a^2}{(x^2 + a^2)\sqrt{x^2 + a^2}} > 0$, $x \in (0, \infty)$

(2) $f'(x) = 1 - \dfrac{2}{x^2}$, $f''(x) = \dfrac{4}{x^3} > 0$, $x \in (0, \infty)$

(3) $f'(x) = -e^{-x}\cos x - e^{-x}\sin x$, $f''(x) = 2e^{-x}\sin x > 0$, $x \in (0, \pi)$.

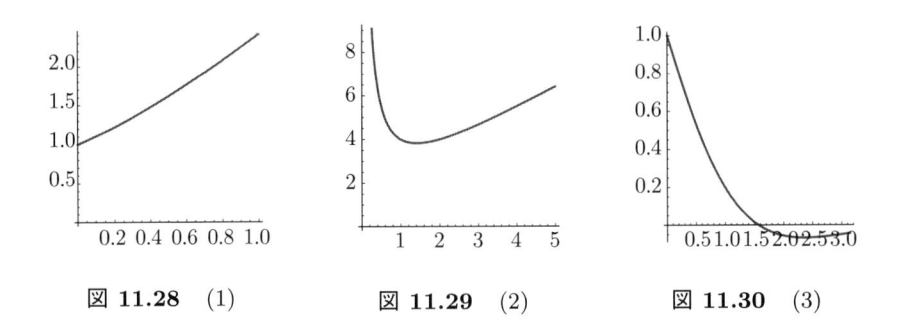

図 11.28 (1)　　図 11.29 (2)　　図 11.30 (3)

第 12 章

各グラフを正方形領域に出力したため, x 軸, y 軸のスケーリングは異なる.

答 12.1 $f'(x) = 6x(x-1)$.
$x = 0$ で極大で極大値は 0, $x = 1$ で極小で極小値は -1.

答 12.2 $f'(x) = \dfrac{3-x^2}{(x^2+1)^2}$.
$x = -\sqrt{3}$ で極小で極小値は $-\dfrac{\sqrt{3}}{6}$, $x = \sqrt{3}$ で極大で極大値は $\dfrac{\sqrt{3}}{6}$.

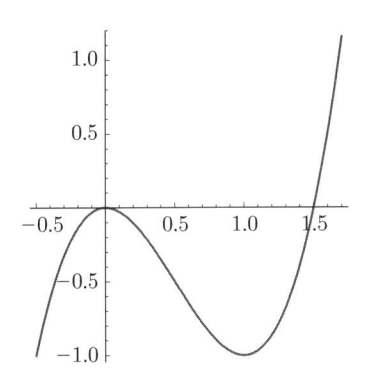

図 **12.31** 12.1 のグラフ　　　図 **12.32** 12.2 のグラフ

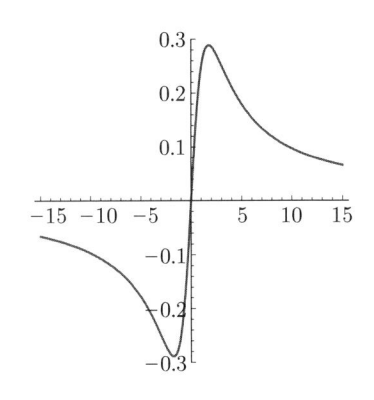

答 12.3 $f'(x) = \dfrac{x^2-1}{x^2}$. $x = 0$, $y = x-3$ は漸近線.
$x = -1$ で極小で極小値は -5, $x = 1$ で極大で極大値は -1.

答 12.4 $f(x)$ は偶関数. $f'(x) = \dfrac{2x^2+1}{x}$. $x = 0$ は漸近線.
よって $x < 0$ で単調減少, $x > 0$ で単調増加である. 極値はない.

答 12.5 $f'(x) = (2\cos x - 1)(\cos x + 1)$.

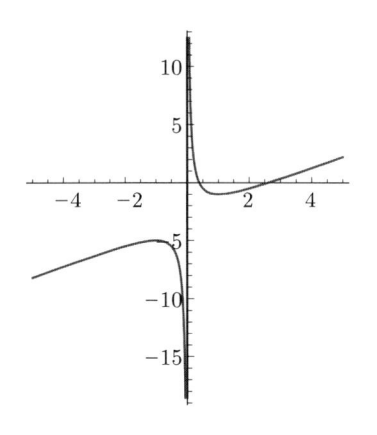

図 12.33 12.3 のグラフ

図 12.34 12.4 のグラフ

$x = \dfrac{\pi}{3}$ のとき極大で極大値は $\dfrac{3\sqrt{3}}{4}$, $x = \dfrac{5\pi}{3}$ のとき極小で極小値は $-\dfrac{3\sqrt{3}}{4}$, $x = \pi$ のときは停留点でその値は 0.

答 12.6 $f'(x) = \dfrac{e^x(\sin x - \cos x)}{(\sin x)^2}$. $x = 0, \pi, 2\pi$ は漸近線. $x = \dfrac{\pi}{4}$ のとき極小で極小値は $\sqrt{2}e^{\pi/4}$, $x = \dfrac{5\pi}{4}$ のとき極大で極大値は $-\sqrt{2}e^{5\pi/4}$.

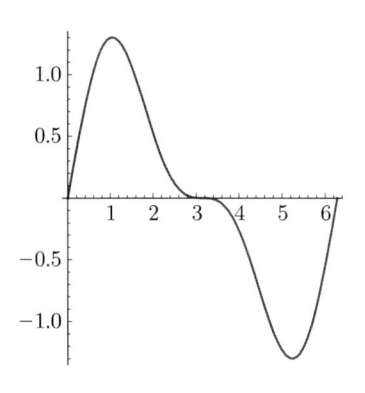

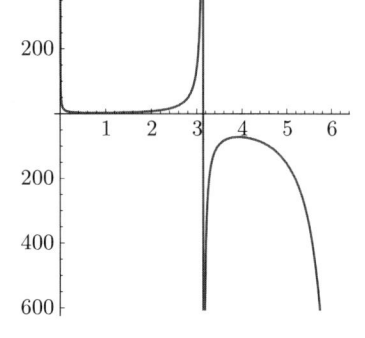

図 12.35 12.5 のグラフ

図 12.36 12.6 のグラフ

答 12.7 $f'(x) = 5(x^2 + 1)(x - 1)(x + 1)$. $x = -1$ のとき極大で極大値

は 6, $x=1$ のとき極小で極小値は -2. よって 3 個の実数解をもつ.

答 12.8 $f(x) = x^4 - 4x^3 - 2x^2 + 12x$ と $g(x) = 2k$ の交点を数える. $f'(x) = 4(x-1)(x+1)(x-3)$. $x = -1$ で極小で極小値は 9, $x = 1$ で極大で極大値は 7, $x = 3$ で極小で極小値は -9. よって実数解の個数は $k < -\frac{9}{2}$ のとき 0 個, $k = -\frac{9}{2}$ のとき 2 個, $-\frac{9}{2} < k < \frac{7}{2}$ のとき 4 個, $k = \frac{7}{2}$ のとき 3 個, $k > \frac{7}{2}$ のとき 2 個.

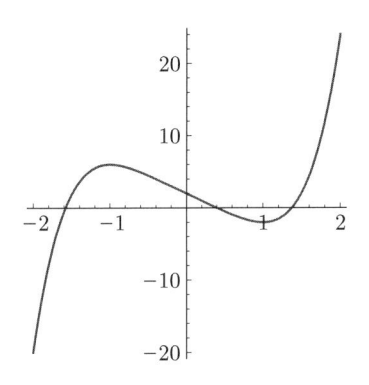

図 **12.37** 12.7 のグラフ

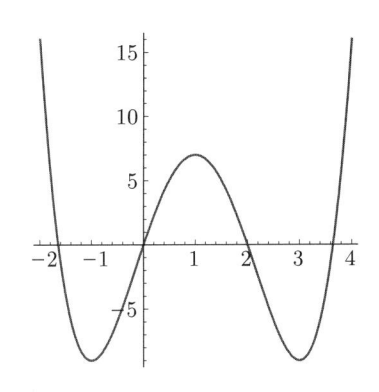

図 **12.38** 12.8 のグラフ

答 12.9 $f(x) = \arctan x - \dfrac{x}{1+x^2}$ と $g(x) = k$ の交点を数える. $f'(x) = \dfrac{2x^2}{(1+x^2)^2} > 0$. $f(x)$ は奇関数で単調増加. $\lim_{x \to \pm\infty} f(x) = \pm\dfrac{\pi}{2}$ に注意する. よって実数解の個数は $-\dfrac{\pi}{2} < k < \dfrac{\pi}{2}$ のとき 1 個, その他の場合は 0 個.

答 12.10 $f(x) = x^3 + px$ と $g(x) = -q$ の交点を数える. $f'(x) = 3x^2 + p$. $p \geq 0$ のとき $f'(x) > 0$ $(x \neq 0)$ より $f(x)$ は単調増加. よって $g(x) = -q$ との交点は 1 個となる.
$p < 0$ のとき $x = -\sqrt{\dfrac{-p}{3}}$ で極大で極大値は $-\dfrac{2}{3}p\sqrt{\dfrac{-p}{3}}$, $x = \sqrt{\dfrac{-p}{3}}$ で

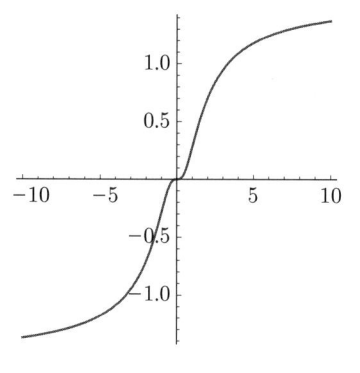

図 12.39 $\arctan x - \dfrac{x}{1+x^2}$

極小で極小値は $\dfrac{2}{3}p\sqrt{\dfrac{-p}{3}}$. よって

$$\dfrac{2}{3}p\sqrt{\dfrac{-p}{3}} < -q < -\dfrac{2}{3}p\sqrt{\dfrac{-p}{3}}$$

であれば交点は 3 個となる. この条件は $4p^3 + 27q^2 < 0$ と書ける.

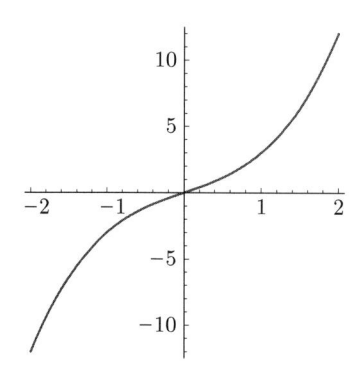

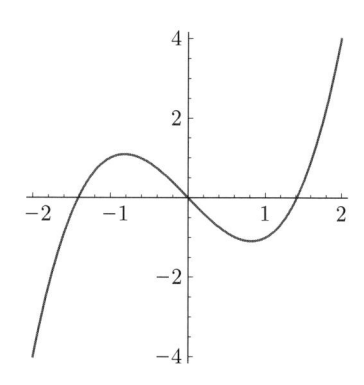

図 12.40 $x^3 + 2x$

図 12.41 $x^3 - 2x$

第 13 章

積分定数 C は省略する.

答 13.1 (1) 与式 $= \displaystyle\int \Big(\dfrac{x}{x^2-1} - \dfrac{1}{x}\Big) = \dfrac{1}{2}\log|x^2-1| - \log|x| = \log\sqrt{1-\dfrac{1}{x^2}}$

(2) 与式 $= \dfrac{1}{2}\displaystyle\int \dfrac{1}{\sqrt{t^2-3}}dt = \dfrac{1}{2}\log\big|t+\sqrt{t^2-3}\,\big| = \dfrac{1}{2}\log(x^2+\sqrt{x^4-3})$

(3) 与式 $= \dfrac{1}{4}\displaystyle\int \dfrac{1}{\sqrt{t^2+5}}dt = \dfrac{1}{4}\log\big|t+\sqrt{t^2+5}\,\big| = \dfrac{1}{4}\log(x^4+\sqrt{x^8+5})$

(4) 与式 $= \dfrac{1}{2}\displaystyle\int \sqrt{t+3}\,dt = \dfrac{1}{3}(t+3)^{3/2} = \dfrac{1}{3}(x^2+3)^{3/2}$

(5) 与式 $= \dfrac{1}{3}\displaystyle\int \dfrac{1}{\sqrt[3]{t-2}}dt = \dfrac{1}{2}(t-2)^{2/3} = \dfrac{1}{2}(x^3+6x-2)^{2/3}$

(6) 与式 $= \displaystyle\int \dfrac{1}{t^2+1}dt = \arctan t = \arctan e^x$

(7) 与式 $= \displaystyle\int \dfrac{1}{t}dt = \log|t| = \log|\log x|$

(8) 与式 $= \dfrac{1}{2}\displaystyle\int \dfrac{1}{\sqrt{a^2-t}}dt = -\sqrt{a^2-t} = -\sqrt{a^2-x^2}$

(9) 与式 $= \dfrac{1}{4}\displaystyle\int \dfrac{t}{t^3-1}dt = \dfrac{1}{12}\displaystyle\int \Big(\dfrac{1}{t-1} - \dfrac{1}{2}\dfrac{2t+1}{t^2+t+1} + \dfrac{3}{2}\dfrac{1}{t^2+t+1}\Big)dt$

$= \dfrac{1}{12}\Big(\dfrac{1}{2}\log\dfrac{(t-1)^2}{t^2+t+1} + \sqrt{3}\arctan\dfrac{2t+1}{\sqrt{3}}\Big)$

$= \dfrac{1}{12}\Big(\dfrac{1}{2}\log\dfrac{(x^4-1)^3}{x^{12}-1} + \sqrt{3}\arctan\dfrac{2x^4+1}{\sqrt{3}}\Big)$

答 13.2 (1) $\dfrac{1}{2}\log(x^2+4)$ (2) $-\dfrac{1}{3}\log|2+3\cos x|$ (3) $-\log|x\cos x - \sin x|$

答 13.3 $\dfrac{x^2-1}{x^2}dx = dt$. 与式 $= \displaystyle\int \dfrac{t}{\sqrt{t^2-1}}dt = \sqrt{t^2-1} = \dfrac{\sqrt{x^4+x^2+1}}{x}$

答 13.4 $-\dfrac{2}{x^3}dx = dt$.

与式 $= -\dfrac{1}{2}\displaystyle\int \Big(1-\dfrac{1}{t}\Big)dt = -\dfrac{t}{2} + \dfrac{\log|t|}{2} = -\dfrac{1}{2}\Big(1+\dfrac{1}{x^2} - \log\Big(1+\dfrac{1}{x^2}\Big)\Big)$

答 13.5 例 13.12 の漸化式を使う．$I_1 = \dfrac{1}{2}\log\left|\dfrac{x-1}{x+1}\right|$,
$I_2 = -\dfrac{1}{2}\Big(\dfrac{x}{x^2-1} + \dfrac{1}{2}\log\left|\dfrac{x-1}{x+1}\right|\Big)$,
$I_3 = -\dfrac{1}{4}\Big(\dfrac{x}{(x^2-1)^2} - \dfrac{3}{2}\dfrac{x}{x^2-1} - \dfrac{3}{4}\log\left|\dfrac{x-1}{x+1}\right|\Big)$

答 13.6 (1) 与式 $= \dfrac{1}{2}\displaystyle\int te^{-t}dt = -\dfrac{1}{2}e^{-t}t + \dfrac{1}{2}\int e^{-t}dt = -\dfrac{1}{2}e^{-t}t - \dfrac{1}{2}e^{-t} = -\dfrac{1}{2}e^{-x^2}(x^2+1)$ (2) 与式 $= \displaystyle\int tdt = \dfrac{t^2}{2} = \dfrac{(\log|x|)^2}{2}$
(3) 与式 $= \dfrac{1}{2}\displaystyle\int e^x(1-\cos 2x)dx = \dfrac{1}{2}\Big(e^x - \dfrac{e^x}{5}(\cos 2x + 2\sin 2x)\Big)$
$= \dfrac{e^x}{10}(5 - \cos 2x - 2\sin 2x)$ (例 13.8)

答 13.7 $I_n = x(\log|x|)^n - n\displaystyle\int x(\log|x|)^{n-1}\dfrac{1}{x}dx = x(\log|x|)^n - nI_{n-1}$

答 13.8 $I_n = -x^n\cos x + n\displaystyle\int x^{n-1}\cos x dx$
$= -x^n\cos x + nx^{n-1}\sin x - n(n-1)\displaystyle\int x^{n-2}\sin x dx$
$= -x^n\cos x + nx^{n-1}\sin x - n(n-1)I_{n-2}$

答 13.9 $I_n = \displaystyle\int \tan^{n-2}x \cdot \Big(\dfrac{1}{\cos^2 x} - 1\Big)dx = \dfrac{1}{n-1}\tan^{n-1}x - I_{n-2}$

答 13.10 $t = \arcsin x, x = \sin t, dx = \cos t dt, I_n = \displaystyle\int t^n \cos t dt$
$= t^n\sin t - n\displaystyle\int t^{n-1}\sin t dt = t^n\sin t + nt^{n-1}\cos t - n(n-1)\displaystyle\int t^{n-2}\cos t dt$
$= x(\arcsin x)^n + n\sqrt{1-x^2}(\arcsin x)^{n-1} - n(n-1)I_{n-2}$ $(\cos t \geq 0)$．

第 14 章

積分定数 C は省略する.

答 14.1

(1) $\dfrac{2x}{1+x+x^2} = \dfrac{2x+1-1}{1+x+x^2} = \dfrac{2x+1}{1+x+x^2} - \dfrac{1}{\left(x+\dfrac{1}{2}\right)^2 + \left(\dfrac{\sqrt{3}}{2}\right)^2}$

与式 $= \log(1+x+x^2) - \dfrac{2}{\sqrt{3}} \arctan\left(\dfrac{2x+1}{\sqrt{3}}\right)$

(2) $\dfrac{2x}{1+x-x^2} = -\dfrac{2x-1+1}{x^2-x-1} = -\dfrac{2x-1}{x^2-x-1} - \dfrac{1}{\left(x-\dfrac{1}{2}\right)^2 - \left(\dfrac{\sqrt{5}}{2}\right)^2}$

与式 $= -\log|x^2-x-1| - \dfrac{1}{\sqrt{5}} \log\left|\dfrac{2x-1-\sqrt{5}}{2x-1+\sqrt{5}}\right|$

(3) $\dfrac{2x}{x^2-6x+9} = -\dfrac{2x-6+6}{x^2-6x+9} = -\dfrac{2x-6}{x^2-6x+9} + \dfrac{6}{(x-3)^2}$

与式 $= \log(x^2-6x+9) - \dfrac{6}{(x-3)} = 2\log|x-3| - \dfrac{6}{(x-3)}$

答 14.2

(1) $\dfrac{x^2}{(x^2+2x+5)^2} = \dfrac{x^2+2x+5 - (2x+2) - 3}{(x^2+2x+5)^2}$

$= \dfrac{1}{(x+1)^2+2^2} - \dfrac{2x+2}{(x^2+2x+5)^2} - \dfrac{3}{((x+1)^2+2^2)^2}$

与式 $= \dfrac{1}{2} \arctan \dfrac{x+1}{2} + \dfrac{1}{x^2+2x+5} - \dfrac{3}{8}\left(\dfrac{x+1}{x^2+2x+5} + \dfrac{1}{2}\arctan\dfrac{x+1}{2}\right)$

$= \dfrac{5}{16} \arctan \dfrac{x+1}{2} - \dfrac{1}{8}\dfrac{3x-5}{x^2+2x+5}.$

(2) $\dfrac{x^2}{(x^2+2x+1)^2} = \dfrac{x^2+2x+1 - (2x+2) + 1}{(x^2+2x+1)^2}$

$= \dfrac{1}{(x+1)^2} - \dfrac{2}{(x+1)^3} + \dfrac{1}{(x+1)^4}.$

与式 $= -\dfrac{1}{x+1} + \dfrac{1}{(x+1)^2} - \dfrac{1}{3(x+1)^3} = -\dfrac{3x^2+3x+1}{3(x+1)^3}$

答 14.3 (1) 与式 $= \dfrac{1}{b^2 - a^2} \displaystyle\int \left(\dfrac{1}{x^2 + a^2} - \dfrac{1}{x^2 + b^2}\right) dx$

$= \dfrac{1}{b^2 - a^2} \left(\dfrac{1}{a} \arctan \dfrac{x}{a} - \dfrac{1}{b} \arctan \dfrac{x}{b}\right)$

(2) 与式 $= \dfrac{1}{b^2 - a^2} \displaystyle\int \left(\dfrac{x}{x^2 + a^2} - \dfrac{x}{x^2 + b^2}\right) dx = \dfrac{1}{2(b^2 - a^2)} \log \dfrac{x^2 + a^2}{x^2 + b^2}$

(3) 与式 $= \dfrac{1}{a^2 - b^2} \displaystyle\int \left(\dfrac{a^2}{x^2 + a^2} - \dfrac{b^2}{x^2 + b^2}\right) dx$

$= \dfrac{1}{b^2 - a^2} \left(-a \arctan \dfrac{x}{a} + b \arctan \dfrac{x}{b}\right)$

答 14.4

(1) 与式 $= -\dfrac{1}{3} \displaystyle\int \left(\dfrac{1}{x + 2} - \dfrac{1}{x - 1}\right) dx = -\dfrac{1}{3} \log \left|\dfrac{x + 2}{x - 1}\right|$

(2) 与式 $= \dfrac{1}{3} \displaystyle\int \left(\dfrac{2}{x^2 + 2} + \dfrac{1}{x^2 - 1}\right) dx = \dfrac{1}{3} \left(\sqrt{2} \arctan \dfrac{x}{\sqrt{2}} + \dfrac{1}{2} \log \left|\dfrac{x - 1}{x + 1}\right|\right)$

(3) 与式 $= -\dfrac{1}{2} \displaystyle\int \left(\dfrac{1}{x^2 + 1} - \dfrac{1}{x^2 - 1}\right) dx = -\dfrac{1}{2} \left(\arctan x - \dfrac{1}{2} \log \left|\dfrac{x - 1}{x + 1}\right|\right)$

答 14.5 与式 $= \displaystyle\int \left(x - 4 + \dfrac{11}{x + 3}\right) dx = \dfrac{x^2}{2} - 4x + 11 \log |x + 3|$

答 14.6 $\dfrac{4x^2 - 7x + 1}{(x - 1)^2 (x - 2)} = \dfrac{2}{(x - 1)^2} + \dfrac{1}{x - 1} + \dfrac{3}{x - 2}$

与式 $= -\dfrac{2}{x - 1} + \log |x - 1| + 3 \log |x - 2|$

答 14.7 $\dfrac{1}{x^3 - 1} = \dfrac{1}{3} \dfrac{1}{x - 1} - \dfrac{1}{6} \dfrac{2x + 1}{x^2 + x + 1} - \dfrac{1}{6} \dfrac{3}{\left(x + \dfrac{1}{2}\right)^2 + \left(\dfrac{\sqrt{3}}{2}\right)^2}$

与式 $= \dfrac{1}{6} \log \dfrac{(x - 1)^2}{x^2 + x + 1} - \dfrac{1}{\sqrt{3}} \arctan \dfrac{2x + 1}{\sqrt{3}}$

答 14.8 $\dfrac{x}{x^3 - 1} = \dfrac{1}{3} \dfrac{1}{x - 1} - \dfrac{1}{6} \dfrac{2x + 1}{x^2 + x + 1} + \dfrac{1}{6} \dfrac{3}{\left(x + \dfrac{1}{2}\right)^2 + \left(\dfrac{\sqrt{3}}{2}\right)^2}$

与式 $= \dfrac{1}{6} \log \dfrac{(x - 1)^2}{x^2 + x + 1} + \dfrac{1}{\sqrt{3}} \arctan \dfrac{2x + 1}{\sqrt{3}}$

答 14.9 $x^4 + 1 = (x^2+1)^2 - 2x^2$ に注意して

$$\frac{1}{x^4+1} = \frac{1}{4\sqrt{2}}\Big(\frac{2x+2\sqrt{2}}{x^2+\sqrt{2}x+1} - \frac{2x-2\sqrt{2}}{x^2-\sqrt{2}x+1}\Big)$$
$$= \frac{1}{4\sqrt{2}}\Big(\frac{2x+\sqrt{2}}{x^2+\sqrt{2}x+1} + \frac{\sqrt{2}}{\big(x+\frac{\sqrt{2}}{2}\big)^2 + \big(\frac{1}{\sqrt{2}}\big)^2}$$
$$- \frac{2x-\sqrt{2}}{x^2-\sqrt{2}x+1} + \frac{\sqrt{2}}{\big(x-\frac{\sqrt{2}}{2}\big)^2 + \big(\frac{1}{\sqrt{2}}\big)^2}\Big).$$

与式
$$= \frac{1}{4\sqrt{2}}\Big(\log\frac{x^2+\sqrt{2}x+1}{x^2-\sqrt{2}x+1} + 2(\arctan(\sqrt{2}x+1) + \arctan(\sqrt{2}x-1))\Big)$$
$$= \frac{1}{4\sqrt{2}}\Big(\log\frac{x^2+\sqrt{2}x+1}{x^2-\sqrt{2}x+1} + 2\arctan\frac{\sqrt{2}x}{1-x^2}\Big) \quad ((14.4)\text{ を用いる}).$$

答 14.10 例 13.12 の漸化式を使う.

$I_1 = \arctan x,$
$I_2 = \dfrac{1}{2}\Big(\dfrac{x}{x^2+1} + \arctan x\Big),$
$I_3 = \dfrac{1}{4}\Big(\dfrac{x}{(x^2+1)^2} + 3I_2\Big) = \dfrac{1}{8}\Big(\dfrac{x(3x^2+5)}{(x^2+1)^2} + 3\arctan x\Big).$

第 15 章

積分定数 C は省略する．

答 15.1

(1) $\sqrt{x+1} = t,\ dx = 2tdt$

与式 $= \displaystyle\int \frac{2}{t^2-2}dt = \frac{1}{\sqrt{2}}\log\left|\frac{t-\sqrt{2}}{t+\sqrt{2}}\right| = \frac{1}{\sqrt{2}}\log\left|\frac{\sqrt{x+1}-\sqrt{2}}{\sqrt{x+1}+\sqrt{2}}\right|$

(2) $\sqrt{x^n+1} = t,\ dx = \dfrac{2tx}{n(t^2-1)}dt$

与式 $= \dfrac{2}{n}\displaystyle\int \dfrac{1}{t^2-1}dt = \dfrac{1}{n}\log\left|\dfrac{t-1}{t+1}\right| = \dfrac{1}{n}\log\left|\dfrac{\sqrt{x^n+1}-1}{\sqrt{x^n+1}+1}\right|$

答 15.2

(1) 与式 $= \displaystyle\int \dfrac{1}{\sqrt{1-(x-3)^2}}dx = \arcsin(x-3)$

(2) 与式 $= \displaystyle\int \dfrac{1}{\sqrt{(x-2)^2-3^2}}dx = \log\left|x-2+\sqrt{x^2-4x-5}\right|$

答 15.3 $\sqrt{1+x+x^2} = t-x,\ x = \dfrac{t^2-1}{1+2t},\ dx = \dfrac{2(t^2+t+1)}{(1+2t)^2}dt$

(1) 与式 $= -2\displaystyle\int \dfrac{1}{(t-1)^2-(\sqrt{3})^2}dt = -\dfrac{1}{\sqrt{3}}\log\left|\dfrac{t-1-\sqrt{3}}{t-1+\sqrt{3}}\right| =$

$-\dfrac{1}{\sqrt{3}}\log\left|\dfrac{\sqrt{1+x+x^2}+x-1-\sqrt{3}}{\sqrt{1+x+x^2}+x-1+\sqrt{3}}\right|$

(2) 与式 $= 2\displaystyle\int \dfrac{1}{(t+5)^2-(\sqrt{21})^2}dt = \dfrac{1}{\sqrt{21}}\left|\log\dfrac{t+5-\sqrt{21}}{t+5+\sqrt{21}}\right|$

$= \dfrac{1}{\sqrt{21}}\log\left|\dfrac{\sqrt{1+x+x^2}+x+5-\sqrt{21}}{\sqrt{1+x+x^2}+x+5+\sqrt{21}}\right|$

答 15.4

(1) $x = 2\sin\theta,\ dx = 2\cos\theta$

与式 $= \dfrac{1}{4}\displaystyle\int \dfrac{1}{\cos^2\theta}d\theta = \dfrac{1}{4}\tan\theta = \dfrac{x}{4\sqrt{4-x^2}}$

(2) $\sqrt{\dfrac{2-x}{x+2}} = t,\ x = \dfrac{2(1-t^2)}{1+t^2},\ dx = -\dfrac{8t}{(1+t^2)^2}dt$

与式 $= \dfrac{1}{2}\displaystyle\int \dfrac{1}{t^2-2}dt = \dfrac{1}{4\sqrt{2}}\log\left|\dfrac{t-\sqrt{2}}{t+\sqrt{2}}\right| = \dfrac{1}{4\sqrt{2}}\left|\log\dfrac{\sqrt{2-x}-\sqrt{2}\sqrt{x+2}}{\sqrt{2-x}+\sqrt{2}\sqrt{x+2}}\right|$

答 15.5　$x = \sin\theta,\ dx = \cos\theta d\theta$

与式 $= \displaystyle\int \dfrac{\cos^2\theta}{1+\sin^2\theta}d\theta = \int\left(\dfrac{2}{1+\sin^2\theta}-1\right)d\theta$

$= 2\displaystyle\int \dfrac{1}{\cos^2\theta+2\sin^2\theta}d\theta - \theta = \sqrt{2}\arctan(\sqrt{2}\tan\theta) - \theta$

$= \sqrt{2}\arctan\left(\dfrac{\sqrt{2}x}{\sqrt{1-x^2}}\right) - \arcsin x$ （例 15.6）

答 15.6　$x = \dfrac{1}{\cos\theta},\ x^2-1 = \tan^2\theta,\ dx = x\tan\theta d\theta$

与式 $= \displaystyle\int \cos^2\theta d\theta = \int \dfrac{1+\cos 2\theta}{2}d\theta = \dfrac{\theta}{2} + \dfrac{\sin 2\theta}{4}$

$= \dfrac{1}{2}\left(\arccos\dfrac{1}{x} + \dfrac{\sqrt{x^2-1}}{x^2}\right)$

答 15.7　$x = \tan\theta,\ dx = \dfrac{1}{\cos^2\theta}d\theta$

与式 $= \displaystyle\int \dfrac{\cos^3\theta}{\sin^4\theta}d\theta = \int\dfrac{1-t^2}{t^4}dt = -\dfrac{1}{3t^3}+\dfrac{1}{t} = -\dfrac{1}{3\sin^3\theta}+\dfrac{1}{\sin\theta}$

$= \dfrac{\sqrt{1+x^2}}{x}\left(-\dfrac{1+x^2}{3x^2}+1\right) = \dfrac{\sqrt{1+x^2}(2x^2-1)}{3x^3}$

答 15.8　$\tan\dfrac{x}{2} = t,\ dx = \dfrac{2}{1+t^2}dt$

(1) 与式 $= \displaystyle\int 1 dt = t = \tan\dfrac{x}{2}$

(2) 与式 $= \displaystyle\int \dfrac{1}{t^2}dt = -\dfrac{1}{t} = -\cot\dfrac{x}{2}$

(3) $-2\displaystyle\int \dfrac{1}{t^2-3}dt = -\dfrac{1}{\sqrt{3}}\log\left|\dfrac{t-\sqrt{3}}{t+\sqrt{3}}\right| = -\dfrac{1}{\sqrt{3}}\log\left|\dfrac{\tan(x/2)-\sqrt{3}}{\tan(x/2)+\sqrt{3}}\right|$

答 15.9　$\tan x = t,\ dx = \dfrac{1}{1+t^2}dt$

(1) 与式 $= \displaystyle\int \dfrac{t^2}{(t^2+4)(t^2+1)}dt = \dfrac{1}{3}\int\left(\dfrac{4}{t^2+4} - \dfrac{1}{t^2+1}\right)dt$
$= \dfrac{2}{3}\arctan\dfrac{t}{2} - \dfrac{1}{3}\arctan t = \dfrac{2}{3}\arctan\dfrac{\tan x}{2} - \dfrac{x}{3}$

(2) 与式 $= \displaystyle\int \dfrac{1}{(1+2t)(1+t^2)}dt = \dfrac{1}{5}\int\left(\dfrac{4}{1+2t} - \dfrac{2t}{1+t^2} + \dfrac{1}{1+t^2}\right)dt$
$= \dfrac{2}{5}\log(1+2t) - \dfrac{1}{5}\log(1+t^2) + \dfrac{1}{5}\arctan t = \dfrac{2}{5}\log|\cos x + 2\sin x| + \dfrac{x}{5}$

(3) 与式 $= \displaystyle\int (1+t^2)dt = t + \dfrac{t^3}{3} = \tan x + \dfrac{\tan^3 x}{3}$

答 15.10

(1) 与式 $= x\arcsin x - \displaystyle\int \dfrac{x}{\sqrt{1-x^2}}dx = x\arcsin x + \sqrt{1-x^2}$

(2) 与式 $= \dfrac{x^2}{2}\arcsin x - \dfrac{1}{2}\displaystyle\int \dfrac{x^2}{\sqrt{1-x^2}}dx$
$= \dfrac{x^2}{2}\arcsin x + \dfrac{1}{2}\displaystyle\int \sqrt{1-x^2}dx - \dfrac{1}{2}\int \dfrac{1}{\sqrt{1-x^2}}dx$
$= \dfrac{x^2}{2}\arcsin x + \left(\dfrac{1}{4}x\sqrt{1-x^2} + \dfrac{1}{4}\arcsin x\right) - \dfrac{1}{2}\arcsin x$
$= \left(\dfrac{x^2}{2} - \dfrac{1}{4}\right)\arcsin x + \dfrac{1}{4}x\sqrt{1-x^2}$

(第 2 式の被積分関数の分子 x^2 を $x^2 = x^2 - 1 + 1$ と変形する.)

(3) 与式 $= \dfrac{x^3}{3}\arcsin x - \dfrac{1}{3}\displaystyle\int \dfrac{x^3}{\sqrt{1-x^2}}dx = \dfrac{x^3}{3}\arcsin x - \dfrac{1}{3}\int (t^2 - 1)dt$
$= \dfrac{x^3}{3}\arcsin x - \dfrac{(1-x^2)\sqrt{1-x^2}}{9} + \dfrac{\sqrt{1-x^2}}{3}$
$= \dfrac{x^3}{3}\arcsin x + \dfrac{\sqrt{1-x^2}}{9}(x^2+2)$　($\sqrt{1-x^2} = t$ と置換)

第 16 章

答 16.1 どんな区間にも有理数と無理数が含まれるので, Riemann 和の極限は一意に定まらない.

答 16.2 $[0,1]$ で可積分でないことを示す. $[0,1]$ の分割 Δ を
$0 < \dfrac{1}{2N\pi + \pi/2} < \dfrac{1}{2(N-1)\pi + \pi/2} < \cdots < \dfrac{1}{2\pi + \pi/2} < 1$ とし ξ_i を各区間の左端点とする. $R(f, \Delta, \{\xi_i\}) = 1 - \dfrac{1}{2N\pi + \pi/2}$. 別の分割 Δ' として
$0 < \dfrac{1}{2N\pi} < \dfrac{1}{2(N-1)\pi} < \cdots < \dfrac{1}{2\pi} < 1$ を考え, ξ_i' を各区間の左端点とする.
$R(f, \Delta', \{\xi_i'\}) = 0$. $N \to \infty$ のとき Riemann 和の極限は一意に定まらない.

答 16.3 $[0,1]$ を n 等分し各区間の右側の端点を ξ_i にとる. このとき
$R(f, \Delta, \{\xi_i\}) = \sum_{k=1}^{n} \left(\dfrac{n}{k}\right)^2 \cdot \dfrac{1}{n} = n \sum_{k=1}^{n} \dfrac{1}{k^2} \geq n$ となる. $n \to \infty$ としたときこの級数は発散する.

答 16.4 $[-1,1]$ の任意の分割を $\Delta = \{x_i\}$ とし, $x = 0$ を含む区間を $x_{i_0} < 0 \leq x_{i_0+1}$ とする. $R(f, \Delta, \{x_i\}) \leq (x_{i_0+1} - x_{i_0}) + (1 - x_{i_0+1})$.
$|\Delta| \to 0$ のとき, $x_{i_0+1} - x_{i_0}, x_{i_0+1} \to 0$ より $\lim_{|\Delta| \to 0} R(f, \Delta, \{x_i\}) = 1$.

答 16.5 (1) $\dfrac{2}{n} \sum_{k=1}^{n} \left(1 + \dfrac{2k}{n}\right) = \dfrac{2}{n}\left(n + \dfrac{2}{n}\dfrac{n(n+1)}{2}\right) \to 4 \ (n \to \infty)$

(2) $\dfrac{1}{n} \sum_{k=1}^{n} \left(0 + \dfrac{k}{n}\right)^2 = \dfrac{1}{n}\left(\dfrac{1}{n^2}\dfrac{n(n+1)(2n+1)}{6}\right) \to \dfrac{1}{3} \ (n \to \infty)$

(3) $\dfrac{1}{n} \sum_{k=1}^{n} -\left(-1 + \dfrac{k}{n}\right) + \dfrac{1}{n} \sum_{k=n+1}^{2n} \left(-1 + \dfrac{k}{n}\right)$
$= \dfrac{1}{n}\left(\dfrac{n}{2}\left(1 - \dfrac{1}{n}\right) + \dfrac{n}{2}\left(-2 + \dfrac{n+1}{n} + \dfrac{2n}{n}\right)\right) \to 1 \ (n \to \infty)$

答 16.6 $\dfrac{1}{n+1} + \dfrac{1}{n+2} + \cdots + \dfrac{1}{3n} = \dfrac{2}{2n} \sum_{k=1}^{2n} \dfrac{1}{1 + \dfrac{k}{n}} \to \int_1^3 \dfrac{1}{x} dx = \log 3$

$(n \to \infty)$ (左辺は区間 $[1,3]$ を $2n$ 等分した Riemann 和).

答 16.7 区間 $[0, N]$ を $0 < 1 < 2 < \cdots < N$ と分割する．正な単調減少関数のグラフを描き，左端点および右端点による Riemann 和を考える．

答 16.8 (1) $\int_1^{1+n} \frac{1}{x} dx < \sum_{k=1}^n \frac{1}{n} = 1 + \sum_{k=2}^n \frac{1}{n} < 1 + \int_1^n \frac{1}{x} dx$ より明らか．

(2) (1) の各辺を $\log n$ で割る．$\lim_{n \to \infty} \frac{\log(1+n)}{\log n} = 1$ より結果を得る．

(3) 最初に $\log(1+x) > \frac{x}{1+x}$ $(x > 0)$ を示す．$f(x) = \log(1+x) - \frac{x}{1+x}$ とすると，$f'(x) = \frac{x}{(1+x)^2} > 0$ $(x > 0)$. $f(x)$ は $x > 0$ で単調増加となる．$f(0) = 0$ より $f(x) > 0$ $(x > 0)$ となり求める不等式を得る．
$a_n = 1 + \frac{1}{2} + \cdots + \frac{1}{n} - \log n$ とすると求めた不等式により

$$a_n - a_{n+1} = \log\left(1 + \frac{1}{n}\right) - \frac{1}{n+1} > 0.$$

である．また (1) より $a_n > \log(1+n) - \log n = \log\left(1 + \frac{1}{n}\right) > 0$.
よって $\{a_n\}$ は下に有界な単調減少列となり収束する．

答 16.9 区間 $[a, b]$ を n 等分し，$x_k = a + \frac{k}{n}$, $y_k = f(x_k) > 0$ とする．

$$\frac{1}{n} \sum_{k=1}^n y_k \geq (y_1 y_2 \cdots y_n)^{1/n} = \exp\left(\frac{1}{n} \sum_{k=1}^n \log y_k\right)$$

両辺の和を $\frac{1}{n} \sum_{k=1}^n = \frac{1}{b-a} \frac{b-a}{n} \sum_{k=1}^n$ と変形し $n \to \infty$ とすれば，

$$\frac{1}{b-a} \int_a^b f(x)\, dx \geq \exp\left(\frac{1}{b-a} \int_a^b \log f(x) dx\right)$$ となり求める不等式を得る．

答 16.10 (1) $\int_1^3 x dx = \left[\frac{x^2}{2}\right]_1^3 = 4$. よって $2\xi = 4$. $\xi = 2$

(2) $\int_0^{\pi/4} \tan x dx = -\left[\log \cos x\right]_0^{\pi/4} = -\log \frac{\sqrt{2}}{2} = \log \sqrt{2}$.
よって $\frac{\pi}{4} \tan \xi = \log \sqrt{2}$. $\xi = \arctan\left(\frac{4}{\pi} \log \sqrt{2}\right)$.

第 17 章

答 17.1 (1) 与式 $= \lim_{n\to\infty} \dfrac{1}{n}\sum_{k=1}^{n}\sqrt{\dfrac{k}{n}} = \int_0^1 \sqrt{x}\,dx = \left[\dfrac{2x^{3/2}}{3}\right]_0^1 = \dfrac{2}{3}$

(2) 与式 $= \lim_{n\to\infty}\dfrac{1}{n}\sum_{k=0}^{n-1}\left(\dfrac{k}{n}\right)^2\sqrt{1-\left(\dfrac{k}{n}\right)^2} = \int_0^1 x^2\sqrt{1-x^2}\,dx$
$= \int_0^{\pi/2}\sin^2\theta\cos^2\theta\,d\theta = \dfrac{\pi}{16}$ (例 18.12)

答 17.2 $a_n = \dfrac{\sqrt[n]{n!}}{n} = \sqrt[n]{\dfrac{n!}{n^n}}$ として対数をとる.

$\lim_{n\to\infty}\log a_n = \lim_{n\to\infty}\dfrac{1}{n}\left(\log\dfrac{1}{n}+\log\dfrac{2}{n}+\cdots+\log\dfrac{n}{n}\right) = \int_0^1 \log x\,dx$
$= \left[x\log x - x\right]_0^1 = -1$ (第 19 章 広義積分). よって $\lim_{n\to\infty}a_n = e^{-1}$

答 17.3 数列を a_n とし対数をとる. $\log a_n = \dfrac{1}{n}\sum_{k=1}^{n}\log\left(1+\left(\dfrac{k}{n}\right)^2\right).$

$\lim_{n\to\infty}\log a_n = \int_0^1 \log(1+x^2)\,dx = \left[x\log(1+x^2)\right]_0^1 - 2\int_0^1 \dfrac{x^2}{1+x^2}\,dx$
$= \log 2 - 2\left[x - \arctan x\right]_0^1 = \log 2 - 2 + \dfrac{\pi}{2}.$ 求める極限値は $2e^{-2+\pi/2}$.

答 17.4 (1) $2x\cos x^2$ (2) $f'(x)$

(3) $\displaystyle\int_1^x (x-t)\log t\,dt = \left[-\dfrac{(x-t)^2}{2}\log t\right]_1^x + \dfrac{1}{2}\int_1^x \dfrac{(x-t)^2}{t}\,dt$
$= \dfrac{1}{2}\left[x^2\log t - 2xt + \dfrac{t^2}{2}\right]_1^x = \dfrac{x^2}{2}\log x - \dfrac{3}{4}x^2 + x - \dfrac{1}{4}.$

よって $\dfrac{d}{dx}\displaystyle\int_1^x (x-t)\log t\,dt = x\log x - x + 1$

あるいは $\displaystyle\int_1^x (x-t)\log t\,dt = x\int_1^x \log t\,dt - \int_1^x t\log t\,dt$ を微分して,

$\displaystyle\int_1^x \log t\,dt + x\log x - x\log x = \left[t\log t - t\right]_1^x = x\log x - x + 1.$

答 17.5 $F_1(t) = \int_0^t f(s)ds,\ F_k(t) = \int_0^t F_{k-1}(s)ds\ (k \geq 2)$ とする.
$g(x) = \Big[F_1(x)(x-t)^n\Big]_0^x + n\int_0^x (x-t)^{n-1}F_1(t)dt = n\int_0^x (x-t)^{n-1}F_1(t)dt.$
これを繰り返すと $g(x) = n!\int_0^x F_n(t)dt$ となる. よって $g'(x) = n!F_n(x)$
より $g^{(n+1)}(x) = n!F_n^{(n)}(x) = n!f(x).$

答 17.6 $\sqrt{x}$ は $x > 0$ で単調増加である.
$$\int_0^n \sqrt{x}\,dx < \sqrt{1} + \sqrt{2} + \cdots + \sqrt{n} < \int_1^{n+1} \sqrt{x}\,dx$$
$\int_0^n \sqrt{x}\,dx = \dfrac{2}{3}n^{3/2},\ \int_1^{n+1} \sqrt{x}\,dx = \dfrac{2}{3}(n+1)^{3/2} - \dfrac{2}{3}$ より求める不等式を得る.

答 17.7 $\sqrt{1-x^2} < \sqrt{1-x^2}\sqrt{1+x^2} = \sqrt{1-x^4} < \sqrt{2}\sqrt{1-x^2}.$
よって $\int_0^1 \sqrt{1-x^2}\,dx = \Big[\dfrac{1}{2}x\sqrt{1-x^2} + \dfrac{1}{2}\arcsin x\Big]_0^1 = \dfrac{\pi}{4}$ より求める不等式を得る. この積分は半径 1 の 4 分円の面積である (例 20.2).

答 17.8 $1 < \dfrac{1}{\sqrt{1-x^n}} < \dfrac{1}{\sqrt{1-x^2}}.$
よって $\int_0^{1/2} \dfrac{1}{\sqrt{1-x^2}}\,dx = \Big[\arcsin x\Big]_0^{1/2} = \dfrac{\pi}{6}$ より求める不等式を得る.

答 17.9 (1) $0 \leq \dfrac{a}{x^2+a^2} \leq \dfrac{1}{a}.$ $0 \leq$ 与式 $\leq \lim_{a \to \infty} \int_0^1 \dfrac{1}{a}dx = \lim_{a \to \infty} \dfrac{1}{a} = 0.$
(2) $0 < x < \dfrac{\pi}{2}$ のとき $\dfrac{2}{\pi}x < \sin x$ に注意する (例 11.9).
$0 \leq$ 与式 $\leq \lim_{a \to \infty} \int_0^{\pi/2} e^{-a^2 2x/\pi}\,dx = \lim_{a \to \infty} \Big[-\dfrac{\pi}{2a^2}e^{-a^2 2x/\pi}\Big]_0^{\pi/2}$
$= \lim_{a \to \infty} -\dfrac{\pi}{2a^2}(e^{-a^2} - 1) = 0.$

答 17.10 $1 = \int_0^1 1\,dx = \int_0^1 \sqrt{f(x)} \cdot \dfrac{1}{\sqrt{f(x)}}\,dx$ とし Schwartz の不等式を用いる.

第 18 章

答 18.1 (1) 与式 $= \int_0^1 \dfrac{1-t^2}{\sqrt{t}}dt = \left[2\sqrt{t} - \dfrac{2}{5}t^{5/2}\right]_0^1 = \dfrac{8}{5}$

(2) 与式 $= \int_0^1 \dfrac{1-x}{\sqrt{1-x^2}}dx = \left[\arctan x + \sqrt{1-x^2}\right]_0^1 = \dfrac{\pi}{2} - 1$

(3) 与式 $= \int_0^{\log 2} t^3 dt = \dfrac{(\log 2)^4}{4}$ (4) 与式 $= \int_0^{\pi/2} \dfrac{1}{b^2 + a^2 \tan^2 x} \cdot \dfrac{dx}{\cos^2 x} = \int_0^\infty \dfrac{1}{b^2 + a^2 t^2}dt = \left[\dfrac{1}{ab}\arctan \dfrac{a}{b}t\right]_0^\infty = \dfrac{\pi}{2ab}$

(5) 与式 $= \dfrac{1}{2}\int_0^1 te^t dt = \dfrac{1}{2}\left(\left[te^t\right]_0^1 - \int_0^1 e^t dx\right) = \dfrac{1}{2}$

(6) 与式 $= \int_0^{\pi/2} t^4 \cos t\, dt = \left[t^4 \sin t\right]_0^{\pi/2} - 4\int_0^{\pi/2} t^3 \sin t\, dt = \dfrac{\pi^4}{16}$
$+ 4\left[t^3 \cos t\right]_0^{\pi/2} - 12\int_0^{\pi/2} t^2 \cos t dt = \dfrac{\pi^4}{16} - 12\left[t^2 \sin t\right]_0^{\pi/2} + 24\int_0^{\pi/2} t\sin t dt$
$= \dfrac{\pi^4}{16} - 3\pi^2 - 24\left[t\cos t\right]_0^{\pi/2} + 24\int_0^{\pi/2} \cos t\, dt = \dfrac{\pi^4}{16} - 3\pi^2 + 24$

答 18.2 (1) 与式 $= \left[\dfrac{x^3}{3}\log x\right]_1^2 - \dfrac{1}{3}\int_1^2 x^2 dx = \dfrac{8}{3}\log 2 - \dfrac{7}{9}$

(2) 与式 $= \int_{-\infty}^0 (\sin t)e^t dt = \left[(\sin t)e^t\right]_{-\infty}^0 - \int_{-\infty}^0 (\cos t)e^t dt$
$= -\left[(\cos t)e^t\right]_{-\infty}^0 - \int_{-\infty}^0 (\sin t)e^t dt = -1 + 与式.$ よって与式 $= -\dfrac{1}{2}$.

(3) 与式 $= \int_0^\pi \sin x\, dx - \int_\pi^{2\pi} \sin x\, dx = \left[-\cos x\right]_0^\pi - \left[-\cos x\right]_\pi^{2\pi} = 4$

答 18.3 $\tan \dfrac{x}{2} = t,\ \cos x = \dfrac{1-t^2}{1+t^2},\ dx = \dfrac{2}{1+t^2}dt$

与式 $= \int_0^1 \dfrac{2}{9-t^2}dt = -\dfrac{1}{3}\left[\log\left|\dfrac{t-3}{t+3}\right|\right]_0^1 = \dfrac{1}{3}\log 2$

答 18.4 (1) 与式 $= \int_0^{a/2} f(x)dx + \int_{a/2}^a f(x)dx$

$$= \int_0^{a/2} f(x)dx - \int_{a/2}^0 f(a-x)dx = \int_0^{a/2} (f(x)+f(a-x))dx$$

(2) 与式 $= \dfrac{1}{2}\displaystyle\int_0^\pi xf(\sin x)dx + \dfrac{1}{2}\int_0^\pi (\pi-x)f(\sin(\pi-x))dx = \dfrac{\pi}{2}\int_0^\pi f(\sin x)dx$

(3) 与式 $= \displaystyle\int_0^{2\pi} f(\sqrt{a^2+b^2}\sin(x+\alpha))dx = \int_\alpha^{2\pi+\alpha} f(\sqrt{a^2+b^2}\sin x)dx$

$= \displaystyle\int_\alpha^{2\pi} + \int_{2\pi}^{2\pi+\alpha} = \int_\alpha^{2\pi} + \int_0^\alpha = \int_0^{2\pi} f(\sqrt{a^2+b^2}a\sin x)dx$

$= \displaystyle\int_0^{\pi/2} + \int_{\pi/2}^\pi + \int_\pi^{3\pi/2} + \int_{3\pi/2}^{2\pi} = \int_0^{\pi/2} - \int_{\pi/2}^0 - \int_0^{-\pi/2} + \int_{-\pi/2}^0$

$= 2\displaystyle\int_{-\pi/2}^{\pi/2} f(\sqrt{a^2+b^2}a\sin x)dx$

答 18.5 (1) $\displaystyle\int_0^\pi x(\sin x)^3 dx = \dfrac{\pi}{2}\int_0^\pi \sin^3 x\,dx = \pi\int_0^{\pi/2}\sin^3 x\,dx = \dfrac{2\pi}{3}$

(2) 与式 $= 2\displaystyle\int_{-\pi/2}^{\pi/2} \dfrac{1}{2+\sqrt{2}\sin x}dx$ $\left(\tan\dfrac{x}{2}=t\text{ と置換}\right)$

$= \displaystyle\int_{-\infty}^\infty \dfrac{1}{1+\sqrt{2}t+t^2}dt = \sqrt{2}\Big[\arctan(\sqrt{2}t+1)\Big]_{-\infty}^\infty = \sqrt{2}\pi$

答 18.6 $\dfrac{\pi}{2}\displaystyle\int_0^\pi \dfrac{\sin x}{1+\cos^2 x}dx = \dfrac{\pi}{2}\int_0^1 \dfrac{1}{1+t^2}dt = \dfrac{\pi}{2}\Big[\arctan t\Big]_0^\infty = \dfrac{\pi^2}{4}$

答 18.7 $\dfrac{1}{e^x+1}+\dfrac{1}{e^{-x}+1}=1$ に注意する. 与式 $= \displaystyle\int_{-a}^0 \dfrac{1}{e^x+1}f(x)dx +$

$\displaystyle\int_0^a \dfrac{1}{e^x+1}f(x)dx = \int_0^a \dfrac{1}{e^{-x}+1}f(x)dx + \int_0^a \dfrac{1}{e^x+1}f(x)dx = \int_0^a f(x)dx$

答 18.8 $I_n - I_{n-2} = \displaystyle\int_0^\pi \dfrac{\sin nx - \sin((n-2)x)}{\sin x}dx = \int_0^\pi 2\cos((n-1)x)dx$

$= 0$. よって n が偶数のとき $I_n = I_0 = 0$, n が奇数のとき $I_n = I_1 = \pi$.

答 18.9 (1) $\displaystyle\int_0^{\pi/2}\sin^6 x(1-\sin^2 x)dx = \dfrac{5\cdot 3\cdot 1}{6\cdot 4\cdot 2}\dfrac{\pi}{2} - \dfrac{7\cdot 5\cdot 3\cdot 1}{8\cdot 6\cdot 4\cdot 2}\dfrac{\pi}{2} = \dfrac{5\pi}{256}$

(2) 与式 $= \displaystyle\int_0^{2a} x^2\sqrt{a^2-(a-x)^2}dx = \int_{-a}^a (a-t)^2\sqrt{a^2-t^2}dt$.

$t = a\sin\theta, dx = a\cos\theta$ とする. $a^4 \int_{-\pi/2}^{\pi/2} (1 - 2\sin\theta + 2\sin^3\theta + \sin^4\theta)d\theta$
$= 2a^4 \int_0^{\pi/2} (1 - \sin^4\theta)d\theta = 2a^4\Big(\dfrac{\pi}{2} - \dfrac{3\cdot 1}{4\cdot 2}\dfrac{\pi}{2}\Big) = \dfrac{5}{8}\pi a^4$.

答 18.10 (1) $I_n = \int_0^{\pi/2} \sin^{n-2} x(1-\cos^2 x)dx = I_{n-2} - \int_0^{\pi/2} \sin^{n-2} x$ $\cos x \cdot \cos x dx = I_{n-2} - \Big[\dfrac{1}{n-1}\sin^{n-1} x \cos x\Big]_0^{\pi/2} - \dfrac{1}{n-1}I_n = I_{n-2} - \dfrac{1}{n-1}I_n$. よって $I_n = \dfrac{n-1}{n}I_{n-2}$. $nI_nI_{n-1} = n\dfrac{n-1}{n}I_{n-2}\dfrac{n-2}{n-1}I_{n-3}$ $= (n-2)I_{n-2}I_{n-3}$. よって n が偶数のとき, $nI_nI_{n-1} = 2I_2I_1 = \dfrac{\pi}{2}$, n が奇数のとき, $nI_nI_{n-1} = I_1I_0 = \dfrac{\pi}{2}$.

(2) $0 \leq x \leq \dfrac{\pi}{2}$ のとき $0 \leq \sin x \leq 1$ より不等式は明らか. $I_{2n+1} < I_{2n} < I_{2n-1}$ となる. このとき $\forall n$ に対して $\dfrac{\pi}{2} = nI_nI_{n-1} > nI_n^2 > nI_{n+1}I_n = \dfrac{n^2}{n+1}I_{n-1}I_n = \dfrac{n}{n+1}\dfrac{\pi}{2}$. よって $\lim_{n\to\infty} nI_n^2 = \dfrac{\pi}{2}$.

(3) $\lim_{n\to\infty} \dfrac{I_{2n}}{I_{2n+1}} = \lim_{n\to\infty} \dfrac{\sqrt{2n}I_{2n}}{\sqrt{2n+1}I_{2n+1}}\dfrac{\sqrt{2n+1}}{\sqrt{2n}} = 1$

(4) $I_n = \dfrac{n-1}{n}I_{n-2}, I_1 = 1, I_0 = \dfrac{\pi}{2}$ に注意すれば $I_{2n} = \dfrac{(2n-1)!!}{(2n)!!}\dfrac{\pi}{2}$, $I_{2n+1} = \dfrac{(2n)!!}{(2n+1)!!}$. (3) より $\dfrac{I_{2n}}{I_{2n+1}} = \Big(\dfrac{(2n-1)!!}{(2n)!!}\Big)^2(2n+1)\dfrac{\pi}{2} \to 1$ $(n\to\infty)$. 逆数の平方根を考えると $\lim_{n\to\infty} \dfrac{(2n)!!}{(2n-1)!!}\dfrac{1}{\sqrt{n+1/2}} = \sqrt{\pi}$. $\lim_{n\to\infty} \dfrac{\sqrt{n+1/2}}{\sqrt{n}} = 1$ に注意して左辺を整理すると $\lim_{n\to\infty} \dfrac{2^{2n}(n!)^2}{\sqrt{n}(2n)!} = \sqrt{\pi}$.

第 19 章

答 19.1 (1) 与式 $= \lim_{\varepsilon \to 0} \int_0^{1-\varepsilon} \frac{1}{\sqrt{1-x}} dx = \lim_{\varepsilon \to 0} 2\Big[-\sqrt{1-x}\Big]_0^{1-\varepsilon}$
$= \lim_{\varepsilon \to 0} 2(-\sqrt{\varepsilon}+1) = 2$

(2) 与式 $= \lim_{\varepsilon, \varepsilon' \to 0} \int_\varepsilon^{1-\varepsilon'} \frac{1}{\sqrt{\frac{1}{4} - \left(x - \frac{1}{2}\right)^2}} dx = \lim_{\varepsilon, \varepsilon' \to 0} \Big[\arcsin(2x-1)\Big]_\varepsilon^{1-\varepsilon'}$
$= \lim_{\varepsilon, \varepsilon' \to 0} (\arcsin(1-2\varepsilon') - \arcsin(2\varepsilon - 1)) = \frac{\pi}{2} + \frac{\pi}{2} = \pi$

(3) 与式 $= \lim_{\varepsilon \to 0} \int_0^{1-\varepsilon} \sqrt{\frac{x}{1-x}} dx = \lim_{M \to \infty} \int_0^M \frac{2t^2}{(1+t^2)^2} dt,\; t = \sqrt{\frac{x}{1-x}}$
$= \lim_{M \to \infty} \int_0^M 2\Big(\frac{1}{1+t^2} - \frac{1}{(1+t^2)^2}\Big) dt = \lim_{M \to \infty} 2\Big[\arctan t$
$-\frac{1}{2}\Big(\frac{t}{1+t^2} + \arctan t\Big)\Big]_0^M = \lim_{M \to \infty} \Big(\arctan M - \frac{M}{1+M^2}\Big) = \frac{\pi}{2}$

答 19.2 (1) 与式 $= \lim_{M \to \infty} \int_0^M x e^{-x^2} dx = \lim_{M \to \infty} \frac{1}{2}\Big[-e^{-x^2}\Big]_0^M$
$= \lim_{M \to \infty} \frac{1}{2}\Big(-e^{-M^2} + 1\Big) = \frac{1}{2}$

(2) 与式 $= \lim_{M \to \infty} \int_e^M \frac{1}{x(\log x)^{3/2}} dx = \lim_{M \to \infty} \Big[-2(\log x)^{-1/2}\Big]_e^M$
$= \lim_{M \to \infty} (-2(\log M)^{-1/2} + 2) = 2$

(3) 与式 $= \lim_{M \to \infty} \int_1^M \frac{1}{x(1+x^2)} dx = \lim_{M \to \infty} \int_1^M \Big(\frac{1}{x} - \frac{x}{1+x^2}\Big) dx$
$= \lim_{M \to \infty} \Big[\log x - \frac{1}{2}\log(1+x^2)\Big]_1^M = \lim_{M \to \infty} \Big(\log \frac{M}{\sqrt{1+M^2}} + \frac{1}{2}\log 2\Big)$
$= \frac{1}{2}\log 2$

答 19.3 (1) 与式 $= a^2 \int_0^{\pi/2} \sin^2 \theta d\theta = \frac{\pi}{4} a^2$ $(x = a\sin\theta)$

(2) 与式 $= 8a^2 \int_0^{\pi/2} \sin^4 \theta \, d\theta = \frac{3\pi}{2} a^2$ $(x = 2a\sin^2 \theta)$

答 19.4 (1) 与式 $= \lim_{\varepsilon \to 0} \int_\varepsilon^1 \frac{1}{x^{3/2}} dx = \lim_{\varepsilon \to 0} \left[-2x^{-1/2} \right]_\varepsilon^1$
$= \lim_{\varepsilon \to 0} (-2 + 2\varepsilon^{-1/2}) = \infty$

(2) 与式 $= \lim_{\varepsilon \to 0} \int_\varepsilon^1 \frac{\log x}{x} dx = \lim_{\varepsilon \to 0} \left[\frac{1}{2}(\log x)^2 \right]_\varepsilon^1 = -\lim_{\varepsilon \to 0} \frac{(\log \varepsilon)^2}{2} = \infty$

答 19.5 (1) 与式 $= \lim_{M \to \infty} \int_1^M \frac{1}{1+x} dx = \lim_{M \to \infty} \left[\log(1+x) \right]_1^M$
$= \lim_{M \to \infty} (\log(1+M) - \log 2) = \infty$

(2) $x > 1$ のとき $\log x < x$ に注意すれば, 与式 $\geq \int_1^\infty \frac{1}{1+x} dx = \infty.$

答 19.6 $\lim_{x \to +0} \sqrt{x} \log(\sin x) = \lim_{x \to 0} \frac{\log(\sin x)}{x^{-1/2}} = \lim_{x \to 0} \frac{-2x^{3/2} \cos x}{\sin x} = 0$
より十分小さな $\exists \varepsilon > 0$ に対して $\log(\sin x) \leq \frac{1}{\sqrt{x}}$ $(0 < x < \varepsilon)$. よって
$I = \int_0^{\pi/2} \log(\sin x) dx$ は存在する. また $\int_0^{\pi/2} \log(\cos x) dx$ は $x' = \frac{\pi}{2} - x$ とすれば I に等しい. よって定理 18.6 (5) より $I = \frac{1}{2} \int_0^\pi \log(\sin x) dx = \int_0^{\pi/2} \log(\sin 2\theta) d\theta = \int_0^{\pi/2} (\log 2 + \log(\sin \theta) + \log(\cos \theta)) d\theta = \frac{\pi}{2} \log 2 + 2I.$ よって $I = -\frac{\pi}{2} \log 2.$

答 19.7 例 13.8 を用いる. (1) 与式 $= \lim_{M \to \infty} \int_0^M e^{-ax} \cos(bx) dx$
$= \lim_{M \to \infty} \left[\frac{e^{-ax}}{a^2 + b^2} (-a \cos(bx) + b \sin(bx)) \right]_0^M$
$= \lim_{M \to \infty} \frac{e^{-aM}}{a^2 + b^2} (-a \cos(bM) + b \sin(bM)) + \frac{a}{a^2 + b^2} = \frac{a}{a^2 + b^2}$

(2) 与式 $= \lim_{M \to \infty} \int_0^M e^{-ax} \sin(bx) dx$
$= \lim_{M \to \infty} \left[\frac{e^{-ax}}{a^2 + b^2} (-a \sin(bx) - b \cos(bx)) \right]_0^M = \frac{b}{a^2 + b^2}$

答 19.8 (1) $\int_0^M x^n e^{-x^2} dx = \left[-\dfrac{1}{2} x^{n-1} e^{-x^2}\right]_0^M + \dfrac{n-1}{2} \int_0^M x^{n-2} e^{-x^2} dx$
$= -\dfrac{1}{2} M^{n-1} e^{-M^2} + \dfrac{n-1}{2} \int_0^M x^{n-2} e^{-x^2} dx.$ よって $M \to \infty$ とすれば
$I_n = \dfrac{n-1}{2} I_{n-2}.$ (2) $I_{2n+1} = n I_{2n-1} = n(n-1) I_{2n-3} = \cdots = n! I_1.$
$I_1 = \lim_{M \to \infty} \int_0^M x e^{-x^2} dx = \lim_{M \to \infty} \left[-\dfrac{1}{2} e^{-x^2}\right]_0^M = \lim_{M \to \infty} \dfrac{1}{2}\left(-e^{-M^2} + 1\right)$
$= \dfrac{1}{2}.$ よって $I_{2n+1} = \dfrac{n!}{2}$ となる.

答 19.9

(1) $\int_\varepsilon^1 x^m (\log x)^n dx = \left[\dfrac{x^{m+1}}{m+1} (\log x)^n\right]_\varepsilon^1 - \dfrac{n}{m+1} \int_\varepsilon^1 x^m (\log x)^{n-1} dx$
$= -\dfrac{\varepsilon^{m+1}}{m+1} (\log \varepsilon)^n - \dfrac{n}{m+1} \int_\varepsilon^1 x^m (\log x)^{n-1} dx.$ 問 3.10 より $\varepsilon \to 0$
として $I_{m,n} = -\dfrac{n}{m+1} I_{m,n-1}.$ (2) $I_{m,n} = (-1)^n \dfrac{n!}{(m+1)^n} I_{m,0}.$
$I_{m,0} = \dfrac{1}{m+1}$ より $I_{m,n} = (-1)^n \dfrac{n!}{(m+1)^{n+1}}.$

答 19.10 (1) $\dfrac{\sin x}{x}$ は $[0,1)$ で連続なので $\int_0^1 \dfrac{\sin x}{x} dx$ は存在する.
$\int_1^\infty \dfrac{\sin x}{x} dx = \lim_{n \to \infty} \int_1^n \dfrac{\sin x}{x} dx = \lim_{n \to \infty} a_n$ とする. $a_n - a_m = \int_m^n \dfrac{\sin x}{x} dx$
$= \left[-\dfrac{\cos x}{x}\right]_m^n + \int_m^n \dfrac{\cos x}{x^2} dx.$ よって $|a_n - a_m| \leq \dfrac{1}{n} + \dfrac{1}{m} + \int_m^n \dfrac{1}{x^2} dx \leq$
$\dfrac{2}{m} \to 0 \ (n, m \to \infty).$ よって $\{a_n\}$ は Cauchy 列となり収束する.
(2) $\int_{n\pi}^{(n+1)\pi} \left|\dfrac{\sin x}{x}\right| dx = \int_0^\pi \left|\dfrac{\sin t}{t+n\pi}\right| dt > \dfrac{1}{\pi + n\pi} \int_0^\pi |\sin t| dt = \dfrac{c_0}{\pi(1+n)},$
$c_0 > 0.$ $\int_0^\infty \left|\dfrac{\sin x}{x}\right| dx = \sum_{n=0}^\infty \int_{n\pi}^{(n+1)\pi} \left|\dfrac{\sin x}{x}\right| dx > \dfrac{c_0}{\pi} \sum_{n=0}^\infty \dfrac{1}{1+n} = \infty$
(例 2.12, 問 16.8).

第 20 章

答 20.1 $S = \int_{-1}^{2} (2 - (x^3 - 3x))dx = \left[2x - \dfrac{x^4}{4} + \dfrac{3}{2}x^2\right]_{-1}^{2} = \dfrac{27}{4}$

答 20.2 $y = f(x), x = \phi(t)$ のとき $\int f(x)dx = \int f(\phi(t))\phi'(t)dt$ より

$$S = \int_0^{2\pi} a(1-\cos t)\dfrac{dx}{dt}dt = \int_0^{2\pi} a^2(1-\cos t)^2 dt$$
$$= a^2 \int_0^{2\pi}(1 - 2\cos t + \cos^2 t)dt = 4a^2 \int_0^{\pi/2}(1+\cos^2 t)dt$$
$$= 4a^2\left(\dfrac{\pi}{2} + \dfrac{\pi}{4}\right) = 3\pi a^2$$

答 20.3 $S = 4 \cdot \dfrac{1}{2}\int_0^{\pi/4} a^2 \cos 2\theta\, d\theta = 2a^2\left[\dfrac{\sin 2\theta}{2}\right]_0^{\pi/4} = a^2$

答 20.4 $x = r\cos\theta,\ y = r\sin\theta$ とすると $r^2 = \dfrac{a^2 b^2}{a^2\cos^2\theta + b^2\sin^2\theta}$.

$$S = 8 \cdot \dfrac{1}{2}\int_0^{\pi/4} \dfrac{a^2 b^2}{a^2\cos^2\theta + b^2\sin^2\theta}d\theta = 4a^2\int_0^{1} \dfrac{1}{\dfrac{a^2}{b^2} + t^2}dt$$
$$= 4a^2\left[\dfrac{b}{a}\arctan\dfrac{b}{a}t\right]_0^{1} = 4ab\arctan\dfrac{b}{a}$$

答 20.5 x 軸に垂直な平面での切り口は三角形で $y=0, z=0, \dfrac{y}{b} + \dfrac{z}{c} = 1 - \dfrac{x}{a}$ で囲まれる. その面積は $\dfrac{bc}{2}\left(1-\dfrac{x}{a}\right)^2$ となる. よって
$$V = \dfrac{bc}{2}\int_0^a \left(1-\dfrac{x}{a}\right)^2 dx = \dfrac{bc}{2}\left[-\dfrac{a}{3}\left(1-\dfrac{x}{a}\right)^3\right]_0^a = \dfrac{abc}{6}.$$

答 20.6 y 軸に垂直な平面での切り口は楕円 $\dfrac{x^2}{a^2} + \dfrac{z^2}{c^2} = 1 - \dfrac{y^2}{b^2}$ でその面積は $\pi ac\left(1 - \dfrac{y^2}{b^2}\right)$ となる (例 20.2). よって

$$V = 2\int_0^b \pi ac\Big(1 - \frac{y^2}{b^2}\Big)dy = 2\pi ac\Big[y - \frac{y^3}{3b^2}\Big]_0^b = \frac{4}{3}abc.$$

答 20.7　$y^2 = (a^{2/3} - x^{2/3})^3$ より

$$V = 2\pi \int_0^a (a^{2/3} - x^{2/3})^3 dx$$
$$= 2\pi \int_0^a (a^2 - 3a^{4/3}x^{2/3} + 3a^{2/3}x^{4/3} - x^2)dx$$
$$= 2\pi \Big[a^2 x - 3a^{4/3}\frac{3}{5}x^{5/3} + 3a^{2/3}\frac{3}{7}x^{7/3} - \frac{1}{3}x^3\Big]_0^a = \frac{32}{105}\pi a^3.$$

答 20.8　x, y を入れ替えて考える. $x = \frac{y^2}{4}, \frac{dx}{dy} = \frac{y}{2}$ より

$$L = \int_0^{2\sqrt{a}} \sqrt{1 + \frac{y^2}{4}}dy$$
$$= \frac{1}{2}\int_0^{2\sqrt{a}} \sqrt{4 + y^2}dy = \frac{1}{4}\Big[y\sqrt{y^2 + 4} + 4\log(y + \sqrt{y^2 + 4})\Big]_0^{2\sqrt{a}}$$
$$= \sqrt{a(a+1)} + \log(\sqrt{a} + \sqrt{a+1}).$$

答 20.9　t を消去すると $27y^2 = x(x-9)^2$ と書ける. $x = 9$ で交わる. $x = 3t^2 = 9$ を解くと $t = \pm\sqrt{3}$.

$$L = 2\int_0^{\sqrt{3}} \sqrt{(6t)^2 + (3 - 3t^2)^2}dt = 6\int_0^{\sqrt{3}} (1 + t^2)dt = 12\sqrt{3}.$$

答 20.10　$r'(\theta) = a$ より

$$L = \int_0^\alpha \sqrt{(a\theta)^2 + a^2}d\theta$$
$$= a\int_0^\alpha \sqrt{1 + \theta^2}d\theta = \frac{a}{2}\Big[\theta\sqrt{\theta^2 + 1} + \log(\theta + \sqrt{\theta^2 + 1})\Big]_0^\alpha$$
$$= \frac{a}{2}(\alpha\sqrt{\alpha^2 + 1} + \log(\alpha + \sqrt{\alpha^2 + 1})).$$

第 21 章

答 21.1 (1) $\dfrac{y'}{y} = 2$, $\log y = 2x + C$, $y = ke^{2x}$

(2) $\dfrac{y}{y-3}y' = \dfrac{1}{x^2}$, $y + 3\log|y-3| = -\dfrac{1}{x} + C$

(3) $\dfrac{1}{y^2+1}y' = \dfrac{x}{1-x^2}$, $\arctan y = -\dfrac{1}{2}\log|1-x^2| + C$

$y = \tan\left(-\dfrac{1}{2}\log|1-x^2| + C\right)$

答 21.2 (1) $y' = -\dfrac{2 + \dfrac{y}{x}}{1 + 2\dfrac{y}{x}}$, $u + xu' = -\dfrac{2+u}{1+2u}$, $\dfrac{1+2u}{2+2u+2u^2}u' = -\dfrac{1}{x}$,

$\dfrac{1}{2}\log(1 + u + u^2) = -\log|x| + C$, $1 + u + u^2 = kx^{-2}$, $x^2 + xy + y^2 = k$

(2) $y' = \dfrac{\left(\dfrac{y}{x}\right)^2 - 1}{2\dfrac{y}{x}}$, $u + xu' = \dfrac{u^2 - 1}{2u}$, $\dfrac{2u}{1+u^2}u' = -\dfrac{1}{x}$,

$\log(1 + u^2) = -\log|x| + C$, $1 + u^2 = kx^{-1}$, $x^2 + y^2 = kx$

(3) $y' = \sqrt{1 + \left(\dfrac{y}{x}\right)^2} + \dfrac{y}{x}$, $u + xu' = \sqrt{1+u^2} + u$, $\dfrac{1}{\sqrt{1+u^2}}u' = \dfrac{1}{x}$,

$\log(u + \sqrt{1+u^2}) = \log|x| + C$, $u + \sqrt{1+u^2} = kx$, $y + \sqrt{x^2+y^2} = kx^2$

答 21.3 (1) $x + y = u$ とする. $1 + y' = u'$ となり

$u' - 1 = u^2$, $\dfrac{1}{1+u^2}u' = 1$, $\arctan u = x + C$, $u = \tan(x+C)$,

$x + y = \tan(x + C)$.

(2) $x = s + a$, $y = t + b$ とすると

$$\begin{cases} 3x + y - 2 = 3s + t + 3a + b - 2 \\ x + y = s + t + a + b \end{cases}$$

分母と分子の定数項を消すには $3a + b - 2 = 0$, $a + b = 0$ とすればよい. $a = 1$, $b = -1$ となる. $x = s + 1$, $y = t - 1$, $y' = t'$ とすると

$$t' = -\frac{3s+t}{s+t} = -\frac{3+\dfrac{t}{s}}{1+\dfrac{t}{s}}, \ u+su' = -\frac{3+u}{1+u}, \ \frac{1+u}{3+2u+u^2}u' = -\frac{1}{s},$$

よって $\dfrac{1}{2}\log(3+2u+u^2) = -\log|s|+C, 3+2u+u^2 = ks^{-2}, 3(x-1)^2 + 2(x-1)(y+1)+(y+1)^2 = k$ となる。$k-2$ を改めて k とおいて $3x^2+2xy+y^2-4x = k$ を得る。

答 21.4 (1) $y = \dfrac{1}{x}\Big(C + \displaystyle\int x\log|x|dx\Big) = \dfrac{1}{x}\Big(C + \dfrac{x^2}{2}\log|x| - \dfrac{1}{4}x^2\Big)$

(2) $y = \cos x\Big(C + \displaystyle\int 2\sin x dx\Big) = \cos x(C - 2\cos x)$

(3) $y = e^{-\sin x}\Big(C + \displaystyle\int 1 dx\Big) = e^{-\sin x}(C+x)$

答 21.5 (1) $u = y^{1-3} = y^{-2}, u' = -2y^{-3}y'$
$u' - 4xu = -4x^3, u = e^{2x^2}\Big(C - 4\displaystyle\int e^{-2x^2}x^3 dx\Big)$
$= e^{2x^2}(C + e^{-2x^2}x^2 + \dfrac{1}{2}e^{-2x^2}), 1 = y^2\Big(Ce^{2x^2} + x^2 + \dfrac{1}{2}\Big)$

(2) $u = y^{1-3} = y^{-2}, u' = -2y^{-3}y'$
$u' - \dfrac{2}{x}u = -2x, u = x^2\Big(C - 2\displaystyle\int \dfrac{1}{x}dx\Big) = x^2(C - 2\log|x|),$
$1 = x^2y^2(C - 2\log|x|)$

(3) $u = y^{1-2} = y^{-1}, u' = -y^{-2}y'$
$u' - \dfrac{1}{|x|}u = -\dfrac{\log|x|}{x}, u = x\Big(C - \displaystyle\int \dfrac{\log|x|}{x^2}dx\Big) = x\Big(C + \dfrac{\log|x|}{x} + \dfrac{1}{x}\Big),$
$1 = y(Cx + \log|x| + 1)$

答 21.6 $\dfrac{1}{1+y^2}y' = -\dfrac{1}{1+x^2}$ より $\arctan y = -\arctan x + C$ となる。
ここで (14.4) を用いれば $\arctan\Big(\dfrac{x+y}{1-xy}\Big) = C$ である。よって
$x + y = k(1-xy), y(0) = 1$ より $1 = k, x + y = 1 - xy$.

答 21.7 $y' + \dfrac{1}{x}y = 2(1+x^2)$, $y = \dfrac{1}{x}\Big(C + \displaystyle\int 2x(1+x^2)dx\Big)$
$= \dfrac{1}{x}\Big(C + x^2 + \dfrac{x^4}{2}\Big) = \dfrac{C}{x} + x + \dfrac{x^3}{2}$, $y(1) = 0$ より $0 = C + 1 + \dfrac{1}{2}$,
$y = -\dfrac{3}{2x} + x + \dfrac{x^3}{2}$.

答 21.8 $y' = -\dfrac{1 + 2\dfrac{y}{x} - \Big(\dfrac{y}{x}\Big)^2}{-1 + 2\dfrac{y}{x} + \Big(\dfrac{y}{x}\Big)^2}$, $u + xu' = -\dfrac{1 + 2u - u^2}{-1 + 2u + u^2}$,
$\dfrac{u^2 + 2u - 1}{u^3 + u^2 + u + 1}u' = -\dfrac{1}{x}$, $\Big(\dfrac{2u}{u^2+1} - \dfrac{1}{u+1}\Big)u' = -\dfrac{1}{x}$,
$\log\left|\dfrac{u^2+1}{u+1}\right| = -\log|x| + C$, $x^2 + y^2 = k(x+y)$, $y(1) = 1$ より $2 = 2k$,
$x^2 + y^2 = x + y$.

答 21.9 $y = u + \dfrac{1}{x}$, $y' = u' - \dfrac{1}{x^2}$. $u' + \dfrac{3}{x}u = -u^2$,
$u = w^{1-2} = w^{-1}$, $u' = -w^{-2}w'$, $w' - \dfrac{3}{x}w = 1$,
$w = x^3\Big(C + \displaystyle\int \dfrac{1}{x^3}dx\Big) = x^3\Big(C - \dfrac{1}{2x^2}\Big) = Cx^3 - \dfrac{x}{2}$, $w = \dfrac{1}{u} = \dfrac{1}{y - \dfrac{1}{x}}$ より
$1 = \Big(Cx^3 - \dfrac{x}{2}\Big)\Big(y - \dfrac{1}{x}\Big)$.

答 21.10 両辺を微分して整理すると $(x+2y')y'' = 0$ となる．よって $x + 2y' = 0$ あるいは $y'' = 0$ である．$x + 2y' = 0$ を解くと $y = -\dfrac{1}{4}x^2 + C$．もとの式に代入すると $C = 0$ を得る．$y'' = 0$ を解くと $y = ax + b$．もとの式に代入すると $b = a^2$ を得る．よって $y = -\dfrac{1}{4}x^2$, $y = ax + a^2$ である．

第 22 章

答 22.1

(1) $\begin{vmatrix} \sin x & \cos x \\ \cos x & -\sin x \end{vmatrix} = -\sin^2 x - \cos^2 x = -1$

(2) $\begin{vmatrix} 1 & x & x^2 \\ 0 & 1 & 2x \\ 0 & 0 & 2 \end{vmatrix} = 2$

(3) $\begin{vmatrix} e^x & e^{2x} & e^{3x} \\ e^x & 2e^{2x} & 3e^{3x} \\ e^x & 4e^{4x} & 9e^{3x} \end{vmatrix} = e^{6x} \begin{vmatrix} 1 & 1 & 1 \\ 1 & 2 & 3 \\ 1 & 4 & 9 \end{vmatrix} = 2e^{6x}$

答 22.2
$k^3 - 2k^2 - k + 2 = (k-2)(k+1)(k-1) = 0$ より $k = -1, 1, 2$.
$y = c_1 e^{-x} + c_2 e^x + c_3 e^{2x}$

答 22.3
$k(k-1) + k - 4 = k^2 - 4 = 0$ より $k = -2, 2$.
$y = c_1 x^{-2} + c_2 x^2$

答 22.4
$k^3 - k = k(k-1)(k+1) = 0$ より $k = -1, 0, 1$.
$y = a + be^{-x} + ce^x$. $y(0) = 0$ より $a + b + c = 0$, $y'(0) = 1$ より $-b + c = 1$, $y''(0) = 1$ より $b + c = 1$. よって $a = -1$, $b = 0$, $c = 1$. $y = -1 + e^x$.

答 22.5
$k(k-1) - k - 3 = (k-3)(k+1) = 0$ より $k = -1, 3$.
$y = ax^{-1} + bx^3$. $y(1) = 0$ より $a + b = 0$, $y'(1) = 4$ より $-a + 3b = 4$.
よって $a = -1$, $b = 1$. $y = -x^{-1} + x^3$.

答 22.6
$H_n(x) = \sum_{r=0}^{[n/2]} (-1)^r (2r-1)!! \, {}_nC_{2r} x^{n-2r}$ より $H_n'(x) = nH_{n-1}(x)$,
$H_{n+1}(x) - xH_n(x) + nH_{n-1}(x) = 0$. これから微分方程式が得られる.

答 22.7
$L_n(x) = \sum_{r=0}^{n} (-1)^r {}_nC_r \dfrac{x^r}{r!}$ より $xL_n'(x) = nL_n - nL_{n-1}(x)$,
$nL_n(x) + (x - 2n + 1)L_{n-1}(x) + (n-1)L_{n-2}(x) = 0$. これから微分方程

式が得られる.

答 22.8 $T_n(x) = \sum_{r=0}^{[n/2]} (-1)^r {}_nC_{2r} x^{n-2r}(1-x^2)^r$ より $(1-x^2)T_n'(x) = -nxT_n + nT_{n-1}$, $T_{n+1}(x) - 2xT_n(x) + T_{n-1}(x) = 0$. これから微分方程式が得られる.

答 22.9 $x^k y^{(k)}$ が $\dfrac{dy}{dt}, \cdots, \dfrac{d^k y}{dt^k}$ の1次式で書けることを数学的帰納法で示す. $n=1$ のとき, $x = e^t$ を微分して $1 = e^t \dfrac{dt}{dx} = x \dfrac{dt}{dx}$ より $xy' = x\dfrac{dy}{dt} \cdot \dfrac{dt}{dx} = \dfrac{dy}{dt}$. $n=k$ のとき1次式 F によって $x^k y^{(k)} = F\left(\dfrac{dy}{dt}, \cdots, \dfrac{d^k y}{dt^k}\right)$ 書けたとすると両辺を微分して

$$kx^{k-1}y^{(k)} + x^k y^{(k+1)} = F\left(\dfrac{d^2 y}{dt^2}, \cdots, \dfrac{d^{k+1} y}{dt^{k+1}}\right) \dfrac{dt}{dx}.$$

よって $kx^k y^{(k)} + x^{k+1} y^{(k+1)} = F\left(\dfrac{d^2 y}{dt^2}, \cdots, \dfrac{d^{k+1} y}{dt^{k+1}}\right)$. これより $x^{k+1} y^{(k+1)}$ も $\dfrac{dy}{dt}, \cdots, \dfrac{d^{k+1} y}{dt^{k+1}}$ の1次式で書ける.

以上のことから Euler の方程式は定数係数の方程式に帰着される.

答 22.10 $y = y_1 u$, $y' = y_1' u + y_1 u'$, $y'' = y_1'' u + 2y_1' u' + y_1 u''$ を微分方程式に代入すると

$$2y_1' u' + y_1 u'' + P_1(x) y_1 u' = 0$$

を得る. $Y = u'$ とすれば $y_1 Y' + (2y_1' + P_1(x) y_1) Y = 0$ となり1階の線形微分方程式となる.

第 23 章

答 23.1
(1) $z^2 + z - 2 = (z+2)(z-1) = 0$, $z = -2, 1$.　$y = c_1 e^{-2x} + c_2 e^x$
(2) $z^2 + 5z - 6 = (z+6)(z-1) = 0$, $z = -6, 1$.　$y = c_1 e^{-6x} + c_2 e^x$
(3) $z^2 - 4z + 3 = (z-3)(z-1) = 0$, $z = 1, 3$.　$y = c_1 e^x + c_2 e^{3x}$

答 23.2
(1) $z^2 - 2z + 1 = (z-1)^2 = 0$, $z = 1$.　$y = c_2 e^x + c_2 x e^x$
(2) $z^2 - 6x + 9 = (z-3)^2 = 0$, $z = 3$.　$y = c_1 e^{3x} + c_2 x e^{3x}$
(3) $z^2 - 10z + 25 = (z-5)^2 = 0$, $z = 5$.　$y = c_1 e^{5x} + c_2 x e^{5x}$

答 23.3
(1) $z^2 + z + 2 = 0$, $z = \dfrac{-1 \pm \sqrt{7}i}{2}$.　$y = e^{-x/2}\left(c_1 \cos\left(\dfrac{\sqrt{7}}{2}x\right) + c_2 \sin\left(\dfrac{\sqrt{7}}{2}x\right)\right)$
(2) $z^2 + 2x + 3 = 0$, $z = -1 \pm \sqrt{2}i$.　$y = e^{-x}(c_1 \cos(\sqrt{2}x) + \sin(\sqrt{2}x))$
(3) $z^2 + z + 1 = 0$, $z = \dfrac{-1 \pm \sqrt{3}i}{2}$.　$y = e^{-x/2}\left(c_1 \cos\left(\dfrac{\sqrt{3}}{2}x\right) + c_2 \sin\left(\dfrac{\sqrt{3}}{2}x\right)\right)$

答 23.4　$z^2 - 2z - 8 = (z-4)(z+2) = 0$, $z = -2, 4$.
$y = c_1 e^{-2x} + c_2 e^{4x}$. $y(0) = 1$ より $c_1 + c_2 = 1$, $y'(0) = 1$ より
$-2c_1 + 4c_2 = 1$. よって $c_1 = c_2 = \dfrac{1}{2}$ となり $y = \dfrac{1}{2}(e^{-2x} + e^{4x})$.

答 23.5　$z^2 + 4z + 4 = (z+2)^2 = 0$, $z = -2$.
$y = c_1 e^{-2x} + c_2 x e^{-2x}$. $y(0) = 0$ より $c_1 = 0$, $y'(0) = 1$ より $c_2 = 1$.
よって $y = x e^{-2x}$.

答 23.6　$z^2 - 2z - 3 = (z-3)(z+1) = 0$, $z = -1, 3$.
同次型の一般解は $y = c_1 e^{-x} + c_2 e^{3x}$.
$y = ax^2 + bx + c$ の形で非同次型の解を探す. 非同次型の一般解は
$y = c_1 e^{-x} + c_2 e^{3x} - \dfrac{1}{3}x^2 + \dfrac{4}{9}x - \dfrac{14}{27}$.

答 23.7　$z^2 - 2z - 3 = (z-3)(z+1) = 0$, $z = -1, 3$.

同次型の一般解は $y = c_1 e^{-x} + c_2 e^{3x}$.
$y = a\sin x + b\cos x$ の形で非同次型の解を探す. 非同次型の一般解は
$y = c_1 e^{-x} + c_2 e^{3x} - \dfrac{1}{5}\sin x + \dfrac{1}{10}\cos x.$

答 23.8　$z^2 - 3z + 9 = (z-3)^2 = 0$, $z = 3$ (重解).
同次型の一般解は $y = c_1 e^{3x} + c_2 x e^{3x}$.
$y = ax^2 e^{3x}$ の形で非同次型の解を探す. 非同次型の一般解は
$y = c_1 e^{3x} + c_2 x e^{3x} + \dfrac{1}{2}x^2 e^{3x}.$

答 23.9　$z^2 - 4 = (z-2)(z+2) = 0$, $z = -2, 2$.
同次型の一般解は $y = c_1 e^{-2x} + c_2 e^{2x}$.
$y = a\sin 2x + b\cos 2x$ の形で非同次型の解を探す. 非同次型の一般解は
$y = c_1 e^{-2x} + c_2 e^{2x} - \dfrac{1}{8}\cos 2x.$

答 23.10　$z^2 - 5z + 6 = (z-2)(z-3) = 0$, $z = 2, 3$.
同次型の一般解は $y = c_1 e^{2x} + c_2 e^{3x}$.
$y = axe^{2x}$ の形で非同次型 $y'' - 5y' + 6y = e^{2x}$ の解を探すと $a = -1$,
$y = ae^{4x}$ の形で非同次型 $y'' - 5y' + 6y = e^{4x}$ の解を探すと $a = \dfrac{1}{2}$.
よって非同次型 $y'' - 5y' + 6y = e^{2x} + e^{4x}$ の一般解は
$y = c_1 e^{2x} + c_2 e^{3x} - xe^{2x} + \dfrac{1}{2}e^{4x}.$

第 24 章

答 24.1 $y' = -ay, \dfrac{y'}{y} = -a, \log y = -at + C, y = ke^{-at}$. $t = 0$ のとき $y = y(0)$. よって $y = y(0)e^{-at}$. ラジウムの半減期が 1600 年なので $\dfrac{y(0)}{2} = y(0)e^{-1600a}$. よって $a = \dfrac{\log 2}{1600}$. $y(t) = y(0)e^{-\frac{\log 2}{1600}t}$ となる. 400 年後の量は $y(400) = y(0)e^{-\frac{\log 2}{4}}$. よって $e^{-\frac{\log 2}{4}} = 0.84\cdots$ より 84 %である.

答 24.2 $y' = -a(y - 20), \dfrac{1}{y - 20}y' = -a, \log(y - 20) = -at + C$, $y = 20 + ke^{-at}$. $t = 0$ のとき 100 度で 20 分後に 80 度になったとすると $100 = 20 + k$, $80 = 20 + ke^{-20a}$. $k = 80$, $60 = 80e^{-20a}$. よって $a = \dfrac{1}{20}\log\dfrac{4}{3}$ となり $y = 20 + 80e^{-\frac{1}{20}(\log\frac{4}{3})t}$. 40 度になるまでの時間は $40 = 20 + 80e^{-\frac{1}{20}(\log\frac{4}{3})t}$ で求まる. $t = \dfrac{20\log 4}{\log\frac{4}{3}} = 96.4\cdots$.

よって $96.4 - 20 = 76.4$ 分後である.

答 24.3 $v(0) = 0$ より $v(t) = gt$, $x(0) = 0$ より $x(t) = \displaystyle\int_0^t v(t)dt = \dfrac{g}{2}t^2$. 抵抗のある場合は, $\dfrac{1}{mg - kv}v' = \dfrac{1}{m}$, $-\dfrac{1}{k}\log(mg - kv) = \dfrac{t}{m} + C$. $v(0) = 0$ より $-\dfrac{1}{k}\log(mg) = C$. $mg - kv = mge^{-\frac{k}{m}t}$. $v = \dfrac{mg}{k}\left(1 - e^{-\frac{k}{m}t}\right)$. $x = \displaystyle\int vdt = \dfrac{mg}{k}\left(t + \dfrac{m}{k}e^{-\frac{k}{m}t}\right) + C$. $x(0) = 0$ より $C = -\dfrac{m^2g}{k^2}$. よって $x = \dfrac{m^2g}{k^2}\left(\dfrac{k}{m}t - 1 + e^{-\frac{k}{m}t}\right)$ となる. $k \to 0$ としたとき最初の式に戻る.

答 24.4 $ml\theta'' + mg\theta = 0$. 特性方程式は $mlz^2 + mg = 0$. $z = \pm\sqrt{\dfrac{g}{l}}i$. よって $\theta = c_1\cos\left(\sqrt{\dfrac{g}{l}}\right)t + c_2\sin\left(\sqrt{\dfrac{g}{l}}\right)t$. 周期は $\sqrt{\dfrac{l}{g}}2\pi$ である.

答 24.5 下方向に働く力を $F = mx''$ とすると, $mx'' = -kx + ax' + mg$

答 24.6 $E' = 0$ より $LI'' + RI' + \dfrac{1}{C}I = 0$. 特性方程式 $Lz^2 + Rz + \dfrac{1}{C} = 0$ の解は $z = \dfrac{-R \pm \sqrt{R^2 - 4L/C}}{2L}$. $R^2 - 4L/C = -\omega^2 < 0 \ (\omega > 0)$ とすれば一般解は $e^{-(R/2L)t}\left(c_1 \cos\left(\dfrac{\omega}{2L}t\right) + c_2 \sin\left(\dfrac{\omega}{2L}t\right)\right)$ となる.

答 24.7 $y'' + a^2 y = k \sin bx$ を解く. 同次形の一般解は $y = c_1 \cos ax + c_2 \sin ax$ となる. $a^2 \neq b^2$ のとき $y = A \cos bx + B \sin bx$ の形で特異解を探すと $A = 0, B = \dfrac{k}{a^2 - b^2}$. 非同次形の一般解は $y = c_1 \cos ax + c_2 \sin ax + \dfrac{k}{a^2 - b^2} \sin bx$ となる. 共振は起こらない.
$a^2 = b^2$ のとき $y = x(A \cos bx + B \sin bx)$ の形で特異解を探すと $A = -\dfrac{k}{2b}$, $B = 0$. 非同次形の一般解は $y = c_1 \cos bx + c_2 \sin bx - \dfrac{k}{2b} x \cos bx$ となる. 非有界な解となり共振が起こる.

答 24.8 $x(t) = c_1 e^{\sqrt{\alpha\beta}t} + c_2 e^{-\sqrt{\alpha\beta}t}$, $y(t) = -\dfrac{1}{\alpha}x'(t) = -\dfrac{\sqrt{\alpha\beta}}{\alpha}(c_1 e^{\sqrt{\alpha\beta}t} - c_2 e^{-\sqrt{\alpha\beta}t})$. $x(t)^2 = c_1^2 e^{2\sqrt{\alpha\beta}t} + c_2^2 e^{-2\sqrt{\alpha\beta}t} + 2c_1 c_2$, $y(t)^2 = \dfrac{\beta}{\alpha}(c_1^2 e^{2\sqrt{\alpha\beta}t} + c_2^2 e^{-2\sqrt{\alpha\beta}t} - 2c_1 c_2)$. 以上から $x(t)^2 - x(0)^2 = \dfrac{\alpha}{\beta}(y(t)^2 - y(0)^2)$ を得る.

答 24.9 $x(0) > \sqrt{\dfrac{1}{2}}y(0) = \dfrac{\sqrt{2}}{2}y(0)$. 71 %

答 24.10 $x' = -\alpha$, $y' = -\beta$ より $x(t) = -\alpha t + x(0)$, $y(t) = -\beta t + y(0)$ を得る. 引き分けになるとき $-\alpha t_0 + x(0) = -\beta t_0 + y(0) = 0$ となるから $\dfrac{x(0)}{\alpha} = \dfrac{y(0)}{\beta}$. $x(0) = \dfrac{\alpha}{\beta}y(0)$ となる. A 国の勝つ条件は $x(0) > \dfrac{\alpha}{\beta}y(0)$.

参考文献

『微分・積分教科書』(占部実・佐々木右左編, 共立出版, 1965)
『解析概論』(高木貞治著, 岩波書店, 1983)
『解析入門』(田島一郎著, 岩波書店, 1981)
『解析入門 I, II』(杉浦光夫著, 東京大学出版会, 1980-85)
『詳解微積分演習 I, II』(福田安蔵他共編, 共立出版, 1960)
『常微分方程式の解法』(木村俊房著, 培風館, 1958)
『自然の数理と社会の数理 I, II』(佐藤總夫著, 日本評論社, 1984-87)
『数学公式 I, II, III』(森口繁一他著, 岩波書店, 1987)
『線形代数学』(佐武一郎著, 裳華房, 1974)
『環論入門』(原田学著, 共立出版, 1971)

索　引

あ　行

アステロイド	78, 190
Abel の定理	50
Archimedes の原理	16
一様連続	39
1 階線形	199
1 対 1 対応	47
一般解	195
陰関数	197
Wallis の公式	170
うず線	194
Hermite 多項式	209
Euler 積分	181
Euler 定数	152
Euler 方程式	209
黄金比	10
折れ線近似	188

か　行

解空間	203
解空間の基底	207
階数低下法	209
回転体	186
Gauss 記号	7
下界と下限	12
カルジオイド	185, 191
関数の凹凸	108
関数の増減	105
Gamma 関数	177
逆関数	46

逆関数の微分	74
逆三角関数	51
逆双曲線関数	58
求積法	195
共振・共鳴	220
極限 (数列)	1
極限 (関数)	26
曲線の長さ	188
極大・極小の判定	107
極大・極小	79
近傍	41
区間縮小法	18
グラフ	47
原始関数	120
懸垂曲線	190
限定記号	2
高階微分	88
広義積分可能	171, 173
合成関数	38
合成関数の微分	73
Cauchy の収束条件	19
Cauchy の平均値の定理	82
Cauchy 列	19

さ　行

サイクロイド	76, 192
最大・最小の定理	43
三角関数	51
C^n 級	89
指数関数	54
指数増大・指数減少	218

指数法則	56
実数	22, 24
自閉線	194
周期解	222, 224
収束（関数）	27
収束（数列）	1
縮小写像	20
縮小率	20
主値積分	176
Schwarz の不等式	159
順序	23
順序体	23
上界と上限	11
剰余項	92
初等関数	46
数列	1
整数環	128
生態系のモデル	224
成長曲線	219
積分可能	145
積分の平均値の定理	150
接線	64
漸化式	125, 165
漸近線	116
線形近似	69
線形空間	204
線形作用素	204
線形性（積分）	122, 149
線形性（微分）	73
線形微分方程式	203
全称記号	2
戦争モデル	223
増加状態・減少状態	105
双曲線関数	58
増減表	114

た 行

体	23
対偶	47
代数学の基本定理	129
対数関数	54
代数関数	50
対数微分	74
体積	185
楕円	76, 185, 191, 192
楕円積分	142
楕円体	187, 193
多価関数	53
多項式環	128
多項式近似	95
単射	47
単調増加・単調減少	48
単調列	14
値域	46
Tchebycheff の多項式	209
置換積分	122, 162
中間値の定理	42
超越関数	50
定義域	46
定積分	145
Taylor 級数	98
Taylor の定理	92
停留点	111
Dedekind の切断	22
導関数	62
同次型	203, 210
同次形	197
特異解	195
特殊解	195
特称記号	2
特性方程式	210

な 行

2 項展開	14
Napier 数	15, 102

は 行

媒介変数での微分	76
背理法	16
発散	2
ばねの運動	220
被積分関数	120
微積分の基本定理	153
否定命題	29
非同次型	203, 213
微分	61
微分可能	61
微分係数	61
微分作用素	203
微分方程式	195
Fibonacci 数列	10
不定形の極限	83
不定積分	120
不動点	20
部分積分	123, 162
部分分数	130
部分列	17
不連続	35
分割	144
平均値の定理	81
べき関数	57
Beta 関数	179
Bernoulli 形	200
変曲点	111
変数分離形	196
変数変換	123
法線	64
Bolzano-Weierstrass の定理	18

ま 行

Maclaurin 級数	98
Maclaurin の定理	95
Minkowski の不等式	159
無限回微分可能	89
無限小	67
無理関数	50
Méray の定理	14
面積	145, 183
面積確定	182

や 行

有界（関数）	43
有界（集合）	11, 12
有界（数列）	8, 14
有理関数	50
陽関数	197

ら 行

Leibniz の定理	90
Laguerre 多項式	209
Landau 記号	65
Lanchester の 2 次法則	223
Riemann 和	145
レムニスケード	192
連続	35
連続公理	13
L'Hôpital の定理	83
Rolle の定理	80
Wronskian	204

わ 行

Weierstrass の定理	13

あとがき

　私が $\varepsilon-\delta$ 論法に接したのは工学部の微積分の授業である．微積分の解説書を多数出版されていた田島一郎先生の講義で冒頭"これは今は分からない．卒業するまでに分かればいい"と言って始まった．卒業までに分かればよいほうで，多くの学生は分からずに社会人である．でも分からないことに接したことは分かっている．未だに"あれは何だったんだ"と質問される．

　学生たちが考えない．この傾向は高校，あるいはもっと低学年から始まっており，教育の危機である．高校数学においても論証や証明がおろそかになり，論証能力よりも計算能力が優先する．両方が必要なことは誰もが認めることだが，時間がない．よってまずは計算ができるようになりましょう，となってしまう．入試を改革すればある程度は防げるかもしれない．しかし考える力の判定は難しく，公平性を優先すれば計算した答えを問う問題が主となる．

　欠けているいるものを補うことも教育なのだが，現実にはなかなか難しい．微積分学に限ると，「$\varepsilon-\delta$ 論法」や「実数の連続公理」が近年，理系学部ではあまり教えられていない．数学科でさえも敬遠しがちである．何故か？ 学生の論証能力が低く，講義をしても誰も理解しない．教えれば教えるだけ数学を嫌いにする．授業評価が下がる．云々であるが，一言で言えば"証明の楽しさが伝わらない"からであろう．

　証明の楽しさには時間が必要である．授業中に味わえるとは限らない．学生も教師も我慢が必要である．証明や論証の楽しさは知恵の輪と同じで，理解しようとする過程が大事である．理解は至上の喜びであるが，チャレンジしたことも良しとする．このくらいの余裕が必要なのである．

　こんなことを日々思っているときに，数学書房の横山伸さんから本書の依頼を受けました．"私に頼むとすべてに証明をつけるから売れませんよ"との警告に"かまいません"との心強い返事をいただき快諾しました．

河添　健
かわぞえ・たけし

略　歴
1954 年 東京生まれ
1982 年 慶應義塾大学大学院工学研究科博士課程修了 (数理工学専攻)
現　在　慶應義塾大学総合政策学部教授・理学博士

主な著書
『大学で学ぶ数学』(編著，慶應義塾大学出版会)
『群上の調和解析』(朝倉書店)
『楽しもう！数学を』(共著，日本評論社)
『数理と社会——身近な数学でリフレッシュ』(数学書房)
『解析入門』(共著，放送大学教育振興会)

びぶんせきぶんがくこうぎ
微分積分学講義 I

2009 年 9 月 10 日　第 1 版第 1 刷発行

著者　　河添　健
発行者　横山　伸
発行　　有限会社　数学書房
　　　　〒101-0051　千代田区神田神保町 1-32 南部ビル
　　　　TEL　03-5281-1777
　　　　FAX　03-5281-1778
　　　　mathmath@sugakushobo.co.jp
　　　　http://www.sugakushobo.co.jp
　　　　振替口座　00100-0-372475

印刷
製本　　モリモト印刷
組版　　アベリー
装幀　　岩崎寿文

ⓒTakeshi Kawazoe 2009　Printed in Japan
ISBN 978-4-903342-12-2

数理と社会——身近な数学でリフレッシュ
河添健著／各種の数理モデルを理解する知識が身につくことをめざす。四六版・200頁・1900円

数学書房選書1　力学と微分方程式
山本義隆著／解析学と微分方程式を力学にそくして語り、同時に、力学を、必要とされる解析学と微分方程式の説明をまじえて展開した。これから学ぼう、また学び直そうというかたに。A5判・256頁・2300円

複素関数入門　原著第4版新装版
R.V.チャーチル、J.W.ブラウン共著、中野 實訳／数学的厳密さを失うことなく解説した。500題以上の問題と解答をつけ、教科書・演習書・参考書として最適。A5判・312頁・2857円

理系数学サマリー　高校・大学数学復習帳
安藤哲哉著／高校1年から大学2年までに学ぶ数学の中で実用上有用な内容をこの1冊に。あまり知られていない公式まで紹介した新趣向の概説書。A5判・320頁・2500円

この定理が美しい
数学書房編集部編／「数学は美しい」と感じたことがありますか？ 数学者の目に映る美しい定理とはなにか。熱き思いを20名が語る。A5判・208頁・2300円

この数学書がおもしろい
数学書房編集部編／おもしろい本、お薦めの書、思い出の1冊を、41名が紹介。A5判・176頁・1900円

本体価格表示

数学書房